Peter Borger

Darwin Revisitado

Peter Borger

Darwin Revisitado

ScienciaScripts

Imprint
Any brand names and product names mentioned in this book are subject to trademark, brand or patent protection and are trademarks or registered trademarks of their respective holders. The use of brand names, product names, common names, trade names, product descriptions etc. even without a particular marking in this work is in no way to be construed to mean that such names may be regarded as unrestricted in respect of trademark and brand protection legislation and could thus be used by anyone.

Cover image: www.ingimage.com

This book is a translation from the original published under ISBN 978-620-2-31511-1.

Publisher:
Sciencia Scripts
is a trademark of
Dodo Books Indian Ocean Ltd. and OmniScriptum S.R.L publishing group

120 High Road, East Finchley, London, N2 9ED, United Kingdom
Str. Armeneasca 28/1, office 1, Chisinau MD-2012, Republic of Moldova, Europe
Printed at: see last page
ISBN: 978-620-8-06765-6

A vida - assim dizem - simplesmente aconteceu. Um feliz acidente no espaço-tempo produziu a primeira célula viva, um ser com a capacidade de se multiplicar, sofrer mutações, duplicar, diferenciar, e agora os seus descendentes cobrem todos os cantos da Terra. A vida, em toda a sua maravilhosa abundância e complexidade, pode ser encontrada desde os picos mais altos das montanhas até às margens mais profundas dos oceanos. E, diz-se com entusiasmo, *"a evolução conseguiu-o"*. Mas o que é a evolução? A evolução é uma teoria científica. E como a ciência é um programa naturalista que assume que a natureza observável é tudo o que existe, a evolução está livre de explicações que envolvam o sobrenatural. Deus e o significado não são permitidos na agenda naturalista da ciência. A evolução é um processo puramente físico: cego, não guiado, frio, indiferente e sem propósito. A evolução envolve apenas matéria e tempo. De acordo com este naturalismo científico, um processo hipotético chamado *evolução pré-biótica* transformou matéria não viva numa entidade reprodutora, a primeira espécie viva de sempre. Basta esperar um tempo muito longo para que haja vida. Depois, um processo criativo comummente designado por *evolução* formou e moldou gradual e continuamente novas espécies. Insectos, escaravelhos, borboletas, peixes, plantas e mamíferos. Tubarões, aves, dinossauros, árvores e marsupiais. Milhões de espécies. Todos os seres vivos que já viveram e morreram são o produto da evolução.

Embora a maioria dos cientistas honestos concorde comigo que a evolução pré-biótica ainda está no domínio da ficção científica, a maioria deles consideraria *a evolução* do micróbio ao homem como um facto científico. Este facto deve-se a Charles Darwin. Em 1859, Darwin publicou um livro a que chamou *"Sobre a Origem das Espécies"*. O subtítulo indica claramente como ele acreditava que as espécies surgiam: *através da seleção natural ou da preservação de grupos étnicos favorecidos na "luta pela vida"*. Darwin formulou uma série de hipóteses de grande valor naturalista, porque explicavam os seres vivos como produtos inevitáveis da natureza. Das suas formulações, *a seleção natural* e *a descendência comum* são os conceitos mais conhecidos e, provavelmente, os mais frequentemente repetidos na biologia atual. De acordo com a teoria de Darwin, a seleção natural visa sempre testar e melhorar os organismos. Elimina sempre os fracos e os mais fracos e favorece os mais bem adaptados. A seleção natural seleciona constantemente coisas novas e produz novas espécies. Darwin explicou também que todas as espécies vivas e extintas descendem de um ou de alguns antepassados comuns. Isto é o darwinismo em poucas palavras. Tem os dois ingredientes de uma bela teoria científica: simplicidade e elegância. O livro de Darwin de 1859 pôs fim à era dos deuses, porque as suas ideias tornaram a hipótese dos deuses obsoleta para explicar a conceção da biologia. Darwin mostrou que o criador de *toda a* biologia é a *seleção natural das variações*. O naturalismo da ciência transformou a sociedade ocidental numa sociedade quase inteiramente materialista, e aparentemente esta sociedade exige uma história materialista da criação. Darwin forneceu um relato científico da origem das espécies, uma história da criação para uma sociedade em que a hipótese de Deus se tornou tabu. Deus foi substituído por Darwin. Atualmente, a explicação darwiniana da vida é vista como uma parte inabalável da ciência, apoiada por milhões de observações científicas. Mas será que a ciência é assim tão bem apoiada e inabalável? Pensemos por um segundo na hipótese da seleção - como é que ela esteve envolvida na origem do reflexo de natação que encontramos exclusivamente nos bebés humanos? Como é que ela desenvolveu a estabilidade intrínseca que observamos nas sementes de planador de *Zanonia macrocarpa*? Como é que inventou as máquinas de copiar das células? Como é que produziu órgãos? Os rins? Olhos? Cérebros? Será que a seleção natural tem realmente o poder de criar toda a biologia a partir do zero?

Todas as semanas, as revistas científicas dão conta da espantosa complexidade até da mais simples bactéria. Descobrimos que os sistemas vivos existem porque têm uma grande quantidade de ferramentas microscópicas que os ajudam a existir: As proteínas. As proteínas podem ser designadas por "bioquímicos" ou "enzimas", mas são também *nanomáquinas* (como por vezes são designadas) com um objetivo. Descobrimos as funções de milhares destas *nanomáquinas* e verificámos que estão codificadas como *informação* nas sequências de ADN. Funções tridimensionais moldadas em informação bidimensional - reminiscência de uma poderosa inteligência extraterrestre. O código para construir nanomáquinas é lido por nanomáquinas, e as nanomáquinas constroem e restauram o código. A nova biologia apresenta-nos circuitos incrivelmente complicados. Encontramos camadas e camadas de complexidade nas células. Cada uma das nossas células é uma organização intrincada de nanomáquinas cooperantes que têm de trabalhar em conjunto para nos manter vivos. Todas as semanas, as revistas científicas dão conta da conceção destas nanomáquinas, que cumprem as suas tarefas biológicas com grande precisão, e do que corre mal quando ocorrem alterações súbitas - mutações - na sua conceção. A nova biologia mostra que os organismos estão equipados com sistemas de reserva semelhantes à conceção dos sistemas de engenharia criados pelo homem, e que estes sistemas são incorporados para obter robustez. Encontramos sistemas genéticos conservados "evolutivamente" em ratos e humanos, o que significa que funções essenciais - ou mesmo vitais - podem simplesmente ser eliminadas do genoma sem qualquer efeito discernível no organismo. As mesmas revistas afirmam que as ideias naturalistas de Darwin se reflectem na biologia molecular e na genética actuais. Mas será que isso é mesmo verdade? As descobertas da nova biologia convenceram-me de que é altura de repensar as hipóteses de Darwin: este livro mostra que a principal hipótese de Darwin não resiste ao teste da ciência biológica moderna à luz da nova biologia. A seleção natural pode explicar porque é que as populações humanas se adaptam a diferentes condições, mas a seleção natural não explica como é que a nossa espécie evoluiu com o reflexo de natação. Os darwinistas podem afirmar que sabem que todos os organismos estão ligados por descendência comum; no entanto, a nova biologia mostra que as árvores de genes raramente recapitulam as árvores de descendência "conhecidas". Cada vez mais, a transferência horizontal de genes deve ser invocada para sustentar a hipótese de Darwin. Os darwinistas afirmam saber que uma hierarquia aninhada é prova de descendência comum; no entanto, esqueceram-se de excluir as mutações posicionais não aleatórias que criam a ilusão de descendência comum. A nova biologia está a desvendar cada vez mais mecanismos genómicos que causam variação a partir do interior. Este livro também oferece um conjunto de hipóteses que não se encaixam na teoria darwiniana padrão, mas formam uma teoria nova e completamente alternativa - uma teoria geral e universal da variação biológica (GUToB). A GUToB reconhece que a origem da vida não pode ser descrita em termos científicos porque a vida não tem um início naturalista. Os pilares da GUToB são os genomas pluripotentes polivalentes (baranomas), os elementos genéticos indutores de variação (VIGEs) e as mutações não aleatórias. Os baranomas estão repletos de programas genéticos redundantes que se localizam no genoma sem quaisquer restrições de seleção. As populações de organismos adaptam-se rapidamente a novos

ambientes porque a variação é continuamente gerada por diferentes classes de VIGEs, que os cientistas convencionais acreditam erradamente serem restos de antigas invasões virais. Os três pilares explicam todos os fenómenos biológicos; contrastam fortemente com a explicação darwiniana da vida, mas as provas biológicas apresentadas não podem ser ignoradas. A nova biologia mostra que Darwin não estava certo e abre caminho para a alternativa científica apresentada neste livro.
Peter Borger, PhD
2008

Parte 1

Darwin deixado ao abandono

"Só se pode chegar a um resultado justo quando os factos e os argumentos de ambos os lados de uma questão são totalmente apresentados e ponderados." *Charles Darwin* "O primeiro a apresentar o seu caso parece ter razão até que alguém apareça e o conteste.

Provérbios 18:17

Capítulo 1
A ideia perigosa de Darwin?

As pessoas sempre acreditaram que as formas de vida orgânica tinham origem num ato de criação divina - até 1859. Há 150 anos, Charles Darwin publicou a sua obra magna *"A Origem das Espécies por meio da Seleção Natural ou A preservação das raças favorecidas na luta pela vida"*. O livro, geralmente abreviado como *"A Origem das Espécies"* ou simplesmente *"A Origem"*, foi um verdadeiro best-seller do século XIX. Em "A Origem das Espécies", Darwin argumentou que *os seres vivos orgânicos* - organismos - se transformam gradualmente, mas de forma constante, noutros *seres vivos orgânicos*, o que explica a origem da multiplicidade de espécies existentes na Terra. Todas as formas de vida estão num estado constante de mudança. As espécies não foram criadas separada e especificamente, mas desenvolveram-se a partir de outras espécies e continuaram a evoluir: todos os seres vivos descendem com modificações de antepassados comuns. A *"descendência comum com modificações"* resume sucintamente a teoria da evolução de Darwin. Os organismos simples tinham-se desenvolvido gradualmente em organismos mais complexos e os organismos complexos em organismos ainda mais complexos. Para ele, a vida era um eterno processo de mudança e transformação. A variabilidade - ou flutuação - observada nas populações de organismos era a chave para compreender um processo evolutivo gradual. Darwin chamou à força motriz deste processo de transformação a *seleção natural* [1]. As propostas de Darwin eram diametralmente opostas às ideias tradicionais de criação, que tinham sido derivadas da conceção óbvia da natureza e pressupunham logicamente um Criador, um grande e todo-poderoso projetista. O ponto principal de Darwin era que *a seleção natural* da variação é suficiente para explicar a aparente conceção da natureza. A seleção natural é a chave da teoria de Darwin, não a mudança orgânica - ou evolução - em si. A ideia de que os organismos orgânicos mudam ao longo do tempo existe há muito tempo; pode ser rastreada, de forma documentada, até cerca de 2 300 anos antes da nossa era. Nessa altura, o filósofo *Epicuro* vivia na República de Atenas, a atual capital da Grécia. Epicuro tinha adotado o atomismo de Demócrito - a filosofia segundo a qual o mundo físico é constituído por um número infinito de partículas indivisíveis (átomos) que se movem num vazio infinito - e era um escritor extremamente prolífico. A sua obra mais importante é o tratado *Sobre a Natureza*. O seu humanismo racional proclamou o pensamento evolutivo quando defendeu que:

> "[...] (d) Nenhum átomo é trazido à existência ou arrancado da existência por um poder divino ou outro. (e) O universo é eterno e infinitamente extenso. (f) Todas as colecções de átomos são aleatórias e de duração finita. (g) Resulta de (e) e (f) que existem mais mundos para além destes e que estes acabarão por se dissolver. (h) A vida é um complexo de átomos particularmente finos que formam tanto o corpo como a mente numa única unidade natural, cuja morte significa a dissolução irrevogável da pessoa." [2]

A descrição da natureza feita por Epicuro foi reavivada no século XVII, e os paralelos com a filosofia naturalista moderna são inconfundíveis. A maior parte dos ingredientes para uma teoria da evolução estava presente na lógica deste antigo pensador. Influenciados pelos seus predecessores gregos, muitos filósofos pós-renascentistas adoptaram ideias evolutivas ou propuseram novas ideias. Entre eles contam-se pensadores famosos como W. C. Wells, Herbert Spencer, Jean-Baptiste Lamarck e Erasmus Darwin - o avô de Charles Darwin. As ideias evolutivas destes homens eram predominantemente lamarckianas, ou seja, partiam do princípio de que os organismos podem adquirir novas caraterísticas ao longo de várias gerações para se adaptarem ao seu ambiente. As adaptações e inovações recém-adquiridas podiam então ser transmitidas aos descendentes. Como ou porquê isto acontecia e como se relacionava com o aparecimento de novas espécies era completamente desconhecido e a principal razão pela qual a evolução não era geralmente aceite. Esta situação alterou-se em 1859, quando Charles Darwin publicou as suas ideias *sobre a origem das espécies*.

A Darwin é geralmente atribuída a descoberta do mecanismo que impulsiona a evolução: a seleção natural. Francisco Ayala, antigo presidente da Associação Americana para o Avanço da Ciência, considera que o maior feito de Darwin foi mostrar que a organização direcional dos seres vivos pode ser explicada como o resultado de um processo natural, *a seleção natural*, sem necessidade de invocar um criador ou outro agente externo [3]. Ernst Mayer descreveu a publicação de *A Origem das Espécies* como talvez a maior revolução intelectual que a humanidade conheceu [4]. Por que razão, pergunto-me, Darwin é aclamado como um dos maiores intelectuais do mundo? O que levou a comunidade científica a aceitar as ideias de Darwin sobre a evolução? Terá sido porque Darwin explicou o aparecimento das espécies como adaptações acumuladas favorecidas pela natureza? Que as novas espécies se formam através da seleção natural?

Muito poucas ideias na ciência são verdadeiramente originais. A maioria das pessoas atribui a Darwin a descoberta do princípio da seleção natural; foi a sua contribuição original para a ciência. No entanto, não se trata de um conceito novo. Vários cientistas do século XIX chegaram a conclusões semelhantes quando estudaram espécies individuais. Darwin, que estava familiarizado com as ideias dos seus colegas naturalistas, cita William Wells como o descobridor do princípio da seleção natural. Em 1818, Wells escreveu *"Two essays upon Dew and Single Vision" (Dois ensaios sobre orvalho e visão única)*. Nele, descreveu claramente o princípio da seleção natural. Reconheceu, em primeiro lugar, que todos os animais tendem a mudar até certo ponto e, em segundo lugar, que os agricultores melhoram os seus animais domesticados através da *seleção*. Em seguida, escreve que:

> "A natureza parece trabalhar com igual eficiência, embora mais lentamente, na formação de variedades de homens adaptadas ao país que habitam. Das variedades acidentais de homens que surgiriam entre os primeiros poucos e dispersos habitantes das regiões médias de África, uma seria mais apta do que as outras para suportar as doenças do país. Este grupo étnico aumentaria consequentemente, enquanto os outros diminuiriam, não só devido à sua incapacidade de resistir ao ataque das doenças, mas também porque eram
>
> porque não são capazes de competir com os seus vizinhos mais fortes. A cor deste grupo étnico vigoroso seria escura, como se pode deduzir do que já foi dito. Mas como a mesma predisposição para formar variedades continuaria presente, um grupo étnico mais escuro e outro ainda mais escuro apareceriam com o passar do tempo: e como o mais escuro estaria mais bem adaptado ao clima, acabaria por se tornar o mais difundido, se não o único grupo étnico no país particular em que se originou." [5]

Duas décadas mais tarde, Edward Blyth, um académico britânico do século XIX, propôs essencialmente o mesmo princípio básico de seleção. Blyth atribuiu as variações dentro dos organismos a mudanças no ambiente ou no fornecimento de alimentos; variações que poderiam então ser selecionadas para criar novas raças. É surpreendente o que ele escreve sobre raças e seleção no Magazine of Natural History em 1835 - quase vinte e cinco anos antes de Darwin:

> "Se se juntarem dois animais, cada um dos quais se caracteriza por uma certa peculiaridade, por mais insignificante que seja, há também uma tendência

definida na natureza para que essa peculiaridade *aumente*; e se separarmos os produtos destes animais e seleccionarmos apenas aqueles em que a mesma peculiaridade é mais proeminente para procriar, a geração seguinte possuí-la-á num grau ainda mais notável; e assim por diante, até que finalmente se forma a variedade a que chamo raça, e que pode ser muito diferente do tipo original.

Os exemplos desta classe de variedades [raças] são provavelmente demasiado óbvios para serem enumerados: muitas variedades de gado, e provavelmente a maioria das variedades de pombos domésticos, tiveram geralmente origem desta forma. É de notar, no entanto, que a forma original e típica de um animal é, em grande medida, mantida pelos mesmos meios idênticos pelos quais é produzida uma verdadeira raça. A forma original de uma espécie está, sem dúvida, mais bem adaptada aos seus hábitos naturais de vida do que qualquer modificação dessa forma; e como as paixões sexuais excitam a rivalidade e o conflito, e o mais forte tem sempre de prevalecer sobre o mais fraco, pouca oportunidade é dada a este último, no estado de natureza, para perpetuar a sua etnia. Num grande rebanho de gado, o touro mais forte expulsa todos os mais jovens e mais fracos do seu sexo e permanece o único senhor do rebanho, de modo que todos os animais jovens que são produzidos devem descender daquele que possuía a máxima força e vigor físico e que era, portanto, mais capaz de se afirmar na luta pela existência e de se defender contra qualquer inimigo. Do mesmo modo, entre os animais que obtêm o seu alimento pela sua destreza, força ou delicadeza, o mais bem organizado deve sempre obter a maior quantidade e deve, portanto, tornar-se fisicamente o mais forte e, assim, ser capaz de transmitir as suas qualidades superiores a um grande número de descendentes, superando os seus adversários." [6]

Neste extrato do ensaio de Blyth de 1835, é como se estivéssemos a ouvir o próprio Charles: Todos os ingredientes da hipótese evolutiva de Darwin para explicar a origem das espécies estão plenamente expressos neste excerto - *seleção, sobrevivência pela existência* e o *grande número de descendentes*. Não há dúvida de que Darwin conhecia o trabalho de Blyth. Eles eram contemporâneos e frequentavam as mesmas reuniões científicas em Londres. Blyth foi um dos naturalistas que chamou a atenção de Darwin para o trabalho de Russell Alfred Wallace, que tinha apresentado uma hipótese quase idêntica à de Darwin para explicar a origem das espécies e instou Darwin a publicar o seu trabalho. Wallace é por vezes mencionado no mesmo fôlego que Darwin, porque apresentou a mesma teoria biológica. Por que razão, pergunto-me, Edward Blyth nunca é mencionado juntamente com Darwin? Receio que seja porque Blyth reconheceu o verdadeiro poder da seleção natural:

"A mesma lei [de seleção], portanto, que foi concebida pela Providência para manter as caraterísticas típicas de uma espécie, pode facilmente ser convertida pelo homem num meio de criar diferentes variedades; mas também é claro que se o homem não mantivesse estas raças regulando as relações sexuais, todas elas iriam naturalmente reverter em breve para o tipo original. É apenas com base neste princípio que se podem explicar os efeitos degenerativos atribuídos à tão apregoada prática da 'consanguinidade'." [6]

No seu ensaio de 1835, Blyth reconheceu que a seleção é um processo que separa os aptos dos inaptos; um processo que pode ser utilizado para criar raças. Reconheceu também que a preservação das raças podia ser conseguida por *meios artificiais* guiados pela inteligência humana, a que chamou *intercurso seletivo*. O que me surpreendeu foi que

Blyth também reconheceu que a seleção extrema - *"breeding in and out"* - conduz a efeitos degenerativos que são visíveis após o cruzamento de ninhadas ao longo de várias gerações e que são o resultado da perda de genes funcionais. Em termos genéticos, a reprodução significa que os genes interessantes são reunidos num organismo - um efeito secundário indesejável, no entanto, é que os genes inactivos ou inferiores também se acumulam.

Surpreendentemente, a palavra mágica no livro de Darwin de 1859 para explicar a origem das espécies era "seleção". Darwin postulou que *a seleção natural* era a força motriz por detrás do aparecimento das espécies. Darwin era um apaixonado criador de pombos e tinha observado que era possível criar novos grupos étnicos através da reprodução selectiva. Darwin ilustrou o poder da seleção comparando-a com a criação selectiva que produziu todas as diferentes raças de gado, pombos e cães. Cães, pombos, cavalos, todos os animais que foram cuidadosa e especificamente escolhidos para uma determinada caraterística são reunidos para posterior reprodução. Na reprodução selectiva, é o homem que faz a seleção. Darwin chamou *seleção artificial* ao processo de reprodução selectiva *controlado pela inteligência humana*. Na realidade, a seleção artificial não é nem mais nem menos do que a relação sexual controlada de Blyth. No entanto, a criação de raças de cães através da seleção inteligente pressupõe que não existe seleção natural. A maior parte das raças de cães que observamos hoje não teriam evoluído através da seleção natural. A ideia de Darwin de criar raças através da seleção inteligente não era nova e não era realmente notável. O que era novo e extraordinário, no entanto, era o que ele derivava deste conceito. Ele postulou que algo comparável à seleção inteligente tinha lugar em populações naturais de organismos. [1] Argumentou que, se variações *selecionadas artificialmente* podem dar origem a novas *raças de animais*, então novas *espécies* podem surgir como resultado de um processo natural que ajuda os organismos mais bem adaptados a sobreviver. Referiu-se a este processo, em que a natureza efectua a seleção, como *seleção natural*. As pequenas adaptações vantajosas são favorecidas pela seleção natural, acumulam-se ao longo do tempo e conduzem gradualmente a novas espécies. Este é o cerne do Darwinismo - o aparecimento de espécies através da seleção *natural*. Uma pedra pode ser facilmente acelerada a uma velocidade de 50 quilómetros por hora se for atirada. Mas será que isso significa que a pedra atingirá um alvo a 100 quilómetros de distância ao fim de uma hora? Sabemos por experiência que não é esse o caso. Os limites físicos são estabelecidos pelo atrito e pela gravidade e determinam que mesmo uma pequena pedra não pode ser lançada a mais de 50 ou talvez 100 metros de distância. Do mesmo modo, existem limites físicos ou naturais para a variação biológica e, por conseguinte, para a seleção. Contrariamente à visão de Darwin, a variação biológica não é ilimitada. Os limites físicos da variação biológica e a capacidade de a criar são determinados pelo genoma. Blyth discutiu em 1835 que as vacas existem em quase todas as variações, mas as vacas são sempre vacas; os cães são sempre cães e os pombos são sempre pombos. O facto de a variação nas espécies ser sempre limitada é aquilo a que chamo a *doutrina de Blyth*. Darwin e seus seguidores não aceitam a doutrina de Blyth; eles acreditam que a variação biológica e a mudança evolutiva são ilimitadas. Darwin foi capaz de postular uma variação ilimitada porque não conhecia os determinantes físicos da variação - os genomas. Darwin acreditava que as pequenas mudanças observadas nos pombos e nos cavalos poderiam somar-se ao longo do tempo e dar origem a novas

---

[1] *A seleção artificial* de Darwin é bastante enganadora; *a seleção inteligente* teria sido melhor, porque foi a inteligência humana que moldou as raças.

espécies. Nunca ninguém provou esta suposição e a biologia molecular prova simplesmente o contrário - a variação não é ilimitada. A variação que observamos é sempre uma variação sobre um tema pré-existente - é por isso que se chama *variação*. As cobras castanhas australianas podem ter cabeças de tamanhos muito diferentes, mas continuam a ser cobras castanhas; os tentilhões das Galápagos podem ter bicos grandes ou pequenos, mas continuam a ser tentilhões; os seres humanos podem variar consideravelmente na pigmentação da sua pele, mas só existe uma espécie humana. A seleção natural das variações pode ser bastante irrelevante para o aparecimento de novas espécies. [2]Assim, não é a seleção natural mas outras forças que determinam a especiação.

---

[2] Os modernos estudos comparativos do genoma mostram que a formação de novas espécies não teria exigido eventos de mutação aleatórios e a adição de nova informação genética.

A nova biologia

A ciência é o método de tentar descrever a natureza do mundo físico através de um conjunto de princípios, incluindo a realização de observações empíricas, a formulação de hipóteses para explicar essas observações e o teste dessas hipóteses de uma forma válida e fiável. O termo ciência também se refere ao conjunto de conhecimentos que resultam deste método. A ciência é isenta de ideologia - não é teísta nem ateísta. Quando muito, a ciência é agnóstica - um termo que designa a decisão *de não acreditar naquilo que não pode ser provado pelos sentidos*. Sir Karl Popper é geralmente reconhecido como um dos maiores filósofos da ciência. Nasceu em 1902 em Viena, na Áustria, que, na altura, podia reivindicar ser a capital cultural do pensamento ocidental, e entrou facilmente em contacto com uma variedade de filosofias modernas. Na altura, Viena era o epicentro das novas ideias políticas de esquerda, e muitas figuras do marxismo (por exemplo, Marx e Lenine) residiam em Viena. Aos 17 anos, Popper frequentou a Universidade de Viena, onde se envolveu fortemente na política de esquerda. Enquanto estudante, Popper aderiu à Associação dos Alunos Socialistas e tornou-se marxista durante um curto período de tempo. No entanto, desiludido com o seu carácter doutrinário, depressa se afastou do marxismo. Na mesma altura, descobriu as teorias psicanalíticas de Freud, a psicologia individual de Adler e a obra de Einstein. O predomínio do espírito crítico em Einstein e a sua ausência total em Marx, Freud e Adler foram de importância fundamental para Popper: estes últimos, segundo ele, formulavam as suas ideias em termos que só as podiam *confirmar*. As ideias de Einstein tinham implicações testáveis que, se erradas, falsificariam a afirmação como um todo. Popper ficou profundamente impressionado com as diferenças entre as teorias supostamente científicas de Freud e a revolução científica que Einstein tinha desencadeado com a sua teoria da relatividade nas primeiras décadas do século XX.

> A principal diferença entre [Freud e Einstein] para Popper era que a teoria de Einstein era altamente "arriscada", no sentido em que se podia deduzir dela consequências que eram altamente improváveis à luz da física newtoniana então prevalecente (por exemplo, que a luz é deflectida para corpos sólidos - o que foi confirmado pelas experiências de Eddington em 1919) e que, se se provasse estar errada, falsificaria toda a teoria, ao passo que as teorias psicanalíticas não podiam ser falsificadas nem sequer *em princípio*. Estas últimas, Popper chegou à conclusão, têm mais em comum com os mitos do que com a ciência real." [1]

Popper insistiu que uma teoria que seja compatível com todas as observações possíveis não é científica. À primeira vista, isto pode parecer estranho. Poder-se-ia argumentar que uma teoria que explica tudo é uma teoria estanque e sólida. Mas não é. Uma teoria que é consistente com todas as observações não explica nada. Popper reconheceu que a aparente força das teorias psicanalíticas para dar conta e explicar todas as formas possíveis de comportamento humano é, de facto, uma fraqueza crucial. Uma vez que nada na ciência pode ser provado como absolutamente verdadeiro, deve testar-se se uma afirmação *é falsificável*. Este é o critério de Popper para distinguir o domínio da ciência do domínio da não-ciência. As afirmações que não são falsificáveis não pertencem à ciência. Se se puder demonstrar que uma teoria é incompatível com dados empíricos - ou seja, dados obtidos através da observação - então trata-se de uma teoria científica. Por conseguinte, uma hipótese científica inclui normalmente uma hipótese nula, ou seja, uma possível observação ou teste que falsifica a afirmação da hipótese. A hipótese nula é muitas vezes o oposto daquilo em que o experimentador realmente acredita. A hipótese nula para os paleoantropólogos que estudam a ascendência darwiniana dos humanos seria a ocorrência do *Homo sapiens* moderno nos mesmos estratos geológicos que o Australopithecus.

Não é muito difícil encontrar provas para uma teoria. Se apenas procurarmos provas que apoiem a nossa tese e ignorarmos todas as observações contraditórias, não teremos dificuldade em defender as teorias mais ridículas. A isto chama-se verificação. Com a ajuda da verificação, é possível afirmar que a Terra é plana, que a Terra é jovem, velha, verde, azul ou o que quer que seja. As provas obtidas através da verificação não falam verdadeiramente a favor de uma teoria científica, a não ser que essas provas sejam o resultado de uma previsão arriscada. Para Popper, uma teoria só é científica se puder ser refutada por um acontecimento concebível. Qualquer teste genuíno de uma teoria científica é, logicamente, uma tentativa de a refutar ou falsificar, e uma contra-observação genuína - uma prova experimental que não se ajusta à teoria - falsifica toda a teoria. Qualquer teoria científica genuína é, portanto, proibitiva. É proibitiva no sentido em que proíbe a ocorrência de certos acontecimentos.

> "Uma teoria científica pode ser testada e falsificada, mas nunca logicamente verificada. Assim, Popper sublinha que o facto de uma teoria ter resistido aos testes mais rigorosos durante um período de tempo tão longo não deve ser entendido como significando que está verificada; em vez disso, devemos reconhecer que essa teoria recebeu um elevado grau de confirmação e pode ser mantida, por enquanto, como a melhor teoria disponível até ser eventualmente falsificada (se é que alguma vez é falsificada) e/ou substituída por uma teoria melhor." [1]

Os dois critérios de Popper que distinguem uma teoria não científica de uma científica são o facto de esta última ser falseável e previsível. Os potenciais falsificadores das hipóteses de Darwin raramente são publicados em revistas relacionadas com Darwin. Deveria haver falsificadores mais interessantes e mais arriscados do que um fóssil anacrónico - como ossos de mamíferos num estrato pré-cambriano ou um esqueleto de dinossauro no Pleistoceno. Porque é que não conseguimos encontrar na literatura científica quaisquer possíveis falsificadores do Darwinismo? Será demasiado arriscado? Não tem interesse? Será que a teoria é tão boa que não pode ser falsificada? Ernst Mayr, o famoso pensador neo-darwinista, pensa que a teoria é demasiado boa para ser falsificada. Numa das suas últimas entrevistas, diz

> "Mas o facto é que, e não sei se algum biólogo molecular se queixou disto ou lamentou, nenhuma destas grandes mudanças na estrutura factual desta nova biologia, de Avery à genómica, nenhuma destas mudanças afectou realmente aquilo a que normalmente se chama o paradigma darwinista, o conjunto de teorias que constituem o darwinismo moderno, desde, digamos, os anos 50, digamos, de Watson-Crick até hoje. E estão constantemente a sair novos livros em que o autor tenta provar que o darwinismo é inválido. Bem, penso que mesmo como um observador neutro, admitirá que nenhum destes livros foi um sucesso. E no final, sempre foi demonstrado que o Darwinismo estava e está correto." [2]

Ao contrário do que Mayr afirma, uma análise cuidadosa da literatura científica mostra que ela está cheia de falsificadores genuínos das suposições de Darwin. No entanto, parece que a comunidade evolutiva, que ainda se baseia fortemente no pensamento darwiniano, tende a ignorar as observações falsificadoras. Observações como a complexidade irredutível da bioquímica e a explosão cambriana colocam sérios problemas ao gradualismo darwiniano, pois tendem a refletir acontecimentos catastróficos súbitos. Em vez de admitir as inadequações da teoria darwiniana, são inventados cenários para encaixar todas as observações possíveis no quadro darwiniano. Os cenários inventados são frequentemente muito simpáticos e apelam à imaginação, mas também são geralmente muito improváveis e não podem ser verificados objetivamente. O problema da *"descendência comum com modificações"* de Darwin é que ela não é falsificável! Como podemos falsificar uma tese que diz que as semelhanças que observamos entre as espécies se devem ao facto de elas partilharem as caraterísticas de um antepassado comum, enquanto as caraterísticas únicas observadas entre essas espécies são o resultado de modificações? *A ancestralidade comum com modificação* explica tanto as estruturas partilhadas como as estruturas únicas das espécies. Não consigo pensar em nenhuma experiência ou observação que refute o conceito de Darwin. Não admira que Mayr possa escrever: "O Darwinismo estava e está correto". À segunda vista, no entanto, conheço um exemplo que poderia falsificar o darwinismo: o bico do ornitorrinco. É evidente que o pato e o ornitorrinco não tiveram um antepassado comum, pelo que se torna difícil explicar o bico com um antepassado comum. Estamos a lidar com uma falsificação? *Não",* diz o darwinista, *"trata-se de uma homoplasia. Os animais têm a mesma estrutura devido à evolução convergente. O bico foi escolhido em ambos os animais devido a restrições selectivas semelhantes.* Ops, quase me esquecia da varinha mágica de Darwin: a seleção natural. Quando a ancestralidade comum e a variação são insuficientes ou improváveis para moldar uma determinada caraterística, a seleção natural entra em ação para explicar uma observação potencialmente falsificável. O problema da hipótese da seleção é que pode ser invocada sempre e em todo o lado. Tudo pode ser atribuído à seleção. A seleção artificial, conduzida pelo homem, produziu centenas de raças de cães, gatos e gado. Argumenta-se que a ecolocalização nos morcegos e o olho de águia também podem ser o resultado da seleção natural. A seleção natural pode sempre e em todo o lado ser usada para explicar inovações, mudanças que fazem uma diferença clara entre as espécies. Quando a descendência comum e a mudança falham, a seleção salva o naturalismo. Esta é a "beleza" do darwinismo. Se a hipótese da seleção não existisse, não teríamos uma explicação *naturalista* para o design que observamos na biologia. Se não existisse a seleção natural, teríamos de invocar a *inteligência* sempre que observássemos *o design*. A inferência de inteligência não é válida. O naturalismo estipula que a sofisticação e a complexidade que reconheceríamos imediatamente como produto da inteligência noutras circunstâncias não podem ser o resultado do design inteligente, uma vez que a inteligência é excluída *a priori* como explicação. Não devemos acreditar que a natureza possa ter a sua origem na inteligência. Esta é a regra do naturalismo. As explicações por design inteligente não seriam científicas, diz o naturalista. Mas será mesmo assim? Não, não é. Naturalismo e ciência não são equivalentes. Só se a ciência for definida como naturalismo é que é proibido reivindicar a conceção inteligente de sistemas biológicos altamente desenvolvidos. Porque é que as pessoas inteligentes devem excluir à partida uma explicação possível? Porque é que, quando observamos sistemas biológicos concebidos de forma inteligente, devemos excluir a *priori* a explicação óbvia da conceção inteligente? Não consigo pensar em nada, exceto em razões filosóficas: A filosofia naturalista exige que a natureza seja tudo o que existe. Portanto, se não nos é permitido incluir o óbvio, nomeadamente o design inteligente, só há uma forma de determinar se o Darwinismo é verdadeiro ou falso: Colocando-o à prova. Deve-se notar que nem todas as observações possíveis se encaixam no quadro darwinista; e isso é frequentemente admitido pelos próprios darwinistas. O excerto de Mayr pode dar a impressão de que o darwinismo é completamente resistente à refutação científica, mas isso é apenas uma declaração de fé. Desde que Darwin propôs a sua hipótese de seleção natural para explicar o aparente design na natureza, surgiram tantos problemas e não foram resolvidos que podemos ter a certeza de que a seleção natural não é uma força evolutiva importante. A revolução biológica das últimas quatro ou cinco décadas mostrou que a seleção natural é inútil para explicar as observações que fazemos do genoma.

[th]Não é exagero descrever o século XX como *a era da ciência*, cujas últimas décadas pertenceram à biologia. E se houvesse um ponto na história que marcasse o início da nova biologia, não seria inapropriado dizer que começou em 1953; o ano em que dois cientistas, James D. Watson e Francis Crick, descobriram a estrutura tridimensional da molécula de ADN e publicaram os seus resultados na Nature [3]. Num artigo conciso de duas páginas, mostraram como a molécula conhecida como ácido nucleico desoxirribose, ou abreviadamente ADN, está organizada como uma dupla hélice. [th]Esta descoberta fez de Watson e Crick os cientistas mais famosos do século XX. Os seus nomes tornaram-se literalmente sinónimos das duas vertentes complementares da molécula de ADN. Watson e Crick demonstraram que as duas cadeias da molécula de ADN servem de molde uma à outra e que uma das duas cadeias é suficiente para sintetizar a outra, retendo a informação nela armazenada. A estrutura de dupla hélice resolveu de forma elegante a natureza conservadora da divisão celular, em que uma célula dá origem a duas células filhas idênticas, revelando como as caraterísticas são herdadas. A descoberta pioneira da estrutura da molécula de ADN conduziu-nos à era da nova biologia e abriu caminho para os sucessos espectaculares das décadas seguintes: a descoberta da estrutura e do papel do ARN na síntese de proteínas, o código genético e a natureza da regulação dos genes, bem como o primeiro isolamento e clonagem bem sucedidos de genes.

Desde o início do século XX, a nova biologia ensinou-nos a ler o código genético que descreve as ferramentas moleculares que nos mantêm vivos. [3]Analisámos todo o genoma humano e conhecemos a sequência exacta dos seus três mil milhões de nucleótidos, as unidades de ADN que constituem os nossos 23 pares de cromossomas. A nova biologia demonstrou que o nosso genoma contém muito menos genes codificadores de proteínas do que se esperava - apenas cerca de 21 500 [4] - e atribuiu a sua posição exacta nos diferentes cromossomas. A nova biologia forneceu os conhecimentos e as ferramentas para a clonagem de ratinhos, bovinos e primatas. E a clonagem do primeiro ser humano será apenas uma questão de tempo - que ele tenha piedade deles. Com as novas técnicas e métodos biológicos, poderemos um dia fazer o rastreio de doenças genéticas em todos os indivíduos - pré-natal, se necessário - e a correção de defeitos genéticos está na biologia de um futuro não muito distante. A nova biologia descobriu também um segundo código *"genético"* que está presente nos organismos superiores e que controla a expressão dos genes - o chamado código das histonas. Esta é a idade de ouro da biologia. Temos o privilégio de viver na era da *nova* biologia. A nova biologia revela o funcionamento da vida e permite compreender plenamente o funcionamento das células a nível molecular.

---

[3] Os cromossomas são enormes moléculas de ADN. As hastes em forma de X que se vêem nos artigos de revista só se encontram durante a divisão celular, quando têm de ser distribuídas uniformemente entre as células filhas. Quando as células não se estão a dividir, os cromossomas são moléculas de ADN soltas que se encontram penduradas no núcleo da célula como pequenos fios e são invisíveis mesmo aos microscópios de luz mais potentes. Para ter uma ideia aproximada do tamanho dos nossos cromossomas: Se os 23 pares de cromossomas que temos em cada célula pudessem ser todos desenrolados e enfiados uns nos outros, teriam cerca de um metro de comprimento. Todas as nossas caraterísticas genéticas, de cima a baixo, estão num fio molecular de um metro.

Flogisto, éter e seleção natural

[th]Os experimentadores do século XVIII não compreendiam pelo menos um fenómeno: o processo de oxidação. O que acontecia exatamente quando um tronco era consumido pelo calor? E o que é que acontecia a um pedaço de metal quando este se desgastou e enferrujou? Hoje sabemos que a madeira ou o metal são oxidados durante estes processos; formam ligações químicas estáveis com o oxigénio. [th]No século XVIII, a visão predominante da combustão era a *teoria do flogisto*. Quando a madeira ou o metal eram calcinados, ou seja, aquecidos na presença de oxigénio, transformavam-se num pó chamado *calx*. Os metais e a madeira eram considerados ricos em flogisto, enquanto a pedra e a terra eram consideradas pobres em flogisto. Quanto mais flogisto houvesse, mais facilmente era consumido pelo calor. Isto explicava o facto de a madeira ser facilmente queimada, enquanto a terra e a pedra não o eram. A teoria do flogisto explicava todos os fenómenos associados à combustão. Explicava porque é que uma vela se queimava debaixo de um frasco de vidro: O ar estava saturado de flogisto. Esta era também a razão pela qual os animais morriam numa sala estanque. A teoria do flogisto também "explicava" a fundição de minérios. Era simplesmente o processo inverso da formação do calx: um fluxo de flogisto para dentro do calx. Acreditava-se que o carvão vegetal era muito rico em flogisto. Quando o carvão vegetal era queimado na presença de minérios metálicos, que eram considerados calxes, o flogisto passava do carvão para o minério e restaurava o metal. O carvão vegetal era constituído por flogisto quase puro, razão pela qual ardia quase completamente sem deixar o calx e sem produzir o metal. A teoria do flogisto também explica a perda de peso quando se queimam combustíveis: Os combustíveis perdiam flogisto. Para estes metais, o flogisto tinha uma massa positiva e mensurável. E, por vezes, o flogisto não tinha massa ou tinha uma massa negativa: isto explicava o facto de alguns calces (plural de calx) terem a mesma massa ou serem mais pesados do que os metais queimados. O flogisto explica tudo! O grande químico francês Antoine Laurent Lavoisier pôs fim à teoria do flogisto. Em 1777, na sua obra clássica "Memoir a Combustion en General", propôs uma teoria que considerava toda a combustão e queima de metais como reacções químicas em que o oxigénio se combina com outros elementos. Demonstrou que a massa dos produtos antes da combustão é igual à massa dos produtos após a combustão. Levoisier descobriu a lei da conservação da massa e transformou a química numa ciência quantitativa. Simbolicamente, pôs fim à teoria do flogisto queimando todos os livros de texto que apoiavam esta teoria [1].

No início do século XIX, tornou-se claro que a luz é constituída por ondas. O experimentador inglês Thomas Young tinha observado que o padrão de interferência típico da luz que passava por uma dupla fenda se assemelhava ao das ondas de água. Este padrão só podia ser compreendido se a luz tivesse propriedades ondulatórias. Em 1865, o físico escocês James Clark Maxwell apresentou uma descrição matemática da natureza ondulatória dos fenómenos electromagnéticos. Nessa altura, ainda não se sabia que a própria luz era um fenómeno ondulatório eletromagnético, mas esse facto foi rapidamente reconhecido. A velocidade prevista para as ondas electromagnéticas coincide com a velocidade medida da luz. A luz é uma onda electromagnética. [th]No século XIX, os físicos que trabalhavam na teoria ondulatória da luz partiam do princípio de que tinha de existir um meio. Imaginaram as ondas electromagnéticas como ondulações num lago. Se atirarmos uma pedra para a água, esta forma ondas concêntricas que se afastam do ponto onde a pedra atingiu a água. Na realidade, a água está parada e o único movimento é para cima e para baixo. São as ondulações que dão a impressão de movimento, semelhante a uma onda criada pelo movimento para cima e para baixo da multidão num estádio de futebol. Sem a água ou sem os espectadores, a onda não existiria. Obviamente, uma onda precisa de um meio para se propagar. No caso das ondas na água, o meio que propaga as ondas é a própria água, enquanto num estádio de futebol o público serve de meio. Não era absurdo pensar que a luz, se fosse uma onda electromagnética, também precisaria de um meio, à semelhança das ondas mecânicas. Assim, foi proposto o *éter luminífero* como meio de propagação da luz. O éter foi imaginado como uma espécie de líquido transparente, não disperso, incompressível, contínuo e sem viscosidade. Foram efectuadas muitas experiências para provar a existência do éter. Estas experiências baseavam-se todas na medição das diferenças de velocidade da luz provocadas pelo éter. Todas as experiências não tiveram êxito. A teoria do eletromagnetismo de Maxwell não exigia a existência de um meio, pois a luz é constituída por campos eléctricos e magnéticos que se induzem mutuamente à medida que se propagam no vácuo. Foi preciso outro grande pensador para perceber o significado deste facto. Albert Einstein era assistente técnico no Instituto Suíço de Patentes quando publicou a teoria da relatividade especial. A luz, disse ele, não precisa de um meio para se propagar no vácuo do espaço e, por conseguinte, não existe um quadro de referência preferencial para medir a sua velocidade. O ousado postulado de Einstein explica porque é que todas as experiências que tentaram provar a existência do éter através da medição da velocidade da luz falharam: A velocidade da luz no vácuo é uma constante. Estes e outros exemplos mostram que todos os séculos tiveram as suas armadilhas teóricas específicas. Atualmente, a maioria dos biólogos considera que a explicação para a origem das espécies reside na teoria da descendência com modificações por *seleção natural* de Charles Darwin. Darwin já tinha viajado pelo mundo em 1836 e era um observador atento. Devido à sua experiência com a criação de pombos, não ignorava a variabilidade das populações nativas. Enquanto viajava pelo mundo, Darwin observou que a variação natural das populações é omnipresente. Todos os descendentes produzidos por populações naturais são ligeiramente diferentes: os irmãos de ninhada diferem não só uns dos outros, mas também dos seus pais.

Darwin também estava familiarizado com os trabalhos de dois economistas britânicos: Thomas Maltus e Adam Smith. As suas ideias intelectuais tiveram uma grande influência na hipótese de seleção de Darwin, especialmente o *Essay on Population* de Maltus. [th]Maltus observou que a classe trabalhadora das cidades industrializadas da Europa do século XIX produzia mais descendentes do que podia alimentar, o que contribuía inevitavelmente para as taxas de mortalidade infantil tragicamente elevadas [2], em que apenas os mais aptos sobreviviam. Antes da sua famosa constatação de que a vida não passa de uma luta egoísta, Darwin tinha estudado as teorias do mercado livre do economista Adam Smith. No mercado livre extremo de Smith, a luta dos indivíduos que competem por ganhos pessoais num mercado sem restrições é suposto produzir uma economia ordenada e eficiente. Embora não seja dirigida por nada, é como se existisse uma mão invisível e racionalizadora. Os benefícios para os consumidores são um efeito secundário acidental da concorrência egoísta do mercado. O paralelo com a ideia de Darwin da seleção natural (dos mais aptos) é óbvio.

Darwin também estava familiarizado com os trabalhos intelectuais de Wells e Blyth. Durante as suas viagens pelo mundo, tinha lido os seus tratados sobre variação e seleção. A *redundância da descendência, a competição* e o *princípio de seleção* de Blyth inspiraram Darwin a propor a sua teoria da seleção para explicar a origem das espécies. Adoptou o princípio de Maltus sobre a população: uma população reduz sempre a oferta de recursos e tende a produzir mais descendentes do que o seu ambiente pode realmente suportar. Supôs que o princípio de seleção de Blyth também se aplicaria na natureza e que, como resultado da luta pela existência, apenas os mais fortes contribuiriam para a geração seguinte. Os fracos e os débeis seriam eliminados pela natureza, selecionados. Nasceu assim o conceito de *seleção natural*. Darwin chegou à conclusão de que, se pequenas alterações se acumulam durante longos períodos de tempo e produzem caraterísticas geológicas, pequenas alterações nos organismos orgânicos podem também acumular-se através da seleção natural e produzir novas espécies. A mensagem de Darwin era que todas as formas de vida, incluindo os seres humanos, evoluíram através da *sobrevivência do mais apto*, um processo que não exige mais do que a seleção natural. Consequentemente, todas as espécies estavam relacionadas umas com as outras e ligadas por uma descendência comum. Nesta perspetiva, o chimpanzé era o parente mais próximo do homem. Os seres humanos descendiam dos macacos e a seleção natural era a força motriz.

As ideias de Darwin causaram uma tempestade de controvérsia. A maioria dos protestos veio do clero e de pensadores religiosos. Mas os cientistas também levantaram objecções às ideias de Darwin. Nas décadas de 1860 e 1870, Alfred R. Wallace e outros salientaram que, ao basear-se na redundância da descendência de Malthus, Darwin tinha abraçado a sua falácia sobre a população e os privilégios. As pessoas que estavam menos expostas à miséria da escassez de alimentos, das doenças e da guerra - as classes altas - não tinham mais filhos. Pelo contrário: quanto mais privilegiadas são as pessoas, menos filhos têm. O filósofo australiano David Stove sublinhou que *os ricos ficam ricos e os pobres têm filhos*. Também salientou que o problema da razão pela qual os ricos e famosos são tão infelizes a reproduzir-se nunca foi resolvido pelos darwinistas:

"Um darwinista e eugenista posterior, R. A. Fisher, discutiu longamente a relação entre privilégio e fertilidade no seu importante livro The Genetical Theory of Natural Selection (1930). Mas dificilmente se pode dizer que ele tenha tornado a falsidade [...] menos embaraçosa para o darwinismo. Fisher reconhece o facto de que em todos os países civilizados houve sempre uma inversão (como ele lhe chama) das taxas de fertilidade: ou seja, os mais privilegiados foram sempre e em todo o lado os menos férteis. Explica este facto pelo facto de os países civilizados terem sempre praticado aquilo a que chama "a promoção social da infertilidade". Isto significa que quanto menos filhos as pessoas tiverem, melhor poderão sobreviver na vida civilizada.

Mas isto é obviamente apenas uma reformulação do problema e não uma solução para ele. Para um darwinista como Fisher, coloca-se a questão de saber como é que pode haver uma promoção social da infertilidade consistente com o darwinismo. Em qualquer outro tipo de organismo, a infertilidade comparativa é um sinal seguro ou mesmo o próprio critério de fracasso comparativo. Assim, se o Darwinismo é verdadeiro, como pode haver uma espécie de organismos em que a infertilidade comparativa é uma ajuda regular e quase necessária para o sucesso?

A constante descrição de Fisher das taxas de fertilidade como "invertidas" merece uma palavra por si só. É o exemplo perfeito de um hábito surpreendentemente arrogante dos darwinistas [...]. É o hábito de, quando surge algum facto biológico incompatível com o darwinismo, *culpar esse facto* em vez de culpar a sua teoria. A qualquer facto desse tipo os darwinistas chamam "erro biológico", "erro hereditário", "falha de ignição" ou algo do género: como se o organismo em questão tivesse errado, quando na realidade o que aconteceu foi que o darwinismo errou. Quando Fisher descreveu as taxas de natalidade nos países civilizados como "invertidas", quis simplesmente dizer que - exatamente ao contrário da teoria darwiniana - as pessoas mais privilegiadas são as menos férteis. É claro que a única conclusão razoável a tirar deste facto é que a teoria de Darwin inverteu as coisas. Mas, em vez disso, com a típica impertinência darwinista, Fisher conclui que as pessoas civilizadas viraram as coisas de pernas para o ar." [3]

[th]Muitos naturalistas do século XIX aceitavam a ideia da mudança biológica ao longo do tempo, embora os meios pelos quais esta ocorria fossem completamente obscuros para eles. O postulado de Darwin da seleção natural como a força motriz da evolução pouco fez para alterar esta situação. George Jackson Mivart, um professor de biologia e opositor ferrenho das ideias de Darwin, foi o primeiro a questionar a hipótese da seleção na sua obra *On the Genesis of Species*, publicada em 1871. O seu livro contém todas as contra-evidências necessárias para refutar completamente a hipótese da seleção natural de Darwin. O capítulo II foi inteiramente dedicado ao fracasso da hipótese da seleção natural de Darwin, e Mivart concluiu:

"O autor deste livro pode dizer que [...] variações minuciosas, acidentais e indefinidas podem ter produzido formas e modificações tão peculiares como as que foram enumeradas neste capítulo, não parece desafiar a imaginação, mas a razão.Aqui, é claro, como em toda a natureza, temos a ver com a operação de leis fixas e constantes da natureza, e o conhecimento dessas leis pode ser obtido em breve pela paciência do génio humano; mas acredita-se que já existem provas suficientes para mostrar que essas leis da natureza ainda desconhecidas, ou leis, nunca podem ser resolvidas na ação da "Seleção Natural", mas representam ou ilustram um modo e condição de ação orgânica que não é de forma alguma explicada pela teoria darwiniana." [4]

Mivart era um teísta que não tinha qualquer problema com o processo evolutivo, mas era um pensador crítico e perguntava-se como é que a seleção natural podia ter alguma coisa a ver com estruturas que ainda não tinham aparecido. Defendia que a seleção natural não podia ser responsável por estruturas complexas. O famoso Stephen J. Gould escreveu o seguinte sobre a objeção de Mivart:

"Ele [ou seja, Mivart] chamou à sua objeção 'A incompetência da seleção natural para dar conta dos estádios incipientes das estruturas úteis'. Se esta frase soa a um trava-línguas, considere a simples tradução: podemos facilmente compreender como funcionam estruturas complexas e completamente desenvolvidas e como a sua manutenção e preservação podem ser baseadas na seleção natural - uma asa, um olho, a semelhança de um abetouro com um ramo ou de um inseto com um pau ou uma folha morta. Mas como é que se chega do nada a algo tão sofisticado se a evolução tem de passar por uma longa sequência de fases intermédias, cada uma delas favorecida pela seleção natural? Não se pode voar com 2% de uma asa, e a semelhança de um iota com um pedaço de vegetação potencialmente obscurecedor não oferece grande proteção. Por outras palavras, como pode a seleção natural explicar as fases iniciais de estruturas que só podem ser utilizadas numa forma muito mais sofisticada?" [5]

[th]No início do século XX, biólogos como Leo Berg e William Bateson também reconheceram que a hipótese da seleção de Darwin era muito inadequada para explicar a origem das espécies. Reconheceram a seleção natural como um processo de seleção que

explica porque é que os organismos dificilmente mudam ao longo do tempo - o seu poder seletivo remove os menos produtivos das populações de organismos que se reproduzem. Os indivíduos com uma capacidade reprodutiva reduzida acrescentam menos descendentes à geração seguinte do que os organismos de tipo selvagem. A seleção natural é dirigida contra os organismos reprodutores inferiores e elimina-os da população a longo prazo. Imagine um grupo de veados vermelhos *(Cervus elaphus)*. A sobrevivência do grupo depende sempre de um único macho dominante - o veado líder. Ele é o único macho que produz a próxima geração de veados que compõem o grupo. No seu mundo, os chifres e os pescoços musculados são as caraterísticas que contribuem para a geração seguinte. Os machos com chifres fortes contribuirão sempre para a geração seguinte, simplesmente porque são necessários chifres fortes para contribuir para a geração seguinte. Se os chifres fortes e pesados são o critério para a reprodução, os animais com chifres curtos ou frágeis nunca contribuirão para a geração seguinte. No entanto, deve ser claro que as tendências selecionáveis, por exemplo, chifres fortes, são auto-limitantes na natureza. Quando os chifres se tornam demasiado grossos ou pesados, limitam a capacidade do seu proprietário de contribuir com as suas caraterísticas para a geração seguinte, ilustrando a tendência da seleção natural para trabalhar no sentido da preservação de caraterísticas em vez do desenvolvimento de novas caraterísticas. O facto de a maioria dos veados ter chifres fortes pode ser deduzido da lei primária dos sistemas de reprodução; no entanto, não se segue que o veado vermelho como espécie seja também o produto da seleção natural.

É como se Darwin confundisse a seleção natural com a origem das espécies. Mas isso não é a mesma coisa; nem sequer estão relacionadas. Para que a seleção natural actue sobre chifres fortes, por exemplo, tem de existir primeiro uma espécie com chifres. A existência de espécies é uma *condição sine qua non* - um pré-requisito - para a evolução darwiniana. Darwin nunca explicou a existência de organismos e, portanto, a evolução darwiniana não pode explicar a origem das espécies. O que a seleção natural explica é como as espécies orientam certas caraterísticas para a máxima eficiência (por exemplo, desenvolver chifres fortes), e não como surgem novas caraterísticas ou mesmo novas espécies. Este poder seletivo da seleção natural é conhecido há muito tempo, mesmo no tempo de Darwin. John A. Davison, Professor Emérito da Universidade de Vermont, resumiu algumas das objecções no seu Manifesto Evolucionista:

> "No seu notável livro *Nomogenesis; or, Evolution Determined by Law* (edição russa de 1922, edição inglesa de 1969), Leo Berg cita o paleontólogo americano Henry Fairfield Osborn sobre a seleção:
>
>> "Em toda a investigação desde 1869 sobre as mudanças observadas em séries filéticas estreitamente sucessivas, nenhum paleontólogo, que eu saiba, quer em vertebrados quer em invertebrados, produziu provas de que a adaptação tenha surgido por seleção do acaso." Osborn, citado em *Nomogenesis* (1969), página 127
>
> Na página 314 do mesmo volume, Berg cita R.C. Punnett, que desenvolveu o conhecido quadrado de Punnett para resolver problemas de segregação e recombinação mendeliana. Do livro de Punnett sobre mimetismo:
>
>> "A seleção natural é um fator real em relação ao mimetismo, mas a sua função é preservar e predominar sobre uma semelhança pré-existente, e não aumentar essa semelhança pela acumulação de pequenas variações, como geralmente se supõe." *Mimetismo em borboletas* (1915), página 152

Os pontos de vista de Berg são reproduzidos a seguir:

"Um organismo é um sistema estável no qual a tendência para a mudança é mantida dentro de certos limites pela hereditariedade. Esta verdade é evidente. Seria impossível imaginar como é que órgãos tão complexos como o olho, o ouvido ou a glândula pituitária poderiam desempenhar adequadamente as suas funções se fossem a sede de um número infinito de variações, das quais era deixado ao acaso selecionar as mais eficientes." *Nomogénese*, página 27 "As leis do mundo orgânico são as mesmas, quer se trate do desenvolvimento de um indivíduo (ontogénese) ou de uma série paleontológica (filogénese). Não há lugar para o acaso nem num nem noutro." Ibid, página 134

William Bateson já tinha feito uma avaliação semelhante da seleção antes de 1900:

"Pois a crença grosseira de que os seres vivos são conglomerados plásticos de várias propriedades, e que a ordem da forma ou simetria foi impressa nesta mistura apenas pela seleção, e que por variação qualquer uma destas propriedades pode ser subtraída ou qualquer outra propriedade adicionada em proporções indefinidas, é uma fantasia que o estudo da variação não apoia." *Materials for the Study of Variation* (1894), página 80

"As muitas linhas convergentes de evidência apontam tão claramente para o facto central da origem das formas de vida através de um processo evolutivo que somos forçados a aceitar esta conclusão, mas quanto a quase todas as caraterísticas essenciais, seja a causa ou a maneira pela qual a variedade específica se tornou naquilo que percebemos, temos de confessar uma ignorância quase total. A transformação das massas populacionais por passos impercetíveis guiados pela seleção é, como a maioria de nós agora vê, tão inaplicável aos factos, quer de variação quer de especificidade, que só podemos admirar a falta de penetração demonstrada pelos defensores de tal tese, e a habilidade forense com que ela poderia, mesmo durante algum tempo, parecer aceitável." *Problems of Genetics* (1913), página 248

E, aparentemente, ainda é considerado aceitável pela maioria dos biólogos evolucionistas. Não consigo perceber como é que isso é possível. Concordo com tudo o que foi dito acima e concluo que o principal objetivo da seleção natural é impedir a mudança. Não estou a questionar a realidade da seleção natural, mas apenas a apontar o seu óbvio fracasso como uma ferramenta evolutiva progressiva." [6]

Apesar desta crítica, que nunca foi abordada na literatura científica, a seleção natural é hoje o pensamento evolutivo dominante, pelo que a teoria atual da evolução é darwinista ou, mais precisamente, neodarwinista. Ernst Mayr também compreendeu que a seleção é o ponto fulcral da teoria darwiniana:

"O verdadeiro núcleo do darwinismo [...] é a teoria da seleção natural. Esta teoria é tão importante para o darwinista porque fornece a explicação

de adaptação, o 'desígnio' do teólogo natural, por meios naturais e não por intervenção divina". [7]

Niles Eldredge, paleontólogo e conservador do Museu Americano de História Natural, escreve:

"[...] A biologia evolutiva tem sido muito clara sobre este ponto: as mutações são aleatórias, mas apenas no que diz respeito às necessidades de um organismo. Para a maioria dos geneticistas, as mutações não ocorrem porque podem ser úteis a um organismo. [...] O elemento anti-aleatório da evolução é, evidentemente, *a seleção natural*." [8].

Eldredge, que, juntamente com o seu colega, o paleontólogo Steven J. Gould, apresentou a *hipótese do equilíbrio pontuado*, mostra aqui que, embora não veja a evolução como um mero processo gradual, é um darwinista. O debate atual sobre a evolução e a criação não é realmente um debate sobre a evolução, sobre a mudança orgânica, mas sobre a filosofia naturalista darwinista versus a criação. Isto é claro nas palavras de Eugenie Scott, diretora executiva do National Center for Science Education, que está a trabalhar para defender o ensino da evolução nas escolas públicas dos Estados Unidos:

"[...] Quando os grupos anti-evolução dizem: 'Ensinar a controvérsia'", diz Scott com um brilho nos olhos, "não querem dizer ensinar a controvérsia sobre se as aves descendem dos dinossauros. Não estão a dizer para ensinar a controvérsia sobre a especiação simpátrica e alopátrica. Estão a dizer que a controvérsia deve ser ensinada *como se* os cientistas estivessem a discutir se as criaturas com modificações descendem de antepassados comuns. " [9]

Qualquer pessoa que invoque *a seleção natural* e *a descendência comum com modificações* para explicar os processos evolutivos é um darwinista. [4]Se os criacionistas querem mostrar que a teoria evolutiva está errada, devem concentrar-se na *magia de Darwin da seleção* e *da descendência comum*. Eu não acredito que a seleção natural seja uma força evolutiva importante que produziu microbiologistas a partir de micróbios. Não creio que a seleção natural seja mais do que um processo que pode conduzir a fenótipos adaptativos em populações pré-existentes, como a resistência aos antibióticos ou bicos maiores. A seleção natural pode ser forte, fraca ou neutra; pode ser positiva ou negativa. Pode ser qualquer coisa. A seleção natural é apenas o flogisto do darwinismo, uma pura invenção sem qualquer base científica para explicar a origem das espécies. Para lidar com esta afirmação ousada, tenho de mostrar que a seleção natural não pode ser culpada por ter moldado pelo menos um fenómeno biológico. Os darwinistas devem mostrar que a evolução é gradual e por seleção natural. A descoberta de traços e caraterísticas na natureza que ocorrem em maior quantidade e/ou complexidade do que a seleção natural pode explicar deve logicamente ser a sentença de morte para o princípio de seleção de Darwin. As observações que falsificam o princípio seriam o fim científico do Darwinismo se os Darwinistas fossem objectivos e guiados por instintos puramente científicos. Seria a sua inércia filosófica, e não a sua ciência, que os impediria de aceitar esta conclusão lógica.

---

[4] Defino um criacionista como uma pessoa que acredita que o mundo foi criado com um objetivo.

Capítulo 4
Sede fecundos e multiplicai-vos

Para compreender o que Darwin queria dizer quando cunhou o termo seleção natural, precisamos de fazer uma experiência de pensamento. Imaginemos que colocamos uma única bactéria viva num caldo de laboratório especificamente concebido para a cultura de microrganismos. No início da experiência, certificamo-nos de que o ambiente carece de uma fonte de carbono, por exemplo, utilizamos um caldo que contém todos os nutrientes em excesso, exceto o açúcar glucose. A glucose é essencial para a bactéria construir novos componentes e sem esta fonte de carbono e energia não se pode dividir. A bactéria fica parada no caldo e não faz nada. Como o organismo não se reproduz, não há nada para selecionar. Não há seleção natural. Assim que adicionamos glucose ao caldo, a bactéria começa a multiplicar-se. Em condições óptimas - muito alimento e uma temperatura confortável - as bactérias fazem cópias de si próprias de vinte em vinte minutos. Após cerca de um dia, temos um caldo que está literalmente repleto de biliões de bactérias, todas ligeiramente diferentes umas das outras, porque as bactérias têm uma tendência natural para variar. Os genomas das bactérias estão num estado de fluxo constante, ou seja, os genomas estão constantemente a ser remodelados. Algumas bactérias perdem material genético, enquanto outras duplicam partes do seu genoma. Embora a experiência tenha começado com um único genoma bacteriano, após várias rondas de divisão celular, nenhum dos genomas bacterianos será o mesmo. Se agora ajustarmos o fluxo de entrada e saída do meio, podemos criar uma cultura em estado estacionário em que a concentração de açúcar e a concentração de bactérias são constantes. Nestas condições, a única limitação a que as bactérias estão sujeitas é a capacidade de metabolizar a glucose. [5]O organismo com o tempo de divisão mais curto - ou seja, o replicador mais rápido - dominará a cultura. Uma vez que o tempo de divisão é uma caraterística mensurável, os evolucionistas dizem atualmente que um organismo com uma taxa de reprodução mais elevada (ou um tempo de reprodução mais curto) evoluiu. Mesmo que uma bactéria consiga reduzir o seu tempo de reprodução numa fração, irá constituir toda a cultura após um número suficiente de ciclos de reprodução. O resultado desta *"experiência de pensamento"* é claro: a seleção afecta a rapidez com que os organismos se reproduzem.

O que acontece se introduzirmos outra restrição selectiva? Tal como antes, começamos a experiência com uma única bactéria, mas agora adicionamos também um composto que inibe o crescimento bacteriano, um antibiótico. Se adicionarmos demasiado antibiótico, a bactéria morre imediatamente. Para que a seleção natural funcione, deve ser adicionada uma concentração sub-óptima do antibiótico para que a bactéria possa manter-se viva e dividir-se. Embora a taxa de reprodução já não seja tão rápida como antigamente, continua a ser boa. Devido ao fluxo constante de genomas, algumas bactérias atingem um estado genómico que lhes dá uma vantagem de crescimento. Na presença de um antibiótico inibidor de crescimento, é também o replicador mais rápido que irá dominar toda a cultura. Parece que a velocidade a que os organismos se podem replicar é o critério de seleção; parece que é *sempre* este o critério que determina o resultado de uma experiência de seleção. Aparentemente, descobrimos uma lei primária da reprodução dos

---

[5] Isto é uma espécie de simplificação. A taxa de replicação do genoma bacteriano é um equilíbrio fino entre precisão e velocidade. Quanto maior a velocidade, menor a precisão e vice-versa. O organismo que domina a cultura é *um equilíbrio* entre a taxa de replicação e a tolerância a mutações, que naturalmente ocorrem mais facilmente nos replicadores mais rápidos.

organismos vivos: *a seleção favorece sempre o reprodutor mais rápido*. A seleção natural é outra forma de dizer que o replicador mais rápido de uma população de organismos geneticamente variável prevalecerá após um número suficiente de ciclos de reprodução. Esta lei da natureza aplica-se a todos os sistemas que se reproduzem, incluindo linhas de células cancerígenas, células do sistema imunitário que se expandem clonalmente e populações de organismos que se reproduzem. Nos sistemas unicelulares, como as bactérias, a reprodução é sinónimo de divisão celular. A divisão celular é o resultado de uma mudança no equilíbrio de uma complicada rede proteica de aceleradores e travões. Normalmente, os aceleradores e os travões estão em equilíbrio e a célula encontra-se num estado quiescente. Os estímulos mitogénicos activam os aceleradores e desactivam os travões, dando assim início a um programa necessário à reprodução celular. A inativação dos travões conduz automaticamente a uma aceleração da reprodução. Os travões desactivados são o que vemos frequentemente no cancro: [6]As mutações eliminaram ou inactivaram proteínas de controlo que normalmente controlam a velocidade da reprodução celular. Algo semelhante pode ser observado no sistema imunitário. Normalmente, as células imunitárias circulam no sangue num estado de quiescência e não se dividem. Quando um invasor patogénico entra no corpo, apenas um pequeno número de células o reconhece como um agente patogénico potencialmente perigoso e liga-se a ele com elevada afinidade. Só estas células recebem o estímulo adequado para a expansão clonal e aceleram a sua taxa de multiplicação, libertando os travões e activando os aceleradores. Dentro de cerca de dez anos, os cientistas poderão conseguir desenvolver replicadores moleculares que se reproduzam de forma semelhante aos sistemas biológicos. Esses replicadores artificiais, feitos pelo homem, assemelhar-se-ão muito provavelmente à molécula de ADN de cadeia dupla dos sistemas vivos, uma vez que utilizam uma cadeia como modelo para sintetizar a outra. Os biólogos evolucionistas terão certamente curiosidade em ver como é que o replicador artificial "evolui" quando é sujeito à seleção natural. Os darwinistas estarão provavelmente à espera que evolua para algo mais complicado. O mais provável é que não evolua. Quando o replicador é colocado num ambiente seletivo, fica sujeito à lei primária dos sistemas de replicação. Apesar da expetativa darwiniana de que o dispositivo se tornará mais complexo (de que outra forma poderia a evolução prosseguir?), ele fará o oposto. Para aumentar a sua taxa de reprodução, perderá complexidade. O replicador mais rápido será selecionado à custa do contributo original dos cientistas. A investigação iniciada por empresas de software mostra que a expetativa darwiniana é inútil. Em busca de uma forma fácil (barata) de melhorar programas complexos ou de os fazer evoluir a partir de programas simples, os produtores de software aplicaram os princípios da evolução darwiniana e descobriram que as mutações aleatórias, a recombinação de variações e a seleção não são suficientes para transformar um pequeno programa digital com poucas funções num grande programa com múltiplas funções [1].
Para sistemas vivos e replicantes, aparentemente apenas a reprodução é importante, e esta lei também se aplica a sistemas replicantes criados por humanos. Como efeito secundário desta lei, alguns dos replicadores podem mesmo tornar-se parasitas. Os replicadores artificiais criados pelo homem já foram estudados no ciberespaço. Os cientistas interessados no comportamento dos vírus informáticos libertaram vírus auto-replicantes na memória de um computador, onde se multiplicaram e sofreram mutações. O vírus

---

[6] A inativação de apenas um travão não tem normalmente qualquer efeito. Regra geral, são necessárias 5 a 10 mutações nos genes reguladores (aceleradores ou travões) para produzir uma célula cancerígena que se multiplica de forma descontrolada.

informático desenvolveu rapidamente uma variedade de vírus parasitas extremamente recursivos; evoluiu para parasitas que parasitavam o vírus parasita (um superparasita) e parasitas que parasitavam o superparasita. Os parasitas "evoluídos" utilizaram o poder de reprodução do vírus original para poderem perder o seu próprio. Os sistemas replicantes procuram sempre a simplicidade comprimida; perderão complexidade. Os modelos informáticos que imitam a evolução darwiniana - no sentido em que as estruturas simples evoluem para sistemas mais complexos - são concebidos de forma a que o aumento da complexidade esteja associado a um aumento da taxa de reprodução. Só desta forma é que um sistema simples e reprodutor pode ganhar complexidade. O que aprendemos com os vírus do ciberespaço que se replicam e evoluem é que os modelos darwinianos de replicadores simples que evoluem para complexos são uma pura invenção que não reflecte a realidade. Com estes modelos também aprendemos que os sistemas evoluídos deixados à sua própria sorte estão sujeitos à lei da replicação: Apenas os replicadores mais rápidos têm sucesso. O mais rápido é o mais forte! Com a ajuda de novos dispositivos biológicos, podemos facilmente conceber uma experiência que demonstre o poder de diferentes taxas de reprodução. PCR é uma abreviatura comummente utilizada na nova biologia. Significa *reação em cadeia da polimerase* e é um ciclo controlado de reacções químicas para amplificar sequências de ADN de cadeia dupla. Regra geral, os dispositivos de PCR são equipamento de série em todos os laboratórios da nova biologia e tornaram-se uma ferramenta importante para a análise genética. O ciclo de reação é realizado num pequeno frasco que contém os blocos de construção do ADN e uma enzima que sintetiza o ADN a alta temperatura. Para iniciar a amplificação, são adicionados dois iniciadores únicos que flanqueiam ambos os lados do gene de interesse. Os cientistas utilizam a complementaridade da hélice de ADN de cadeia dupla para a amplificação. Primeiro, criam duas cadeias simples, aumentando a temperatura para cerca de 95 graus Celsius. A temperatura é depois baixada para cerca de 50 graus Celsius para que os iniciadores se possam ligar ao ADN de cadeia simples. Para transformar uma molécula em duas moléculas idênticas - a amplificação do ADN propriamente dita - a temperatura é aumentada para 72 graus Celsius, uma temperatura óptima para a enzima termoestável sintetizar a cadeia de ADN complementar. No final do ciclo, temos duas moléculas idênticas de ADN de cadeia dupla. Se efectuarmos duas ou três dúzias destes ciclos, são produzidos milhares de milhões de moléculas de ADN idênticas. Se desenharmos a secção de ADN a amplificar como uma repetição de unidades curtas de ADN idênticas e desenharmos os primers para serem complementares a estas unidades (ver Figura 4.1), podemos realizar uma experiência que imita a seleção num sistema biológico replicante. Para garantir que não há competição por recursos, todos os produtos químicos são fornecidos em excesso. A única restrição de seleção que aplicamos diz respeito à taxa de reprodução. Para isso, reduzimos gradualmente o tempo para a síntese de ADN, ou seja, o intervalo de 72 graus. Após cada ciclo completo, reduzimos este intervalo em um segundo. No início da experiência, os primers ligam-se a diferentes locais no modelo de ADN e, após o primeiro ciclo, são produzidos segmentos de ADN longos e curtos. Nos ciclos subsequentes, os segmentos de ADN mais curtos têm uma vantagem de replicação porque demoram menos tempo a fazer uma cópia. As secções longas simplesmente não podem ser completadas num ciclo. Também não serão completadas no ciclo seguinte. No entanto, as secções longas podem ser utilizadas em ciclos subsequentes para criar secções mais curtas. No final da experiência, as moléculas de ADN mais curtas dominam toda a população. A beleza desta experiência é que qualquer pessoa com acesso a um "termociclador" ou máquina de PCR pode demonstrar o poder da seleção: Esta assegura que os reprodutores lentos são eliminados.

Várias experiências controladas com organismos reprodutores mostraram que a seleção tem, de facto, um efeito na taxa de reprodução. Em 1988, Richard Lenski, da Universidade do Estado do Michigan, cultivou uma única bactéria *Escherichia* coli e, desde então, ele e os seus colegas têm vindo a reproduzir a descendência desta bactéria intestinal comum. Todos os dias criaram uma nova cultura e, uma vez que as suas bactérias produziram cerca de sete gerações por dia, o seu organismo modelo produziu mais de vinte mil gerações em mais de quinze anos. Lenski faz doze culturas de *E.* coli em paralelo, de modo a ter doze linhagens que se desenvolvem separadamente umas das outras. Uma após a outra, estas linhagens estão separadas por quarenta mil gerações. Isso é bastante. À escala humana, 40.000 gerações equivaleriam a meio milhão de anos. As experiências de Lenski confirmam que a seleção das estirpes bacterianas funciona ao nível da reprodução: Após 20.000 gerações, a taxa de crescimento de cada estirpe aumentou em setenta por cento em comparação com o organismo de 1988. Um ambiente estável favorece os replicadores rápidos. Muitos elementos genéticos que não são utilizados em condições de estado estacionário são inactivados sem afetar a aptidão do organismo (não são utilizados de qualquer forma) e perdem-se facilmente do genoma. Os organismos de Lenski de 2002, por exemplo, perderam a sua capacidade de metabolizar açúcares alternativos [2]. Esta lei biológica de *"usar ou perder"* é a explicação mais provável para o aumento da taxa de crescimento. Se o alimento não é um fator limitante, a perda de alguns elementos de controlo do ciclo celular não tem importância. Pelo contrário, seria uma vantagem. Para vencer um concorrente, é melhor livrar-se dos embelezamentos que funcionam contra a sua taxa de reprodução. O que Lenski relatou adicionalmente é ainda mais surpreendente. As estirpes que evoluíram separadamente, com mais de 40.000 gerações de diferença, assemelham-se mais umas às outras do que ao seu antepassado comum dos anos 80; e as principais alterações que as distinguem ocorreram nos primeiros dois anos. Os microrganismos de Lenski mostram que a "evolução" não é o processo moroso que muitas pessoas pensam que é. A parte mais interessante do trabalho é que a atividade de todos os 4.290 genes bacterianos foi analisada utilizando *microarrays de genes*. [7]Esta é também uma nova ferramenta biológica que foi desenvolvida para quantificar a expressão dos genes; fornece informação sobre se um gene está mais ou menos ativo. Lenski quantificou os padrões de expressão genética de duas das estirpes evoluídas e descobriu que a atividade de cinquenta e nove genes tinha mudado significativamente em ambos os organismos. O que me surpreendeu foi o facto de todos os genes terem mudado na mesma direção. Se a expressão de um determinado gene aumentava na estirpe A, a expressão desse gene também aumentava na estirpe B. Se a expressão de um gene era menor na estirpe A, também era menor na estirpe B, e assim por diante. - todos os cinquenta e nove genes! As experiências de Lenski mostraram que os mesmos genes eram regulados da mesma forma em estirpes diferentes e separadas - recebiam o mesmo contexto regulador independentemente uns dos outros. A variação que Lenski observou nas suas bactérias "evolutivas" estava presente desde o primeiro dia, mas era *críptica*. Durante a sua experiência "evolutiva", o genoma do seu organismo modelo foi extensivamente remodelado, mas os elementos genéticos que constituem os genomas dos seus organismos "evoluídos" já estavam presentes na sua estirpe de 1986. A quantidade, a localização e a posição destes elementos de ADN no genoma modulam a expressão dos genes e o

---

[7] Este método quantitativo não pode detetar diferenças qualitativas no conteúdo do genoma entre estirpes, ou seja, não é possível determinar se um gene foi duplicado ou perdido.

resultado é o aparecimento rápido de fenótipos adaptativos. E Lenski observou que o comportamento desses elementos não é completamente aleatório. Contrariamente a Stephen Gould, a evolução não se comporta como um *bêbado a cambalear entre a sarjeta e a porta do bar*, mas a experiência de evolução mais longa do mundo mostra que a "evolução" se repete! Aparentemente, os fenótipos mais aptos só se podem desenvolver de uma ou de algumas formas *pré-determinadas* [3].

Papadopoulos e colegas do Biozentrum de Basileia, na Suíça, mediram a diversidade genética entre várias populações que se reproduzem separadamente da bactéria intestinal comum *Escherichia coli*. Numa experiência semelhante à de Lenski, descobriram que, após dez mil ciclos de duplicação bacteriana, as alterações genómicas se deviam quase exclusivamente à *transposição de elementos de ADN pré-existentes*, conhecidos como *sequências de inserção*, e a outros tipos de rearranjos cromossómicos:

> "As mutações pontuais não são comuns nestas populações em evolução, [e] a magnitude das alterações genómicas [...] foi semelhante nas linhas que se tornaram mutantes genéticas às que tinham as taxas de mutação pontual do tipo selvagem. [...] [Mudanças significativas no número de cópias de elementos específicos da sequência de inserção [IS] são mais facilmente explicadas por eventos de transposição e deleção que levam a ganhos e perdas de cópias, respetivamente. [...] [Os genomas bacterianos são] altamente dinâmicos, mesmo numa escala de tempo muito curta, de uma perspetiva evolutiva." [4]

Experiências com bactérias que se reproduzem sugerem que elementos de ADN como os elementos IS criam intencionalmente variações - variações que podem ser benéficas para o organismo. Em 2004, Lenski confirmou que os elementos IS geram de facto algumas das mutações benéficas que aumentam a aptidão do organismo [5]. Os elementos IS não evoluíram subitamente, mas já estavam presentes no genoma da estirpe original da década de 1980. Os elementos genéticos que já se encontravam no genoma da bactéria determinaram os novos fenótipos.

Estamos agora a começar a compreender porque é que os microrganismos se adaptam facilmente a um determinado ambiente. As adaptações não se devem a mutações pontuais que se vão acumulando ao longo do tempo, mas as sequências funcionais de ADN - como as que codificam as proteínas - mantêm-se como são. As alterações genéticas que causam mudanças rápidas e dão origem a novos fenótipos são o resultado de elementos de ADN que podem ser facilmente transpostos ou duplicados e que determinam a atividade dos genes; a informação genética *no verdadeiro sentido* não é adicionada ou perdida. Isto pode dar a impressão de que a "evolução" dos microrganismos, alegadamente observada nos laboratórios, não é mais do que o rearranjo de elementos de ADN pré-existentes que controlam e regulam a expressão dos genes. Os fenótipos adaptativos resultam da reorganização de elementos de ADN pré-existentes que influenciam a expressão dos genes. Não é isso que é necessário para a evolução dos micróbios para os seres humanos. Este facto é também evidente nas experiências de Lenski: Em 40.000 rondas de replicação do genoma, o genoma bacteriano foi amplamente remodelado, mas o organismo continuou a ser uma *E. coli* - a bactéria intestinal comum. Não houve especiação. Isto mostra que os mecanismos da "evolução" bacteriana são de uma ordem de grandeza diferente dos necessários para a transição de micróbios para microbiologistas.

Cães

As experiências de Lenski mostraram que os genomas bacterianos podiam chegar aos mesmos rearranjos independentemente uns dos outros, provavelmente devido a um mecanismo genético que reorganizava os genomas bacterianos de modo a que acabassem por assumir uma forma semelhante. Será que existem mecanismos semelhantes em organismos superiores, como os mamíferos? Vejamos as raças de cães. Existem atualmente mais de 400 raças de cães documentadas - tão diversas como o Chihuahua e o Saint-Bernhard - todas descendentes de um antepassado comum: uma criatura semelhante ao lobo. A nova biologia também fornece muitas informações sobre a genética dos cães. Quem diria que o pequinês é o mais parecido com o lobo? Parker e os seus colegas, investigadores do Centro de Investigação do Cancro Fred Hutchinson, em Seattle, têm notícias surpreendentes sobre quais as raças de cães que evoluíram primeiro e quais os cães que estão mais intimamente relacionados. Ao analisar as variações numa informação genética com 19 867 nucleótidos de 120 cães de 60 raças diferentes, encontraram 75 polimorfismos, ou seja, sequências de ADN que diferem apenas numa posição. Estes dados foram utilizados para criar uma árvore de ligação entre vizinhos, uma espécie de árvore genealógica, para nove raças. Descobriu-se que as raças asiáticas pontiagudas, que incluem o pequinês, poderiam ser os descendentes mais antigos do lobo. As outras raças *não* mostraram *praticamente nenhuma estrutura filogenética*, e nenhuma relação direta pôde ser deduzida das posições das mutações pontuais [6].

"O mais surpreendente foi o facto de as raças que primeiro se separaram (do lobo) estarem bastante dispersas geograficamente. Estão espalhadas por África, Ásia e Médio Oriente. São extremamente diferentes em termos de tamanho e comportamento, mas partilham uma assinatura genética comum. [...] Foi levantada a hipótese de os cães serem originários da Ásia e terem migrado com caçadores nómadas para África e para o Ártico. Isto explicaria a ampla distribuição de subgrupos deste grupo mais antigo, incluindo raças chinesas como o Chow Chow e o Pequinês, cães japoneses como o Akita e o Shiba Inu, e raças africanas e do Médio Oriente como o Basenji e o Afegão. Este grupo mais antigo inclui também as raças nórdicas, incluindo o Malamute do Ártico, o Husky Siberiano e o Samoieda, todas elas com a relação genética mais próxima do lobo e são possivelmente os melhores representantes vivos do património genético ancestral do cão." [7]

Algumas raças que se acredita terem raízes antigas, como o Pharaoh Hound e o Ibizan Hound, não pertencem a este grupo mais antigo de cães. Pensava-se que o Pharaoh Hound era a mais antiga de todas as raças de cães e descendia diretamente dos antigos cães egípcios que foram desenhados nas paredes dos túmulos há mais de 5.000 anos. As descobertas de Parker sugerem agora que tanto o Pharaoh Hound como o Ibizan Hound não são de modo algum raças antigas. A sua aparência pode ser idêntica à dos antigos cães egípcios, mas as mutações no seu ADN não revelam qualquer grande semelhança. Ambas as raças devem ter sido criadas mais recentemente a partir de combinações de outras raças. O Elkhound norueguês também pertence aos cães europeus modernos e não aos cães do Ártico, embora se afirme que descende diretamente dos cães escandinavos:

"A história diz que estas raças têm linhagens ininterruptas que remontam a 5.000 anos atrás, ao Egito e à Escandinávia. Mas quando se olha para (os genes) destas raças, não se consegue reconhecer a assinatura antiga. Parecem ser novas criações europeias", diz Kruglyak [7].

O genoma do cão demonstrou que a seleção inteligente - controlada pelo homem - pode conduzir ao mesmo resultado pelo menos duas vezes, independentemente uma da outra. Se os mecanismos que levam à variação fossem um fenómeno puramente aleatório, seria praticamente impossível obter o mesmo fenótipo em poucas gerações. A variação deve ser predeterminada e não pode ser ilimitada. Proponho que a indução da variação pré-existente não é aleatória e que toda a informação para induzir a variação já estava presente no genoma do antepassado do lobo. Para gerar novas raças de cães, provavelmente só é necessária uma reestruturação do genoma. As duplicações ou transposições de elementos de ADN já presentes no genoma podem levar a novas criações. Um estudo de 2004 sublinha a importância das sequências repetitivas de ADN para o desenvolvimento das raças de cães. As chamadas repetições em tandem são sequências de apenas algumas letras de ADN, normalmente três, que se repetem sempre e estão presentes em todo o genoma. As repetições podem ser encontradas tanto fora como dentro da região codificadora dos genes. Descobriu-se que o tamanho de uma repetição em tandem dentro de um gene pode alterar a proteína, tornando-a mais ou menos eficiente [8]. O estudo mostrou que o comprimento do focinho de uma raça está diretamente relacionado com o número de repetições em tandem num gene chamado *Runx-2*. As alterações nos elementos repetitivos do ADN poderiam explicar a razão pela qual o focinho curvo do bull terrier se conseguiu formar em apenas 65 anos. O ADN retirado do crânio de um terrier que viveu nos anos 30 e que ainda não tinha o focinho torto mostrou que tinha mais uma repetição no gene Runx-2 do que os terriers modernos. Os investigadores encontraram outra correlação interessante com outro gene, o *Alx-4*. A maioria dos cães tem cinco dedos nas patas traseiras, mas alguns membros da raça dos Grandes Pirinéus tendem a ter seis. Este facto fez com que os investigadores se lembrassem dos ratos. Os ratinhos que têm mutações no *Alx-4* nascem com um dedo a mais, o que levou os investigadores a estudar este gene também nas raças de cães. Descobriram que a região repetida no gene Alx-4 era significativamente mais curta nos Grandes Pirinéus com seis dedos do que nos seus parentes com quinze dedos.

> "Acreditamos que o valor e o impacto destas [repetições] na genética e no fenótipo estão muito subestimados", diz o físico Garner. "São recursos no genoma a partir dos quais as coisas podem evoluir rapidamente, não só nos cães mas também noutras espécies." [9]

Dado que a maioria das raças modernas de cães existe há menos de 400 anos, é surpreendente que as raças de cães sejam geneticamente diferentes. No entanto, como o estudo de Kruglyak demonstrou, as diferenças não se devem a mutações pontuais, mas às unidades de repetição de ADN que constituem as raças. As unidades repetitivas de ADN - como os microssatélites - podem ser facilmente perdidas ou duplicadas, pelo que a criação de novas raças de cães é apenas uma questão de décadas. Os microssatélites são a principal diferença entre as raças de cães e são específicos de cada raça. Parker e colegas utilizaram diferenças de microssatélites para prever a raça a que um cão individual deveria ser atribuído; de 414 cães testados, atribuíram apenas 4 cães à raça errada [6]. Os microssatélites, mas provavelmente também outros elementos de ADN repetitivos ou transponíveis, anteriormente designados por *"ADN lixo"*, podem por vezes determinar o fenótipo dos organismos. As unidades de repetição ou a posição dos elementos causadores de variação mudam em cada geração, com muito mais frequência do que as taxas de mutação calculadas sob o pressuposto evolutivo de descendência comum e escalas de tempo longas.

A lei da conservação natural

Os ambientes estáticos são ambientes que não se alteram com o tempo. Os ambientes estáticos são maus para a manutenção de genomas polivalentes. Para que os genes do genoma se mantenham funcionais, têm de estar sob constante pressão de seleção. Num ambiente estático, muitos genes não são utilizados e as mutações que os desactivam não têm qualquer efeito sobre a aptidão do organismo - o seu sucesso reprodutivo. Os genes que não afectam o sucesso reprodutivo do organismo portador são pouco mais do que um ornamento genético e a sua perda é mais uma vantagem do que uma desvantagem. Em ambientes extremamente estáveis, muitos genes nunca são necessários e podem simplesmente ser descartados. Quando os genes se perdem, o organismo deixa de ter necessidade de investir nos genes. Pode assim poupar energia para a reprodução. A desvantagem é que, uma vez perdido um gene, o organismo já não pode recuperar a informação especificada pelos genes perdidos, a menos que os genes sejam doados por outro organismo num ato de troca genética. Por esta razão, a adaptação a um ambiente estático limita a diversificação. Os cientistas estão bem cientes deste facto. Em 2003, *a revista Science* referiu que a adaptação a nichos específicos limita a capacidade de um organismo se diversificar para nichos alternativos [10]. Este facto resultou de experiências realizadas com seis populações reprodutoras de *Pseudomonas fluorescens* que tinham todas emergido de uma única célula, o antepassado comum. Todas as semanas, durante vários anos, foi isolada uma única célula do fenótipo mais dominante para iniciar a cultura subsequente. A variação presente na cultura no final da semana foi assim gerada por um único organismo. No final, restaram seis clones dominantes: os replicadores mais rápidos. Os investigadores mediram a competitividade de cada população e verificaram que a aptidão do fenótipo numericamente mais abundante num dos seis nichos - os frascos de laboratório - aumentava significativamente ao longo do tempo, sugerindo que estas populações estavam a ascender, o que designaram por pico adaptativo específico. Observaram também que cada vez menos variabilidade era gerada ao longo do tempo. Na mesma edição da *Science*, os biólogos evolucionistas Santeago F. Elena e Rafael Sanjuan observaram que as experiências evolutivas com micróbios forneceram provas irrefutáveis de que os genótipos especializados evoluem em condições ambientais constantes, enquanto os generalistas tendem a evoluir em condições flutuantes [11]. Estas experiências fornecem provas empíricas de que os ambientes estáticos permitem que os organismos percam elementos genéticos que não são imediatamente necessários. Os organismos que são libertados de tal embelezamento genético podem reproduzir-se mais rapidamente - ou: ter uma aptidão mais elevada - do que os organismos que ainda transportam os elementos genéticos inúteis. Num ambiente em constante mudança, os organismos que melhor se desenvolvem são aqueles que mantêm o seu genoma polivalente. Isto deve-se ao facto de um ambiente em mudança obrigar os organismos a utilizar todas as partes do seu genoma polivalente, impedindo-os de perder informação genética. Um ambiente em mudança não seleciona elementos genéticos, mas preserva elementos genéticos. Os dados obtidos com organismos em evolução num ambiente estático não fornecem provas do pressuposto de Darwin de que as espécies surgiram através de um processo de seleção natural da variação. Pelo contrário, mostram que alguns microrganismos obtêm uma vantagem reprodutiva através de uma reestruturação eficiente do seu genoma; estes organismos reproduzem-se mais rapidamente e a sua descendência acabará por formar a população inteira. Esta é uma lei biológica básica dos sistemas vivos e reprodutores. Seleção natural não é o termo correto. Um termo melhor seria *reprodução diferencial*. O que resta após o processo de "seleção" é um *especialista* que foi privado de muitos elementos genéticos que teriam sido muito úteis num ambiente em mudança. Os especialistas nunca se podem tornar *generalistas*, uma vez que isso requer a restauração dos elementos genéticos perdidos. Por esta razão, os especialistas morrem quando o ambiente muda. Por outro lado, os generalistas transferidos para um ambiente estático podem sempre tornar-se especialistas devido à perda de elementos genéticos que não são necessários em condições estáticas.

A preservação natural - ou melhor, a falta dela - é melhor ilustrada pelo *mimivírus*. Durante um surto de pneumonia em 1992, foi isolado um microrganismo da água de uma torre de refrigeração em Bradford, Inglaterra, que crescia dentro de uma ameba e se assemelhava a um pequeno *cocos*. O exame desta estranha criatura, que vivia no interior de outro protozoário, revelou uma morfologia icosaédrica caraterística do vírus. Como o micróbio recém-isolado também se assemelhava a uma pequena bactéria, foi batizado de Mimivírus (de micróbio imitador). O Mimivirus é um grande vírus de ADN nucleocitoplasmático. Este grupo de vírus inclui quatro outras famílias, das quais os poxvírus com envelope (*Poxviridae*), que infectam vertebrados e insectos, são os mais conhecidos. Novos estudos biológicos mostraram que o genoma do mimivírus é bastante grande. O ADN completo contém cerca de 800.000 pares de bases, as unidades que compõem o ADN, e cerca de oitenta por cento destas são material de codificação para proteínas. Uma comparação de genes e proteínas do Mimivirus não revelou sinais de amebas ou outros contaminantes, mostrando que o genoma sequenciado pertence inteiramente ao Mimi. O Mimivirus carece de genes universais, tais como os que codificam o ARN ribossómico ou proteínas, bem como outras proteínas ubíquas envolvidas na síntese de proteínas. A maior parte do seu genoma - cerca de oitenta por cento - é constituída por elementos de ADN que codificam proteínas de função desconhecida e não apresentam qualquer semelhança significativa com outros organismos [12]. O mimivírus nem sempre foi um vírus. Costumava ser uma bactéria, mas agora degenerou. De uma forma ou de outra, ele conseguiu invadir a ameba sem ser digerido. Nesta nova situação confortável, muito semelhante a um ambiente estático que fornece todos os recursos para a reprodução, o mimivírus perdeu uma grande parte do seu ADN. Em particular, os elementos de ADN que são inúteis neste novo ambiente ou que não são imediatamente necessários para a replicação degeneram rapidamente. Os vírus não caem do céu. Os estudos genéticos mostram que o mimivírus tem vários genes do sistema de reparação do ADN que são muito semelhantes aos genes bacterianos. Os autores fazem um grande alarido com o facto de o Mimivirus ser o primeiro vírus de ADN de cadeia dupla identificado que parece ter um sistema de combate aos danos no ADN. Mas será assim tão surpreendente? Quando nos apercebemos que o mimivírus teve origem numa bactéria, não há muito para nos surpreendermos. O mimivírus provavelmente teve origem nalgum tipo de bactéria ambiental, muito provavelmente uma das espécies *Pseudomonas*, *Agrobacterium* ou *Sinorhizobium*. Apenas algumas bactérias possuem simultaneamente elementos de ADN - genes - que codificam a topoisomerase dos tipos IA, IB e IIA, proteínas envolvidas no processamento do ADN. Ambas
O mimivírus e as bactérias mencionadas acima possuem os genes que codificam estas três proteínas [13]. O mimivírus ainda não perdeu os genes de reparação do ADN, mas isso pode ser apenas uma questão de tempo. Quando os genes de reparação do ADN deixarem de ser importantes no novo ambiente, podem simplesmente desaparecer. Quando um elemento genético funcional se perde, perde-se para sempre. O genoma é preservado naturalmente.
Os poluentes orgânicos persistentes (POP), como as dioxinas, os furanos e os bifenóis policlorados, são conhecidos pela sua capacidade de causar cancro e de danificar os sistemas reprodutivo, nervoso e imunitário. A degradação natural destes POP altamente estáveis produzidos pelo homem pode demorar centenas de anos. A humanidade ficaria muito satisfeita se encontrasse um microrganismo capaz de decompor os POP. Não seria má ideia ajudar a natureza e criar um organismo que resista e degrade estes compostos. Os cientistas poderiam começar por expor uma estirpe de bactérias a concentrações

gradualmente crescentes de POP. A reprodução selectiva criaria teoricamente ("evoluiria") uma estirpe que não só é capaz de decompor os compostos tóxicos, mas que acaba por ficar dependente deles. Libertadas na natureza, as bactérias recém-evoluídas consumiriam então todos os POP acumulados. O cultivo de tais organismos resolveria um grande problema ambiental para o nosso planeta. É possível desenvolver artificialmente omnívoros microscópicos através de reprodução selectiva? Porque é que ninguém desenvolve estes insectos extremamente úteis submetendo bactérias, por exemplo, uma estirpe de *E. coli*, à seleção natural? A resposta é semelhante à questão de saber por que razão não conseguimos desenvolver resistência à radioatividade em laboratório.

As bactérias do género *Deinococcus* são um grupo de microrganismos raros que foram descobertos pela primeira vez em 1956 durante experiências em que os alimentos embalados eram esterilizados com radiação ionizante em vez de calor. *O Deinococcus* foi o único microrganismo que continuou a desenvolver-se após o tratamento com doses elevadas de radiação gama. O escaravelho resiliente é o organismo com maior tolerância a danos no ADN alguma vez identificado e pode crescer e dividir-se sob exposição crónica a radiações gama de 50 Gray, enquanto doses de 10 Gray são letais para todos os outros organismos. Sobrevive e recupera de uma fenomenal radiação ionizante de 15.000 Gray. Apesar de doses tão elevadas de radiação destruírem completamente o genoma *do Deinococcus* - literalmente em centenas de pedaços - o organismo ainda é capaz de o voltar a montar. Surpreendentemente, não precisa de um modelo intacto para o fazer. É difícil imaginar como é que a resistência à radiação pode ter evoluído na Terra. O darwinismo pressupõe um ambiente em que as caraterísticas evoluem gradualmente através da seleção natural, mas um ambiente altamente radioativo simplesmente nunca existiu na Terra. Isto é verdadeiramente intrigante. Como é que os microrganismos podem desenvolver uma tolerância a doses de radiação que nunca experimentaram? Uma equipa russa do Instituto Físico-Técnico Ioffe, em São Petersburgo, quis descobrir e tentou dar à bactéria intestinal comum *E. coli* uma tolerância à radiação. Bombardearam *a Deinococcus radiodurans* com doses elevadas de raios gama, suficientes para matar 99,9% das bactérias, deixaram que as sobreviventes recuperassem e depois repetiram o procedimento. Uma e outra vez. No início da experiência, um por cento da dose letal para humanos era suficiente para eliminar 99,9% dos escaravelhos, mas após 44 ciclos obtiveram uma estirpe de Deinococcus que era 50 vezes mais resistente aos raios gama. Estabelecer a resistência à radiação na *E. coli* foi muito mais difícil. Os investigadores calcularam que seriam necessários milhares e milhares de ciclos para que *a E. coli* se tornasse tão resistente como *a Deinococcus*. Na Terra, seriam necessárias centenas de milhões de anos para que cada dose se acumulasse naturalmente. Um dos investigadores de Russion, Anatoli Pavlov, não acredita que *o Deinococcus* tenha tido tempo suficiente na Terra para desenvolver resistência à radiação. A vida teve origem na Terra há cerca de 3,8 mil milhões de anos, um período de tempo que poderia ter permitido apenas algumas dezenas dos milhares e milhares de ciclos necessários. Pavlov acredita que *o Deinococcus radiodurans* evoluiu em Marte e depois viajou para a Terra numa rocha marciana que foi atirada para o espaço por impactos de meteoritos. Em Marte, argumenta, onde os níveis de radiação são muito mais elevados, os escaravelhos poderiam receber a dose necessária em apenas algumas centenas de milhares de anos [14]. A seleção natural em Marte e as viagens no espaço explicam a propriedade invulgar de resistência às radiações. Não só é muito improvável que alguma vez tenha existido vida em Marte, como também é muito improvável que *o Deinococcus* possa sobreviver a viajar pelo espaço interplanetário. *O*

Deinococcus pode ser resistente à radiação, mas não é resistente ao calor. O escaravelho já é inactivado a temperaturas de 45 graus Celsius. Viajar para a atmosfera terrestre exporia o organismo a temperaturas muito mais elevadas e ele pereceria certamente. Além disso, *o Deinococcus* é uma bactéria aeróbica obrigatória que necessita de oxigénio para "respirar", mas não existe qualquer oxigénio na atmosfera marciana. No entanto, a prova mais convincente de que *o Deinococcus* não evoluiu em Marte é o código genético que usa para a síntese de proteínas, que é o mesmo que é usado por todos os outros organismos terrestres. *O Deinococcus* é um terráqueo e não de origem extraterrestre.

Este estudo russo permite tirar duas conclusões. Em primeiro lugar, os investigadores russos devem acreditar que não existem restrições à variação genética, como prescreveu Darwin. A equipa de São Petersburgo deve também acreditar que, se atirarem uma pedra em direção a Moscovo a uma velocidade de cinquenta quilómetros por hora, ela chegará à Praça Vermelha dezasseis horas mais tarde. O que aparentemente não se apercebem é que, tal como no caso do lançamento de uma pedra, existem limites físicos ou naturais para a variação biológica. Em segundo lugar, o genoma *do Deinococcus* está *preparado* para se tornar cada vez mais resistente, ao passo que o genoma da *E. coli* não está. A nova biologia mostra que um dos mecanismos que permite à *Deinococcus* sobreviver aos danos causados pela radiação se deve ao facto de a bactéria conter quatro a oito cópias do seu cromossoma. O próprio cromossoma está densamente compactado em estruturas anelares dispostas lateralmente que mantêm unidas as quebras causadas pela radiação. Esta morfologia facilita a reparação dos cromossomas separados sem a necessidade de um modelo intacto [15]. *A Deinococcus*, no entanto, depende de um mecanismo diferente. A bactéria contém grandes quantidades de iões de manganês. O elevado nível de manganês intracelular não só protege contra a radiação inicial, como também ajuda a evitar o aumento súbito de espécies reactivas de oxigénio prejudiciais durante a fase de recuperação após a exposição à radiação. Quando as espécies reactivas de oxigénio excedem a capacidade de neutralização dos sequestradores do organismo, as células tornam-se susceptíveis de sofrer danos, uma condição conhecida como stress oxidativo. Um excesso de manganês previne os danos causados pelo oxigénio [16]. *Deinococcus radiodurans* representa um organismo no qual todos os sistemas de reparação de danos no ADN, recuperação da desidratação e da fome e redundância genética estão presentes num organismo. Os elementos de ADN que causam o aumento da resistência estavam presentes desde o início da experiência. Só quando os elementos genéticos que codificam a resistência à radiação *do Deinococcus* são transplantados para a *E. coli* é que esta também se torna mais resistente à radiação. Um grupo de novos biólogos identificou e isolou recentemente um gene único de Deinococcus chamado *PprI*, que aparentemente codifica a resistência à radiação. Quando transplantado e expresso em *E. coli*, a proteína PprI tornou de facto o microrganismo menos suscetível à radiação gama [17].

A investigação sobre o *Deinococcus* começa a ajudar-nos a compreender por que razão os cientistas não conseguem "conceber" um organismo resistente a compostos produzidos pelo homem - como os POPs - através da reprodução selectiva. Não conseguem porque os genomas dos microrganismos que utilizam como objectos de reprodução simplesmente não possuem os elementos de ADN necessários para degradar os POP. É impossível selecionar algo que não esteja já presente de forma rudimentar. Se os cientistas não tivessem começado com um organismo que contivesse um elemento de ADN funcional com uma atividade residual mínima da função desejada, que pudesse ser utilizado como modelo para melhoramento, os seus esforços de seleção poderiam ter sido bem sucedidos. Como esses modelos não estavam disponíveis, os seus esforços foram em vão. As histórias de sucesso evolutivo da degradação do plástico e dos haloalcanos, em que novas enzimas parecem evoluir quase de um dia para o outro, mostram apenas que um modelo com uma função mínima já está presente no genoma. Este modelo é necessário para que a seleção natural funcione. Neste contexto, podemos agora também compreender porque é que os cientistas não conseguiram selecionar ("evoluir") uma estirpe da *Drosophila birchii* resistente à seca, uma mosca da fruta das florestas tropicais da América do Sul e Central [18]. As tentativas de reprodução falharam porque não existe nenhum elemento genético no genoma da mosca da fruta que seja adequado para o melhoramento. O genoma da Drosophila não contém um elemento genético com uma atividade residual mínima para a resistência à seca. Os cientistas nunca conseguiram criar novas funções biológicas a partir do zero. Isso não é possível. A seleção não pode atuar sobre algo que não existe.

Esperma egoísta

A seleção actua sempre ao nível da reprodução. Esta lei primária da natureza aplica-se a todos os sistemas reprodutivos, incluindo a produção de espermatozóides. À medida que os homens envelhecem, é mais provável que acumulem espermatozóides anormais que causam anomalias genéticas nos embriões que formam após a fertilização. Uma das doenças causadas por espermatozóides aberrantes é conhecida como acondroplasia, uma forma de nanismo. Um estudo realizado por Andrew Wilkie, da Universidade de Oxford, identificou uma mutação hereditária rara nos espermatozóides que é prejudicial para a descendência, mas que lhes confere uma vantagem selectiva nos testículos. A produção de espermatozóides através da divisão de células estaminais representa um sistema biológico reprodutivo e qualquer caraterística que tenha um efeito favorável na taxa de reprodução de uma determinada célula estaminal confere a essa célula uma vantagem reprodutiva. Esta célula torna-se a célula dominante e supera todas as outras células estaminais. No passado, era quase impossível estudar diretamente a linha germinal masculina. As novas técnicas biológicas permitiram aos investigadores amplificar genes de espermatozóides individuais, que podiam depois ser analisados para detetar mutações. Isto abriu caminho para a investigação da base genética da elevada taxa de mutação subjacente à síndrome de Apert, uma forma de baixa estatura. Cerca de oitenta por cento de todos os casos de síndrome de Apert indicam que o gene defeituoso tem origem no pai saudável. A frequência da doença está intimamente ligada à idade do pai: quanto mais velho o pai, maior a frequência.

"Já em 1912, Wilhelm Weinberg referiu que as crianças com acondroplasia dominante (baixa estatura) nascidas de pais normais eram normalmente as últimas crianças da família. Com uma perspicácia espantosa, sugeriu que esta descoberta argumentava a favor de uma mutação genética como causa da acondroplasia esporádica. Uma compreensão mais profunda teve de esperar pelo trabalho de Penrose, que mostrou em 1955 que o efeito observado por Weinberg se devia à idade paterna e não à idade materna ou à ordem de nascimento. Isto implicava, evidentemente, uma taxa de mutação muito mais elevada nos homens do que nas mulheres. [...] O que faltava até agora era uma análise das mutações no esperma, mas novas técnicas tornaram-na finalmente possível. Os resultados são chocantes. Uma análise recentemente publicada de esperma de homens de diferentes idades encontrou apenas um ligeiro aumento de esperma mutante com a idade do pai, muito menos do que os dados clínicos sugerem. Agora, [...] Goriely, Wilkie e colegas relatam a sua análise de esperma de homens de diferentes idades portadores da mutação que causa a síndrome de Apert, outra doença clássica em que os dados clínicos prevêem um grande efeito do sexo e da idade paterna.

Argumentam que a taxa de mutação para esta doença é baixa e que a taxa aparentemente elevada se deve ao facto de as espermatogónias mutantes serem selecionadas positivamente antes do início da meiose (as duas divisões celulares que dão origem ao esperma).

Muito pouco ortodoxo". [19]

Os investigadores de Oxford centraram-se num gene conhecido como Recetor 2 do Fator de Crescimento dos Fibroblastos (FGFR2). Analisaram todas as mutações possíveis neste local em amostras de esperma de homens com e sem descendência afetada. De acordo com a sabedoria convencional, o número de novas mutações no gene FGFR2 deveria aumentar com a idade dos homens. Os investigadores verificaram que era esse o caso, mas o resultado foi ainda melhor. [8]Não só o número de espermatozóides portadores da mutação nociva no gene FGFR2 aumentou com a idade, como também a frequência foi muito superior à das mutações menos nocivas que seriam teoricamente esperadas neste gene. Os investigadores concluíram que a mutação que conduz à doença ocorre apenas raramente, mas quando ocorre, proporciona uma vantagem reprodutiva à célula estaminal. Após um número suficiente de ciclos de replicação, esta vantagem garante que as células com a mutação dominam a espermatogénese. Como a mutação não tem efeitos prejudiciais no testículo, os espermatozóides portadores da mutação tornam-se desproporcionalmente abundantes à medida que o homem envelhece, e a probabilidade de um espermatozoide mutante fertilizar com sucesso um óvulo aumenta dramaticamente. A presença predominante de espermatozóides mutantes deve-se ao aumento da aptidão de uma única célula estaminal e explica porque é que alguns homens mais velhos têm mais do que um filho com esta doença.

Senescência bacteriana

A situação é semelhante no que respeita à reprodução dos microorganismos. Investigadores da Universidade de Paris, em França, demonstraram que as bactérias também envelhecem e são substituídas por outras "jovens". As gerações mais antigas de *Escherichia coli* são ultrapassadas pelos seus descendentes diretos. Quando as bactérias se dividem, dividem-se em duas células filhas. Os investigadores franceses utilizaram imagens de lapso de tempo para registar o que aconteceu às células filhas ao longo do tempo. Tiraram uma fotografia de uma cultura bacteriana em crescimento de dois em dois minutos. Com a ajuda de um sistema de imagem computorizado, conseguiram seguir 35 mil células ao longo de sete gerações. Antes de uma célula de *E.* coli se dividir, tem primeiro de duplicar o seu tamanho. De seguida, divide-se em duas novas células do mesmo tamanho. Verificou-se que o processo de crescimento antes da divisão é um alongamento unidirecional de apenas uma extremidade das células bacterianas em forma de bastonete, o que significa que as biomoléculas que compõem as células são distribuídas de forma desigual entre as duas células filhas. Uma célula-filha é constituída principalmente por biomoléculas recicladas e usadas, enquanto a outra recebe todas as "coisas novas". Em cada nova ronda de divisão celular, a parte reciclada como um todo só é transmitida a uma célula filha, que por sua vez só a transmite a uma das suas filhas. Desta forma, são criadas bactérias velhas e novas, consoante a quantidade de material reciclado. Os registos em time-lapse mostraram que as células duplamente recicladas - ou seja, as células que herdaram as ferramentas moleculares da avó - crescem um por cento mais lentamente do que as células que herdaram todos os novos componentes. Verificou-

---

[8] Uma observação notável para o gene FGFR2 é o facto de a maioria (>50%) das mutações ocorrer nos mesmos dois pontos quentes (755C^G e 755-757CGC^TCT).

se também que estas células senescentes têm uma taxa de crescimento reduzida e uma taxa de mortalidade aumentada. Taxas de reprodução lentas e aumento da mortalidade significam apenas uma coisa: produzem menos descendentes. Stewart e os seus colegas concluíram que as duas células supostamente idênticas que surgem durante a divisão celular são funcionalmente assimétricas; a célula do pólo antigo deve ser considerada um progenitor envelhecido que produz repetidamente descendentes rejuvenescidos [20]. Eventualmente, as células senescentes desaparecerão como resultado da reprodução diferencial. Esta é uma bela demonstração da lei primária das unidades de replicação.

Aptidão é igual a reprodução

Karwlu Karwlu é um lugar desolado na orla do deserto de Tanami, no meio do Centro Vermelho da Austrália. É mais conhecido pelo nome que lhe foi dado pelos primeiros colonos europeus: os Mármores do Diabo. Visitei o local no inverno de 2003 e, sim, o local está repleto de enormes rochas de granito. Em Karwlu Karwlu, o clima é quente e seco durante todo o ano. A vegetação é constituída por alguns arbustos, uma goma fantasma aqui e ali e um carvalho do deserto ocasional. A precipitação nunca ultrapassa alguns centímetros por ano. E quando chove, é de uma só vez. Não é propriamente um sítio para passar a vida. Mas a rã-de-cabeça-chata (*Chiroleptis platycephalus*) adaptou-se perfeitamente à vida no deserto de Tanami. Os anfíbios, como as rãs e os tritões, secam facilmente. A sua pele não é simplesmente impermeável e perdem água rapidamente por evaporação. A rã-de-cabeça-chata tem uma estratégia de sobrevivência para sobreviver a períodos de seca: Armazena água. A rã-de-cabeça-chata é conhecida pela sua capacidade de armazenar água no seu corpo, de tal forma que se parece com um balão de água, *uma bolha*. Depois desaparece. Para fazer face à seca, a cabeça-chata prefere sentar-se numa gruta subterrânea e consumir lentamente a sua reserva de água, que pode durar vários meses. Assim que as águas das cheias inundam a terra ressequida, os animais resistentes à água saem da sua toca e reproduzem-se rapidamente. Em poucas semanas, completam o seu ciclo de vida: acasalam, desovam e produzem uma nova geração de balões de água. Uma nova geração de balões de água que desaparece rapidamente no subsolo, onde espera pela próxima chuva para acasalar e reproduzir-se novamente. Isso é tudo o que o Cabeça-chata faz. Eles hibernam, reproduzem-se e hibernam para se reproduzirem. Este estranho comportamento faz todo o sentido em biologia: se uma espécie não se reproduz, extingue-se. A reprodução é a única coisa que conta em biologia. Quando os evolucionistas falam da aptidão de um organismo, referem-se à sua capacidade de produzir descendência. Quanto mais descendentes produz, mais apto é o organismo. Aparentemente, a aptidão é sinónimo de reprodução. Os replicadores mais rápidos dominam sempre a população - e não apenas nas populações de microrganismos. As estruturas hierárquicas típicas das populações animais, como as dos lobos, podem ser facilmente explicadas por um impulso interno - um impulso herdado - dos organismos para se reproduzirem. É por isso que conseguem sobreviver ao longo do tempo. Os organismos sem vontade de reprodução morrem, enquanto os organismos com excesso de vontade de reprodução prosperam e tornam-se dominadores. Numa alcateia de lobos, há sempre alguns indivíduos que querem reproduzir-se mais do que outros, e são eles: o macho alfa e a fêmea alfa. São eles que produzem a descendência. Na alcateia, a seleção é feita ao nível das caraterísticas que contribuem diretamente para a reprodução: hormonas de combate, massa muscular, resistência. As caraterísticas que contribuem para uma vida longa e duradoura não têm qualquer valor de seleção para uma alcateia e desaparecerão facilmente do genoma da descendência.

A longevidade nunca é um critério seletivo para sistemas vivos e reprodutores. Desde que o sistema se possa reproduzir, está tudo bem. Isto também é demonstrado por um traço genético particular encontrado nos aborígenes australianos. Quando os primeiros humanos chegaram ao continente australiano, rapidamente descobriram que se tratava de uma terra com um ambiente muito agreste. Noventa por cento do continente é um deserto estéril, sem animais ou plantas que possam ser domesticados. Isto faz com que a Terra de Baixo seja um dos lugares mais difíceis do mundo para os seres humanos sobreviverem. Os aborígenes adaptaram-se a este ambiente árido e estéril, mas à custa de caraterísticas que afectam a longevidade, que é inútil num ambiente onde a esperança de vida é inferior a quarenta anos. Uma das adaptações é o facto de a fertilidade feminina ter passado para uma data mais precoce. As mulheres aborígenes podem engravidar com dez anos de idade ou menos, mas o custo é que também entram na menopausa muito mais cedo, normalmente na terceira década de vida. Um início mais precoce da menopausa parece paradoxal, uma vez que reduz a capacidade de produzir descendentes por mulher. No entanto, se a esperança de vida é curta, vale a pena reproduzir-se numa idade muito precoce. A avó infértil, que só tem vinte e poucos anos, está disponível para ajudar a criar os netos - os filhos dos seus próprios filhos. Assim, o início precoce da menopausa pode ajudar mais pessoas a atingir a idade reprodutiva. A mudança dramática na fertilidade entre os aborígenes australianos tornou possível que eles produzissem descendentes numa idade muito precoce, aumentando a probabilidade de eles próprios produzirem descendentes. Este facto permitiu aos humanos habitar e sobreviver às condições extremas da Austrália. As mulheres que demoravam 15 ou mais anos a atingir a idade reprodutiva eram simplesmente ultrapassadas pelas mulheres que estavam prontas para conceber mais cedo. Este exemplo de reprodução diferencial ilustra que a descendência dos reprodutores mais rápidos num terreno árido acabará por constituir toda a população desse ambiente.

O impulso interno para produzir descendência está diretamente relacionado com o que Darwin designou por seleção natural. No entanto, deve reconhecer-se que, num sistema vivo que se reproduz, a replicação não conduz automaticamente a um aumento da complexidade desse sistema. Pelo contrário, a vontade de se reproduzir pode levar a uma perda de complexidade; os elementos de ADN que não são diretamente necessários para a reprodução desaparecem facilmente do genoma ou são inactivados. Numa população descontrolada de sistemas reprodutores, o replicador mais zeloso ou agressivo acabará por dominar. [9]Um aumento do conteúdo ou da complexidade do ADN nunca é um critério de seleção dos sistemas reprodutores, a menos que esteja ligado à taxa de reprodução. A seleção actua ao nível da reprodução. *Não é a evolução*, como supôs Theodosius Dobzhansky, *mas a reprodução, a capacidade de produzir descendentes, é tudo o que importa em biologia* [21].

---

[9] Para provar a evolução darwiniana *in silico*, os teóricos são forçados a combinar o aumento do conteúdo genético ou da complexidade com um aumento da taxa de reprodução.

Uma vida maravilhosa

Lembro-me de um belo dia de sol no campo. Eu tinha dois ou três anos. O tempo estava ótimo e fomos para a piscina. Os meus pais tinham acabado de comprar um novo "barco de borracha" insuflável e a piscina foi uma óptima oportunidade para o testar. O barco insuflável era pequeno e nós, crianças, estávamos curiosos para ver quantas pessoas caberiam nele. Lembro-me que o meu pai, carregando cuidadosamente a minha irmã mais nova, foi o primeiro a entrar. Depois entrou o meu irmão mais velho e, por fim, eu. Cabíamos todos. Flutuámos confortável e confortavelmente na água da piscina. De repente, sem qualquer aviso ou razão especial, a minha irmã mais nova caiu ao mar. Uma fração de segundo depois, estava deitada no fundo da piscina, cerca de um metro abaixo do barco. Quando penso nisso, ainda a vejo a olhar para cima, do fundo da piscina, com os olhos bem abertos. Os seus braços e pernas moviam-se com gestos que lembravam um pouco a natação. Não inspirava nem expirava e tentava voltar à superfície! Fiquei espantado. Era uma visão irreal, quase surreal. Essa é uma das minhas primeiras recordações. Também me lembro do pânico dos meus pais: Apanhem-nos! Tirem-nos daqui! Um minuto depois, estava tudo bem outra vez.

Se deixasse cair acidentalmente o seu bebé na piscina, provavelmente também entraria em pânico. Mas não se assuste muito. Naquele dia, no verão de 1968, descobri que as irmãs bebés têm uma tendência inata para sobreviver a um mergulho inesperado. Elas param automaticamente de respirar e nadam de volta à superfície. O reflexo de vómito garante que não inalam imediatamente a água. Juntamente com o reflexo de natação, evita que um bebé recém-nascido se afogue. Isto deu ao meu pai tempo suficiente para tirar a minha irmã da água. Ela ficou bem. Ao fim de um ano, mais ou menos, os reflexos desaparecem e é preciso ter mais cuidado quando se leva o bebé para a piscina. Pensei muitas vezes no reflexo inato da natação. Como é que nos surgiu esta caraterística notável? Os bebés humanos poderiam facilmente passar sem o reflexo de natação. Os reflexos são inatos ao genoma, especificados por elementos genéticos que constroem o sistema nervoso. Mas quais são as condições - os constrangimentos selectivos - para desenvolver um reflexo de natação? A resposta é: *os macacos aquáticos*. Uma série de caraterísticas humanas, como o bipedalismo, a ausência de pêlos, a gordura subcutânea e a bradicardia, sugerem a existência de macacos aquáticos; caraterísticas que, de outra forma, não se compreende que tenham evoluído através da seleção natural [1]. Para explicar estas caraterísticas humanas notáveis num quadro darwiniano, a hipótese do macaco aquático propõe que passámos por uma fase aquática. O estilo de vida aquático dos nossos antepassados proporcionou a compulsão selectiva para desenvolver um reflexo de vómito em conjunto com um reflexo de natação. Devem ter atirado repetidamente as suas crias para a água ou dado à luz debaixo de água. Só assim os recém-nascidos podiam ser expostos à compulsão selectiva correspondente. A seleção natural continuou a filtrar os macacos aquáticos mais bem adaptados. Como, pergunto-me eu? Não através do mecanismo gradual proposto pelos darwinistas. Um reflexo está presente ou não. Ou se tem um reflexo de natação ou não se tem. Não existe meio reflexo de natação ou meio reflexo de vómito.

Os macacos aquáticos nunca existiram, exceto talvez nas mentes dos teóricos da evolução. Em ciência, podemos publicar qualquer hipótese que quisermos, desde que seja naturalista e não envolva magia. O design inteligente é ótimo, desde que se refira à inteligência de extraterrestres que iniciaram a vida na Terra, e não ao design inteligente divino. O método científico estabelece que as hipóteses devem ser testáveis ou falsificáveis. Se as hipóteses não forem testáveis, não são científicas. A hipótese do macaco aquático não pode ser testada cientificamente de forma objetiva, não é falseável e, portanto, é pouco mais do que uma fábula ou um conto de fadas. Na comunidade darwinista, a hipótese do macaco aquático não é geralmente reconhecida. E por uma boa razão: não há um pingo de evidência a favor desta hipótese. Existe apenas para fornecer uma explicação naturalista para esta maravilhosa adaptação, de outra forma inexplicável, dos bebés humanos. A hipótese naturalista não é melhor nem pior do que qualquer hipótese que invoque o design inteligente. A hipótese do macaco aquático mostra que, para manter a teoria naturalista, é permitido incluir histórias incríveis, rebuscadas e não científicas sobre a seleção natural, desde que não invoquemos a inteligência. Os contos de fadas são aceitáveis desde que não se mencione o criador.

A mente surpreendente

O cérebro humano há muito que intriga os filósofos e os cientistas. Caraterísticas como a arte, a música e a matemática, as ideologias imaginativas, a religião e a moralidade são exclusivas dos seres humanos. O sentido de humor, a linguagem artística, a narração de histórias e a consciência histórica são caraterísticas únicas dos seres humanos e distinguem-nos dos outros animais. Ninguém conseguiu encontrar vantagens de sobrevivência plausíveis para estas coisas típicas que a mente humana é capaz de fazer de forma única. O facto de não existirem teorias convincentes para explicar estas caraterísticas é um dos mistérios da biologia. Os darwinistas argumentam que a mente humana é o produto da seleção natural e que todas as suas caraterísticas surpreendentes devem, portanto, ser adaptativas. Mas porque é que *os futuros humanos* que apresentam uma destas caraterísticas estão mais bem adaptados? Será que as caraterísticas evoluíram individualmente ou foram todas combinadas? Os darwinistas afirmam que estas caraterísticas se desenvolveram gradualmente. As mutações e a seleção natural foram responsáveis por isso. Porque é que a evolução teria favorecido os organismos que possuem qualquer uma destas caraterísticas? Outros primatas sociais superiores sobreviveram sem desenvolver a caraterística da musicalidade, por exemplo. Aparentemente, não houve nenhuma compulsão evolutiva para que estes primatas desenvolvessem esta estranha caraterística. Por que é que, por exemplo, os babuínos não desenvolveram a música? O que foi exatamente que fez a mente humana cantar e dançar? Poderá a musicalidade ser compreendida a partir da hipótese de seleção de Darwin? Assim que o meu filho de doze meses ouviu uma canção, começou imediatamente a mover o seu corpo em sintonia com a música. As suas perninhas de bebé moviam o seu corpo para cima e para baixo ou balançavam-no para a frente e para trás: ele dançava. Isso surpreendeu-me. Ele não tinha sido ensinado a apreciar e a reagir à música. Aparentemente, a musicalidade e o ritmo estão nos genes e podem ser herdados como uma caraterística genética. Algumas pessoas herdaram mais do que outras. Mozart e Beethoven tinham muito talento, Che Quevera não o tinha completamente.

"O revolucionário Che Guevara, de 1960, era amplamente reconhecido como umhomemde muitos talentos. Mas um talento que lhe faltava claramente era a capacidade de ouvir música. Uma falta de que ele estava bem ciente: Guevara estava numa festa uma noite quando viu uma enfermeira com quem queria dançar. Ele pediu a um amigo que lhe desse um empurrão quando a orquestra começou um tango. Mas o amigo não entendeu o sinal e mandou Guevara para a pista de dança, onde ele rodopiou absurdamente com sua parceira ao som de um suave samba brasileiro. Guevara sofria de amusia congénita, uma surdez quase total que transforma a música em mero ruído. Embora 5% ou mais de algumas populações sofram desta síndrome, pouca investigação tem sido feita sobre ela. [2]

As pessoas amúsicas podem não ser capazes de compreender ou responder à música, mas são perfeitamente capazes de se reproduzir. A elevada incidência de amusia congénita em algumas populações mostra que a caraterística pode ser facilmente perdida sem afetar a aptidão - a capacidade de produzir descendentes. De facto, Guevara teve vários filhos. Um traço que pode ser perdido levanta imediatamente a questão de como o traço surgiu em primeiro lugar. Obviamente, a seleção natural não actua sobre ela.

Isabelle Peretz, da Universidade de Montreal, apresentou alguns resultados preliminares com indivíduos amusicais que apoiam a hipótese de o cérebro conter vias neurais específicas para a música. Peretz estudou 11 adultos amantes de música com um elevado nível de educação, sem perda de audição ou outras deficiências neurológicas óbvias, que tinham tido aulas de música em criança e que, portanto, tinham sido expostos à música desde tenra idade. Estes indivíduos, juntamente com 67 indivíduos de controlo, foram submetidos a uma série de testes que avaliaram as suas capacidades musicais e outras capacidades cognitivas, como a capacidade linguística. A maioria dos membros da coorte amusical era incapaz de reconhecer quando uma canção, como "Happy Birthday", era tocada com alterações de tom que a faziam tilintar nos ouvidos dos sujeitos de controlo. Um caso típico, segundo Peretz, foi o de *"Monica"*, cujo QI era de 111 e que estava a fazer um mestrado em Ciências da Saúde. Embora funcionasse normalmente em todas as outras áreas da vida mental, Monica não conseguia reconhecer nem cantar melodias familiares como "Frere Jacques", apesar de, como falante nativa de francês do Quebec, ter sido exposta à canção desde a infância. A única deficiência não musical que Peretz e os seus colegas de Montreal conseguiram identificar foi a capacidade reduzida de alguns indivíduos para reconhecer a prosódia - ou seja, os aspectos musicais do discurso ou as flutuações de tom - no discurso normal. Apesar da ligação entre a apreciação da música pura e a sensibilidade à música subtil no discurso, Peretz concluiu que as suas descobertas são consistentes com a ideia de que *devem existir sistemas neurais especializados para a música* que não estão presentes nas pessoas amusicais.

"O estudo de Peretz tem boas notas. Há argumentos muito bons a favor de vias neuronais específicas", diz Uta Frith, da University College London. No entanto, os resultados levantam a questão de saber qual o objetivo adaptativo dessa ancoragem. Em vários artigos recentes, Peretz argumentou que a capacidade de ouvir música é uma adaptação que pode servir para reforçar a coesão social entre grupos, dando-lhes algo para partilhar. No entanto, alguns dos seus colegas são cépticos. Ela forneceu provas convincentes de que existem vias [neurais] para a música", diz Steven Pinker, do Instituto de Tecnologia de Massachusetts, em Cambridge. Mas se essas vias foram selecionadas no decurso da evolução humana e não são apenas uma

O subproduto de vias metabólicas que evoluíram para outros fins é ainda uma questão em aberto". [2]

Apesar da evidência de sistemas neurais especializados, a musicalidade continua a ser vista como um subproduto das redes neurais que não foi favorecido pela seleção natural. O problema da hipótese do subproduto é a sua banalidade. As hipóteses de subproduto explicam tudo sobre tudo. E, portanto, não explicam nada. As hipóteses de subproduto são tautologias que não podem ser objetivamente testadas. Os teóricos que invocam a hipótese do subproduto mostram que são incapazes de lidar cientificamente com a musicalidade. No entanto, se a musicalidade for considerada apenas um efeito secundário, um subproduto da complexidade das redes neuronais, e não contribuir para a aptidão física, então a musicalidade é uma caraterística supérflua. Uma caraterística supérflua é uma redundância biológica. Mas como é que nos tornámos músicos? Será a música uma dádiva da musa? E os matemáticos? A matemática é também um subproduto? Arte? A poesia? Tudo efeitos secundários e subprodutos? Seremos nós meros macacos aquáticos a jogar ao "shell-o-phone"? Os subprodutos são caraterísticas redundantes que não são favorecidas pela seleção. No entanto, as redundâncias encontram-se por todo o lado no sistema nervoso. Várias vias centrais são utilizadas para a visão e a fala. Pensa-se que a existência de várias vias para as mesmas funções constitui uma espécie de mecanismo de reserva no caso de uma das vias originais falhar. Posso imaginar que a seleção natural actua sobre a via original. Assim que os organismos perdem a via original, têm uma desvantagem reprodutiva e são ultrapassados por organismos com uma via ativa. Se, por outro lado, uma das várias vias for desactivada, existem ainda outras vias que cumprem igualmente bem a tarefa. A existência de várias vias para a mesma função levanta imediatamente a questão de saber como mantê-las sem que a seleção natural actue sobre todas elas.

Regeneração

A maioria dos organismos pode regenerar mais ou menos os tecidos danificados. As feridas são facilmente infligidas e devem ser seladas para proteger o organismo do ambiente externo. Alguns animais podem até fazer mais do que apenas substituir o tecido danificado; têm a capacidade notável de regenerar todo o corpo. Os anfíbios e os lagartos são mestres neste domínio. Quando um lagarto é atacado por um predador, a cauda destaca-se instantaneamente e começa uma vida independente do corpo. Para o predador, deve parecer que a sua presa se partiu em duas. O aparecimento inesperado de uma segunda presa deixa normalmente o predador apenas com a parte mais pequena: uma cauda a abanar. Em poucas semanas, o lagarto tem uma nova cauda e o jogo pode começar de novo. Este é um dos melhores truques de fuga da natureza.

thLazarro Spallanzani, um padre italiano do século XVIII, foi um empirista de primeira hora - um homem de experiências. Um século antes de Louis Pasteur, refutou a geração espontânea, a crença de longa data de que a vida se pode formar espontaneamente a partir de matéria não viva. Foi também o primeiro a afirmar que os morcegos se orientam por ecolocalização. Spallanzani deduziu este facto a partir das suas observações de morcegos com os olhos vendados, que eram capazes de se orientar numa sala escura, evitando cuidadosamente todos os obstáculos flutuantes. Por muito impressionantes que sejam estas experiências, não são a razão pela qual Spallanzani é ainda hoje recordado como um pioneiro da biologia. Em 1768, o padre italiano publicou que os girinos são capazes de regenerar as suas caudas e que as salamandras podem reproduzir a maior parte das partes do seu corpo, incluindo as caudas, as mandíbulas e os olhos. Numa das suas experiências clássicas, Spallanzani observou que o cristalino de uma salamandra, cuidadosamente retirado do olho, simplesmente voltava a crescer. Em poucas semanas, uma nova lente desenvolveu-se para substituir a lente removida. Pensem nisto por um momento. Como é que as células sabem que vão produzir um novo cristalino? As células têm de ter um mapa - uma planta - do aspeto do organismo de que fazem parte. Também precisam de saber onde estão, caso contrário não faria sentido ter um mapa. Uma vez que as células sabem onde estão e onde pertencem, sabem o que têm de fazer. A regeneração das partes do corpo deve, portanto, ser uma propriedade intrínseca e inata das células dos girinos e das salamandras. Não há dúvida de que a regeneração do corpo é uma propriedade vantajosa, e não apenas para as salamandras. Imaginem se pudessem regenerar as lentes dos vossos olhos, restaurar braços e pernas perdidos ou todos os órgãos

39

internos do corpo. Muitas doenças poderiam ser curadas simplesmente removendo o órgão doente. Abordar a regeneração de uma forma darwiniana requer muito engenho. O desaparecimento de uma caraterística vantajosa viola os princípios básicos da ideia de seleção de Darwin. Os biólogos evolucionistas concordam que o fenómeno da regeneração não pode ser explicado pela seleção positiva e invertem a evolução. A regeneração, dizem eles, é um resquício de uma caraterística primitiva comum que esteve presente em todos os organismos primordiais, mas que agora desapareceu na maioria dos organismos porque a seleção natural agiu contra ela [3]. Mesmo que a regeneração seja considerada um traço comum que estava presente em todos os organismos primordiais, não é certamente um traço primitivo. E porque é que a seleção natural se oporia a ela? A regeneração de partes do corpo requer redes genéticas cooperativas que controlam o desenvolvimento e a renovação dos tecidos. A danificação destas redes intrincadamente equilibradas conduziria facilmente a um crescimento descontrolado das células - o cancro. A acreditar na explicação darwiniana, a regeneração desapareceu porque os tumores teriam destruído os organismos em causa. A manutenção da complexa genética da regeneração dos tecidos deve ter sido incompatível com a vida [3]. Este ponto de vista implica que o desenvolvimento e a regeneração dos primeiros organismos multicelulares eram perfeitos. As redes genéticas não poderiam ter evoluído gradualmente, mas estavam presentes desde o início e depois deterioraram-se. Se estas redes não tivessem sido perfeitas desde o início, a vida original teria sofrido de tumores que a teriam exterminado antes mesmo de ter tido a oportunidade de se transformar noutra coisa. Um início perfeito é a condição prévia para que a evolução se efectue!

O Instituto Wistar é um instituto pioneiro de investigação biomédica em Filadélfia, EUA, dedicado a fazer avançar o nosso conhecimento da biologia e da medicina. As descobertas do Instituto Wistar levaram ao desenvolvimento de vacinas contra doenças como a raiva e a rubéola, à identificação de genes associados ao cancro da mama, do pulmão e da próstata e ao desenvolvimento de tecnologias e ferramentas de investigação. O rato branco Wistar - o conhecido roedor branco de laboratório - é provavelmente o seu produto mais conhecido e é utilizado em todo o mundo como modelo para o estudo de doenças humanas. Uma das principais investigadoras da Wistar é a Professora Ellen Heber-Katz. A sua investigação centrou-se inicialmente na genética das doenças auto-imunes, mas tem vindo a mudar cada vez mais para a biologia molecular da cicatrização e regeneração de feridas. Ao realizar uma experiência para esclarecer uma questão imunológica, Heber-Katz descobriu algo notável. Numa estirpe de investigação de ratos que tinham buracos nas orelhas para identificação a longo prazo, verificaram que os buracos fechavam rapidamente. Após algumas semanas, os orifícios tinham desaparecido completamente; o tecido e a pele tinham-se reformado e não havia qualquer sinal de tecido cicatricial. As orelhas perfuradas tinham-se regenerado completamente. Esta descoberta acidental levou-os a realizar novas experiências para investigar melhor a capacidade de regeneração destes ratinhos. O rato Spallanzani, como foi designado numa publicação recente, tem a extraordinária capacidade de se regenerar e restaurar completamente um membro ou órgão danificado à sua estrutura e função normais [4]. Os animais simplesmente regeneram as partes do corpo removidas, incluindo ossos, músculos, tecido cardíaco e partes do sistema nervoso! A biologia celular da regeneração de tecidos é bastante complexa e não pode ter evoluído de um dia para o outro. Os algoritmos genéticos envolvidos devem ter estado presentes no genoma do rato de Spallanzani desde o início. Muitos biólogos celulares assumem que a capacidade de regenerar tecido cardíaco danificado está presente em todas as espécies de vertebrados, mas que os mamíferos "desligaram" esta capacidade no decurso da evolução por razões desconhecidas. Isto levanta uma possibilidade intrigante. Poderão os genomas ser comutados para ativar algoritmos genéticos adormecidos, silenciosos ou inactivos - tais como programas de desenvolvimento? Nos ratos, um dos programas adormecidos especifica a regeneração controlada de tecidos sem induzir a degeneração. Não se sabe como é que o rato de Spallanzani induziu a reativação do algoritmo genético, mas pode ser que as células estaminais pluripotentes assumam essa tarefa. As células estaminais são células pluripotentes no sentido em que têm a capacidade de se transformar em qualquer tipo de célula necessária num determinado ambiente. As células sabem exatamente onde estão e o que têm de fazer nesse local. Como células soltas, invadem o tecido danificado, onde se multiplicam e diferenciam como se fossem células fetais; o programa para a formação de membros é convertido numa parte funcional do corpo. O organismo está novamente completo! Foi registado que até as pontas dos dedos de crianças se regeneraram completamente depois de terem sido cortadas [5]. Aparentemente, os programas genéticos silenciosos para a regeneração dos tecidos estão escondidos no genoma das células estaminais e aguardam a sua ativação. As salamandras regeneram um membro perdido a partir de um aglomerado de células estaminais - um *blastema* - que se forma no local da ferida, mas apenas se os nervos estiverem presentes. Em *Notophthalmus viridescens*, uma espécie de salamandra, era apenas necessária uma única proteína para ativar o programa de regeneração. Em 2007, foi demonstrado que uma proteína chamada "gradiente anterior", que é produzida pelo nervo, é responsável pela ativação do programa de recuperação dos membros perdidos [6]. A regeneração é considerada uma "caraterística primitiva" dos lagartos e anfíbios que, segundo os padrões evolutivos, não deveria fazer parte do genoma dos mamíferos. É demasiado intensiva em energia; a seleção pronunciou-se contra ela [3]. Não é espantoso que a informação para a regeneração de partes inteiras do corpo ainda esteja presente nas células dos mamíferos, mesmo após milhões de anos? A seleção natural não pode reconhecer programas adormecidos. Os programas dormentes não são algoritmos genéticos expressos, e são livres para acumular mutações debilitantes. Não conhecemos outras forças, para além da seleção natural, capazes de manter os programas dormentes estáveis no genoma durante milhões de anos.

Uma última questão que temos de colocar a nós próprios é *por que razão não observamos a regeneração com mais frequência nos organismos superiores?* A sabedoria da engenharia diz que os sistemas simples são mais robustos do que os sistemas complexos; espera-se que as soluções de engenharia simples durem mais tempo. Um sistema com muitos componentes - um sistema complexo - é mais propenso à inatividade do que um sistema constituído apenas por alguns componentes - um sistema simples. Se um sistema simples e um sistema complexo desempenharem a mesma função ou uma função semelhante e funcionarem independentemente um do outro, podem apoiar-se mutuamente. Se o sistema simples falhar, o sistema complexo assume a função e vice-versa. Para dois sistemas biológicos equivalentes, isto significa que as restrições de seleção para ambos os sistemas são fracas e ambos irão acumular alterações genéticas ligeiramente prejudiciais (mutações) ao longo do tempo. Até que um dos sistemas - normalmente o mais complexo - tenha acumulado tantas mutações que entra em colapso. O sistema mais simples tem mais probabilidades de permanecer intacto porque tem menos componentes essenciais que podem ser danificados. A partir do princípio da conceção, podemos compreender porque é que os animais normalmente não regeneram partes completas do corpo e órgãos. Eles têm um sistema adicional, menos complexo, para curar partes do corpo danificadas, chamado fibrose. No processo de fibrose, as feridas são simplesmente fechadas pela deposição de células de tecido e, normalmente, são deixadas cicatrizes. O sistema mais complexo, o mecanismo biológico de regeneração dos tecidos, que não deixa cicatrizes, não foi selecionado contra, como os teóricos da evolução poderiam acreditar, mas era supérfluo desde o início. O sistema de regeneração de todo o corpo foi silenciado, enquanto o da fibrose ganhou vantagem. Aparentemente, a perda do sistema mais complexo não teve qualquer efeito no sucesso reprodutivo do organismo. Também é difícil imaginar porque é que a seleção contra a regeneração ocorreu no decurso da evolução. A perda de uma caraterística útil e selecionável é exatamente o oposto do que seria de esperar da evolução darwiniana. Mas isso não é um problema. A teoria darwiniana tem uma flexibilidade incorporada, do tipo flogisto, para acomodar todas as observações possíveis. Se uma observação não pode ser explicada da forma habitual, então é explicada de outra forma. Se uma determinada caraterística não pode ser moldada pela seleção, então a seleção agiu contra essa caraterística e ela desapareceu. É fácil explicar a perda de caraterísticas biológicas complexas e de programas de desenvolvimento, como a regeneração, mas é muito mais difícil compreender como surgiram. Pode acontecer que a hipótese da seleção tenha sido um pouco exagerada.

Estabilidade do automóvel

Leonardo da Vinci era um verdadeiro *homo universalis* do Renascimento: tinha reunido todos os conhecimentos disponíveis no seu tempo, era um escultor e pintor talentoso - pintou a Mona Lisa - e era arquiteto e designer. Foi provavelmente a primeira pessoa a construir uma máquina voadora. Nos tempos modernos, os fãs de Da Vinci recriaram muitos dos seus projectos, que estão agora em exposição em Amboise, França. Passou os seus últimos anos no Chateau de Cloux (mais tarde chamado Clos-Luce), no Loire, até à sua morte em 1519. Uma das suas máquinas voadoras faz lembrar um helicóptero primitivo, embora, numa inspeção mais atenta, pareça mais uma cadeira de madeira ligada a um parafuso gigante - como máquina voadora, é um fracasso total. Devido à falta de conhecimentos de aerodinâmica, a construção de Galileu é incapaz de se elevar um centímetro sequer do chão. Talvez devesse ter observado as plantas, especialmente as suas sementes, e como elas aperfeiçoaram a arte de voar muito antes dos humanos. Se uma árvore deixasse simplesmente cair as suas sementes, as plântulas teriam de crescer à sombra da árvore-mãe e teriam dificuldade em atingir a fase reprodutiva devido à concorrência da luz com os pais. Para se espalharem, as sementes têm de ser transportadas para longe dos progenitores, e isto acontece de diferentes formas. Algumas sementes têm asas em forma de rotor que as impulsionam para a frente. Outras sementes têm pequenos para-quedas que lhes permitem andar à deriva no vento durante horas. As sementes podem até ter velas que as impulsionam sobre massas de água. Outras sementes ainda usam ganchos para se impulsionarem no pelo de animais peludos, e certas sementes de pepino dispersam-se por propulsão a jato. No mundo da dispersão de sementes, tudo é possível. A semente mais notável é, sem dúvida, a da *Zanonia macrocarpa*, uma abóbora tropical que cresce no alto da copa das florestas tropicais do Sudeste Asiático. A abóbora desenvolve-se numa espécie de cabaça com sementes que se assemelham a um pequeno boomerang. Duas asas curvadas simetricamente - uma de cada lado - garantem a auto-estabilidade da semente. Um corpo é auto-estável se o centro de gravidade e o centro de flutuabilidade, dois pontos imaginários nos quais a força da gravidade e a força de flutuação actuam sobre o corpo, forem independentes da posição do corpo no espaço. A estabilidade inerente garante que um corpo alado, como a semente de Zanonia, não tende a rodar sobre o seu eixo. Uma vez libertada da cabaça, a semente auto-estável desloca-se durante quilómetros através do ar tropical - só lentamente perde altitude e dirige-se para um terreno adequado onde pode germinar longe dos seus progenitores. Nos primeiros tempos da aviação, a estabilidade era a palavra mágica. Quando se construíam aviões suficientemente leves para desafiar o vento, geralmente faltava-lhes estabilidade e estavam sempre a cair. Dois pioneiros da aviação, Igo Etrich e Franz Xaver Wels, ficaram impressionados com o desempenho da semente de Zanonia e copiaram a sua forma para desenvolver um planador sem cauda. O avião, criado em 1904, foi um marco na história da aviação, atingindo um alcance de planeio de cerca de 900 metros. Só nos anos 30 é que os engenheiros resolveram as questões essenciais sobre a física da estabilidade inerente. Finalmente, o homem foi capaz de construir aviões auto-estáveis [7].

Os darwinistas não abordam especificamente a conceção das sementes de *Zanonia*, mas argumentam que a seleção natural foi a força motriz da sua evolução. Parte-se do princípio de que aquilo que os humanos criaram em três décadas através do design inteligente, a natureza fará igualmente bem em algumas eras. Se a seleção natural foi capaz de desenvolver sementes auto-estáveis, e vamos assumir que foi, qual terá sido o constrangimento seletivo? Os darwinistas devem especular que a liana evoluiu num habitat onde as sementes auto-estáveis eram uma caraterística selectiva útil, por exemplo, numa floresta aberta ou numa planície, onde o envio da descendência para longe pode ter tido uma vantagem para a aptidão física. É necessário demonstrar que as sementes autostáticas contribuíram para o sucesso reprodutivo da abóbora. No seu habitat atual, as florestas tropicais asiáticas, a abóbora não precisa de enviar a sua descendência para longe, porque as árvores que ajudam as plântulas a subir para a copa são as vizinhas do lado. Portanto, a auto-estabilidade das sementes deve ser vista como um resquício; uma lembrança de tempos antigos e de um habitat há muito desaparecido onde as sementes auto-estáveis podiam desenvolver-se porque contribuíam para a aptidão da liana. Nas florestas tropicais da Ásia, as sementes autostáveis não são realmente necessárias para a reprodução da liana e tornaram-se supérfluas. Como a seleção natural não actua atualmente sobre elas, uma das maravilhas da natureza está condenada. Histórias como esta são bonitas e podem parecer plausíveis aos ouvidos dos crédulos, mas não são cientificamente sólidas. O objetivo das sementes e da sua dispersão é assegurar a reprodução e a sobrevivência da espécie. A forma das sementes de zanónia é tão engenhosa do ponto de vista matemático que duas leis da natureza se aplicam à delicadeza - a inteligência do homem não poderia ter concebido um desenho melhor. O facto, porém, é que a liana não precisa desta sofisticação excessiva para a dispersão das sementes. Sementes menos autostáticas também cumpririam essa tarefa. Como é que as sementes passaram da fase semi-autostática e o que é que lhes deu o toque final? A sofisticação excessiva das sementes autostáveis da liana, que não se correlaciona com o seu habitat mas também não tem efeitos prejudiciais, é um falsificador objetivo do alegado processo evolutivo.

Aves incríveis

O cuco malhado (*Cuculus canorus*) vive nas florestas abertas da Europa e é bastante preguiçoso para uma ave. Enquanto todas as aves europeias incubam os seus ovos e criam as suas crias, o cuco não o faz. Em vez disso, tira um ovo do ninho de uma pequena ave canora, põe o seu próprio ovo lá dentro e espera que tudo corra bem. Assim que o ovo do cuco eclode, o jovem pássaro, ainda cego, começa imediatamente a expulsar os seus companheiros de ninho, que podem estar ainda no ovo ou ter acabado de nascer. Tudo corre bem para o cuco: Os pais adoptivos, sem o saberem, criam-no como se fosse a sua própria cria. Nunca compreendi o estranho comportamento do cuco. É muito complicado

43

depender de outra pessoa para ter sucesso reprodutivo. Mesmo que o cuco deixe centenas de ovos, a menos que crie as suas próprias crias, o resultado é sempre incerto. A menos, claro, que a ave tenha uma caixa de truques para enganar as aves adoptivas de que depende. A caraterística mais intrigante do cuco é a sua semelhança com o gavião (*Accipiter nisus*), uma ave de rapina que habita o mesmo habitat. O cuco imita o gavião de forma tão perfeita que as aves de que depende para o seu sucesso reprodutivo consideram o cuco um intruso perigoso. Uma vez observei um *cuco* a ser perseguido por pelo menos meia dúzia de pequenos pássaros canoros que andavam atrás da cauda da ave para a expulsar do seu território de reprodução. O parasita reprodutor passou um mau bocado! Para o cuco, a aparência de gavião pode ser uma caraterística perigosa, pois pode pôr em risco o seu sucesso reprodutivo. Quanto mais agressivo for o seu aspeto, mais perseguido será e menos ovos poderá pôr nos ninhos não vigiados. Menos ovos significam menos descendentes. Então, porque não parecer um pombo inocente e pacífico? Isso facilitaria muito a vida do cuco e, sem dúvida, aumentaria a sua descendência. O comportamento do cuco malhado levanta muitas questões sobre a evolução do parasitismo da ninhada. O comportamento específico do cuco deve ser inato. É geneticamente determinado. Não tem de aprender o seu canto, um *cu-coo* muito caraterístico, e deve ter uma imagem na sua cabeça de como é o parceiro certo. Numa troca de e-mails, Robert B. Payne, uma autoridade em parasitismo de ninhadas, disse-me que "alguns matemáticos argumentaram que a impressão comportamental nas aves torna difícil a evolução do parasitismo de ninhadas. No entanto, os modelos não distinguem os diferentes comportamentos. Por exemplo, o cuco é impressionado pela sua espécie hospedeira como cuidador dos seus próprios ovos, mas não como companheiro. Estes comportamentos evoluíram provavelmente de formas diferentes" [8].
O cuco malhado foi introduzido na Austrália e é atualmente uma ave relativamente bem sucedida na parte sudeste do continente. Quando ouvi o chamamento caraterístico do cuco em Nova Gales do Sul, apercebi-me de que a impressão para identificar as espécies hospedeiras não pode ser a história completa. Uma vez que a ave é bem sucedida na Austrália, deve ter alargado o seu parasitismo às espécies de aves de criação australianas nativas. Assim, o comportamento de procurar um ninho para pôr os ovos também deve ser inato. E o que é que devemos pensar da forma de ave de rapina do cuco? Estudei o assunto, mas a literatura evolutiva não aborda especificamente o desenho padronizado do cuco. Tentei imaginar como a hipótese de seleção de Darwin poderia fornecer uma explicação para a forma de ave de rapina do cuco:

> "Era uma vez - há muito, muito tempo - um pássaro que estava destinado a tornar-se o antepassado de todos os cucos. Ele ainda não se parecia com um cuco, porque não sabia que viria a tornar-se um cuco. Nessa altura, o cuco ainda era um pássaro simpático e gentil; provavelmente parecia-se um pouco com um tordo inocente. Não fazia mal a outras aves, chocava sempre os seus próprios ovos e vivia pacificamente com as outras aves do mesmo habitat. Um dia, o cuco e a futura ave de acolhimento estavam a fazer os seus ninhos em árvores vizinhas. O cuco deixou acidentalmente um ovo no ninho do pássaro e este - que não sabia de nada - criou um bebé cuco. Era uma situação bastante cómoda para o cuco: não ter nada para fazer e ainda produzir descendência! Era um truque que valia a pena recordar. Lentamente, muito lentamente, a genética do cuco foi-se alterando e adaptando à nova situação. O comportamento resultante foi selecionado, adaptado, adaptado um pouco mais, selecionado, adaptado, selecionado.... *Et voila*, um belo dia um cuco saiu do ovo. Tinha todos os truques para enganar as

aves de acolhimento, mas ainda não imitava uma ave de rapina. Assim, os pássaros adoptivos não reconheceram o cuco como uma ameaça à reprodução e tornaram-se muito ricos, demasiado ricos. A aparência inocente do cuco foi tão bem sucedida que pôs em risco a existência das próprias aves de criação. As aves já não davam à luz a sua própria raça, mas criavam cucos. Este facto constituiu também uma ameaça real para a sobrevivência dos cucos. Se as aves de criação desaparecessem, o cuco também desapareceria, pois deixaria de haver aves para incubar os ovos do cuco e criar as suas crias. E o comportamento do cuco de criar a sua própria prole tinha desaparecido há muito tempo: A seleção tinha trabalhado contra ele e tinha-o erradicado. Assim, o cuco desenvolveu um comportamento predador. Os únicos cucos que sobreviveram foram aqueles que imitavam uma ave de rapina. As aves de rapina reconheciam agora o cuco como uma ameaça ao seu sucesso reprodutivo e expulsavam-no do seu território. Isto criou o equilíbrio entre o cuco e a ave de acolhimento que ainda hoje observamos. A seleção natural é maravilhosa".

À primeira vista, esta história parece plausível e poderia ser aceite como uma explicação para o comportamento do cuco europeu. Mas será que explica de facto a aparência do cuco? Penso que não. O equilíbrio entre o cuco e a ave de acolhimento teria sido estabelecido de qualquer forma, porque o cuco e a ave de acolhimento estão numa relação conjunta de predador-presa. Demasiados cucos levam a menos aves de acolhimento, o que leva a menos cucos, que por sua vez levam a mais aves de acolhimento. Trata-se de um ciclo interminável que, com o tempo, conduz a um equilíbrio dinâmico entre o número de cucos e o número de aves de criação. O cuco não precisa do grupo de aves de rapina. Todos os outros parasitas reprodutores têm uma aparência inocente, e a seleção ocorre ao nível da forma e da cor dos ovos, e não da morfologia ou da aparência. Poder-se-ia argumentar que os cucos evoluíram a partir dos falcões ou de outras aves de rapina e que as penas às riscas deveriam então ser consideradas como uma caraterística vestigial, um vestígio de uma ave de rapina. Este ponto de vista é refutado por análises genéticas, que mostram que os cucos não estão intimamente relacionados com aves de rapina como os gaviões. O especialista em cucos Payne disse-me que "a evidência genética molecular é inconclusiva quanto aos parentes mais próximos do cuco, mas nenhuma das possibilidades aponta para o açor. Tanto os cucos como os falcões têm padrões e cores para evitar serem detectados" [8].

Não é apenas a plumagem às riscas que faz lembrar o gavião, mas também o aspeto do cuco, que se assemelha ao pássaro de oração. A minha observação de que os pássaros adoptivos afugentam ativamente o cuco do seu território põe evidentemente em causa a função adaptativa da aparência do parasita reprodutor. A origem do traje de ave de rapina do cuco continua a ser elusiva, mas em termos do sucesso reprodutivo da ave, parece ser mais uma caraterística prejudicial. Há outra peça no puzzle. Para evitar a extinção, as espécies precisam de se reproduzir e, para isso, precisam de reconhecer a sua própria espécie. Como é que os cucos sabem qual o companheiro que devem procurar? Como é que sabem que se trata de um potencial companheiro para reprodução quando ouvem o caraterístico chamamento do cuco? Estudos realizados com outras aves demonstraram claramente que a impressão digital é um fator importante na escolha do parceiro. Os patos machos, por exemplo, preferem acasalar com uma fêmea que se assemelhe à sua mãe. Esta não tem necessariamente de ser a sua mãe biológica, mas deve certamente parecer-se com a mãe ave da sua juventude. Isto não funciona com os cucos. Eles nunca viram a sua mãe ou pai biológico. Talvez isso se deva ao facto de os cucos serem parasitas da ninhada; para se reproduzirem com sucesso, precisam de nascer com muito material genético extra. O comportamento das aves é certamente um dos fenómenos mais intrigantes do nosso belo planeta. Viajando pelo norte da Tasmânia, passei alguns dias em Stanley, uma pequena cidade no Estreito de Bass que fica às portas de uma colina íngreme e rochosa conhecida como *The Nut*. À distância, a forma de *The Nut* assemelha-se a Ayers Rock, mas, ao contrário do ícone vermelho da Austrália, *The Nut* é uma península ligada ao continente da Tasmânia apenas por um lado. Nas falésias desta rocha íngreme, encontrei a cagarra de cauda curta *(Puffinus Tenuirostris)*. A cagarra, também conhecida por muttonbird, é uma ave marinha de tamanho médio. As aves adultas têm uma envergadura de cerca de 1 metro, têm patas com membranas e são boas nadadoras. Cerca de metade da população de cagarras reproduz-se em colónias na Tasmânia, normalmente em promontórios e ilhas cobertas de tufos e vegetação luxuriante. Os promontórios permitem às aves um acesso fácil para descolar e aterrar. Isto faz com que The Nut, com os seus penhascos íngremes, seja um excelente local de reprodução. Quando descobri o comportamento de deslocação das aves, fiquei espantado.

Tem sido difícil determinar a rota de migração das cagarras, uma vez que estas não chegam a terra durante os meses de migração. Aves exaustas e esfomeadas eram frequentemente encontradas nas praias do Japão, das Ilhas Aleutas, da América do Norte e da Austrália, levando os cientistas a acreditar que as aves faziam um percurso em "oito" pelo Oceano Pacífico. Estudos mais recentes sugerem que a maioria das aves apenas voa para norte ao longo da parte ocidental do Pacífico até à região do Ártico e regressa para sul através do centro do oceano [9]. Trata-se de uma viagem de ida e volta de cerca de trinta mil quilómetros. Percorrer mais de três quartos do globo por ano é um esforço considerável para uma ave, mas não foi isso que me surpreendeu. Os cagarros reproduzem-se em colónias, em buracos no solo. Quando chegam à colónia, em setembro, as aves reúnem-se com os seus companheiros escolhidos e começam a limpar as tocas antigas ou a cavar novas. No final de novembro, as aves põem um único ovo branco. O ovo eclode em janeiro e ambos os pais participam na alimentação do pintainho. A cria ganha peso rapidamente e tem quase o dobro do peso dos pais quando estes levantam voo no início de abril, deixando para trás as crias ainda cobertas de penugem. A partir desta altura e até ao início de maio, os pintos já não comem. Ganham peso rapidamente e adquirem as suas penas de voo. Aprendem a voar sozinhas e, duas a três semanas depois de terem sido abandonadas pelos pais, as aves jovens iniciam o seu voo migratório sem a ajuda de aves experientes. O mais espantoso é que as aves jovens migram exatamente para o mesmo local que os seus pais. Depois de um voo de milhares de quilómetros sem orientação parental, caem do céu ao lado dos pais! Como se tivessem contacto móvel! Porque é que as cagarras abandonam as suas crias, que ainda estão na penugem e não sabem voar? Não consigo perceber o sentido evolutivo da situação. Como é que as crias sabem onde estão os pais? Como é que os jovens sabem como lá chegar? E como é que o cuco europeu encontra o caminho para os seus locais de invernada em África de forma semelhante? As aves devem ter algum tipo de sistema de posicionamento global que lhes indique automaticamente onde se encontram no espaço e no tempo. Devem ter, pelo menos, uma espécie de mapa e de bússola. Um mapa genético inato e um sistema de orientação devem fazer parte do seu património genético. As cagarras e os cucos nascem como descobridores de caminhos. E tudo isto só surgiu através da seleção natural? Darwin nunca explicou porque é que há caraterísticas que ocorrem em quantidades maiores do que a seleção natural pode explicar.

Mais do mesmo

Já alguma vez viu um filme em time-lapse que mostra o desenvolvimento de uma semente numa planta? É uma experiência quase desconcertante. Em poucos segundos, a semente forma uma raiz, depois desenvolve uma primeira folha tenra, um caule brota, forma-se outra folha, outra e, de repente, toda a planta se move para cima com um puxão. Ver como o que normalmente demora uma semana é comprimido em apenas trinta segundos é uma visão espantosa. O registo em time-lapse testemunha a informação contida na semente. Mostra que a semente contém um genoma cheio de informação necessária para libertar o organismo; informação que define todos os traços caraterísticos da planta. O tamanho e a cor das folhas e das flores, o facto de ser resistente à seca ou amante da água, a forma como produz açúcar a partir da água e do dióxido de carbono, ou seja, toda a bioquímica para se tornar uma planta. O genoma humano também está repleto de informação. O genoma humano diz-nos como desenvolver o corpo de dentro para fora sem necessidade de um andaime. Contém informação sobre como construir uma mão com cinco dedos e um pé com cinco dedos e onde fixar os tendões. Contém também informações sobre a forma como o açúcar é decomposto, como os aminoácidos são construídos e como as proteínas são criadas a partir dos aminoácidos. O genoma define como são construídos mais de cem tipos de células diferentes e as moléculas que as fazem funcionar em conjunto como um corpo. A forma como são formados órgãos como o estômago, o fígado, os rins, os pulmões, o coração e o pâncreas também está contida no projeto genético. Os genomas contêm até informação sobre o crescimento de orelhas longas ou curtas ou sobre como obter olhos azuis ou verdes. Toda esta informação é herdada sob a forma de genes. Mas o que são exatamente os genes? Os biólogos costumavam pensar que os genes eram simplesmente secções de ADN que especificam uma proteína e que são fáceis de reconhecer no genoma porque sabem ler o kit de construção da proteína. Esta ideia não está totalmente errada, mas a nova biologia mostra que é muito mais complexa. Pelo contrário, os genes são extensões de ADN sem limites claros que contêm não só o código para construir uma proteína, mas também todos os elementos genéticos necessários para fazer e regular a produção dessa proteína. Se os genes não contivessem informação para iniciar e terminar a sua própria expressão, o gene seria inútil. Um gene é um kit completo de construção de informação. Ele contém não só o projeto de uma proteína, mas também os sinais para produzir a proteína quando ela é necessária. Como a maioria das proteínas só é necessária durante um curto período de tempo, a produção de genes deve ser estritamente regulada. As ferramentas para construir a proteína no momento certo também são fornecidas pelos genes, que também são estritamente regulados. As tarefas de regulação são realizadas por segmentos de ADN que se encontram a montante e a jusante da sequência codificadora da proteína, mas que também podem ser encontrados na sequência codificadora da proteína do gene. A ligação das proteínas reguladoras nas secções reguladoras do gene determina se a atividade transcricional do gene. Nos seres humanos, não é invulgar que as sequências reguladoras não codificadoras de proteínas constituam mais de 90 por cento do gene. Os segmentos reguladores que aumentam ou silenciam a produção de um gene podem estar a centenas de milhares de nucleótidos (blocos de construção do ADN) de distância dos genes que controlam. A nova biologia revelou que pelo menos 30 por cento das sequências que não codificam proteínas são segmentos de ADN reguladores. Mesmo as chamadas *regiões escuras* do genoma estão cheias de atividade transcricional. As regiões escuras constituem a maior parte do nosso genoma e, embora não contenham genes codificadores de proteínas, são ativamente transcritas em RNA mensageiros. Atualmente, não se sabe o que estes mensageiros podem significar, mas têm, sem dúvida, funções reguladoras. [10]Nas décadas de 1970 e 1980, essas regiões eram chamadas de *DNA lixo*. O ADN lixo era o nome dado a todas as sequências de ADN que não eram imediatamente reconhecidas como regiões codificadoras de proteínas, e eram consideradas como ADN egoísta que deixava o genoma livre. A sua presença no genoma é entendida como relíquias evolutivas, restos de vírus, repetições inúteis e outras porcarias sem sentido. Alguns investigadores evolucionistas afirmam repetidamente que 98% do genoma humano é constituído por lixo inútil. A maior parte do cromossoma humano não codifica, de facto, proteínas, mas a afirmação de que não tem qualquer função biológica sem uma análise mais aprofundada não só não é científica como também não é verdadeira.

No que respeita à saída funcional, podem distinguir-se dois tipos de genes: Genes de saída de um passo e genes de saída de dois passos. Os genes de saída de um passo produzem moléculas de ARN com funções estruturais ou reguladoras, enquanto os genes de saída de dois passos produzem proteínas. A produção de genes é sempre limitada. Os limites físicos determinam a quantidade de output (RNA ou proteína) que pode ser produzida. Para genes de um passo, a saída primária é sempre uma molécula de RNA, e o único limite físico é a taxa de transcrição do gene. Com os genes de dois passos, as coisas são um pouco mais complicadas. Tal como acontece com os genes de um passo, uma molécula de RNA é produzida no primeiro passo, o chamado RNA mensageiro, que é um modelo exato para a informação codificada no DNA. A produção de um gene que codifica uma proteína é ainda limitada ao nível da tradução, quando o ARN mensageiro é traduzido na proteína propriamente dita. A transcrição e a tradução determinam, portanto, a quantidade de proteína que pode ser produzida. Devido a estes dois factores limitadores de velocidade, um único gene codificador de proteínas nunca pode produzir mais do que uma determinada quantidade de proteínas. Como é que os organismos lidam então com a situação em que a produção de um gene é necessária em quantidades tão grandes que uma única cópia do gene não é suficiente? Por exemplo, durante a divisão celular, as proteínas que embalam a molécula de ADN em pacotes ou as máquinas proteicas que sintetizam proteínas são necessárias em quantidades tão grandes que um único gene não seria certamente suficiente. A procura destas proteínas é tão grande que o genoma contém muitas e muitas cópias de genes idênticos. Estes genes são conhecidos como *"genes de elevada abundância"*. A nova biologia demonstrou que existem grandes famílias de multigénios nos genomas de praticamente todos os organismos.

A abundância mais dramática de genes é encontrada em genes de saída de um passo que especificam moléculas de ARN estrutural. O ARN ribossómico, o ARN de transferência e o ARN nuclear pequeno são os produtos finais de um gene de passo único e medeiam o fluxo de informação do ADN para as proteínas funcionais. É necessário um grande número de genes de ARN idênticos para satisfazer as necessidades do organismo em termos de síntese de proteínas. Por exemplo, o genoma humano contém cerca de 500 cópias de genes idênticos das moléculas de ARN ribossómico. Ainda mais impressionantes são as 20.000 cópias ribossómicas 5S no genoma da rã *Xenopus laevis* [1].

Não é difícil compreender por que razão as mutações em genes de cópia única podem conduzir a fenótipos inferiores. Os genes de cópia única podem especificar proteínas que

---

desempenham funções essenciais no organismo. As mutações que alteram a proteína são incompatíveis com a vida ou levam a uma desvantagem reprodutiva para o organismo. É muito mais difícil imaginar que uma mutação numa das 500 cópias idênticas dos genes do ARN ribossómico conduza a uma desvantagem reprodutiva. Os genes do ARN ribossómico estão protegidos por um grande número de cópias, e a perda de algumas não prejudica o organismo em nada. Esta observação coloca um problema claro para os darwinistas: Como é que famílias de genes com elevada abundância podem assegurar a sua existência contínua no genoma sem que a seleção natural actue sobre os genes individuais?

> "É muito difícil imaginar como é que uma mutação numa única cópia de um gene pode pôr em causa a sobrevivência do organismo. De facto, a nossa intuição biológica rejeita a ideia de que um defeito numa em cada 500 cópias de genes possa ter qualquer efeito significativo na aptidão do organismo. A transcrição das restantes 499 cópias não mutadas ainda produziria 99,8% da quantidade normal de ARN ribossómico necessária para construir ribossomas funcionais. E se uma cópia mutante é inofensiva, porque é que duas cópias mutantes, ou mesmo 20 cópias mutantes deixando 480 cópias normais, seriam prejudiciais?" [1]

O livro didático acima citado vai ao cerne do problema: como é que os organismos podem reter muitos mais genes do que os absolutamente necessários para a sua sobrevivência? Como é que a seleção natural está envolvida? As grandes famílias multigénicas teoricamente acumulariam mutações rapidamente porque as muitas cópias de genes de tipo selvagem protegeriam o organismo de alterações deletérias numa determinada cópia de gene. Espera-se que os genes individuais de grandes famílias multigénicas acumulem mutações rapidamente. Uma vez que os genes são tão numerosos, a pressão de seleção sobre os genes individuais é baixa - ou mesmo inexistente. O resultado é que as mutações se acumulam porque a seleção natural não consegue remover eficazmente as mutações dos genes abundantes. Neste caso, espera-se um grande número de cópias de genes diferentes e divergentes. Em contraste com esta expetativa, as cópias múltiplas da maioria das famílias multigénicas são idênticas. Por exemplo, todas as 500 cópias dos genes do RNA ribossómico são praticamente idênticas. A discrepância entre a observação de que os genes dentro de uma família multigénica são geralmente idênticos e a expetativa teórica de que deveriam ser diferentes é conhecida como *o paradoxo das famílias multigénicas*. Para resolver este paradoxo, os organismos devem ter uma forma de manter a homogeneidade entre os membros de famílias com sequências de ADN repetitivas. Um mecanismo de homogeneização dos genes foi demonstrado para os genes repetidos em tandem que codificam o ARN ribossómico da levedura de Baker (*Saccharomices cirivisiae)*. Os genes repetidos em tandem são como uma série de contas idênticas que formam uma cadeia. Entre cada gene individual de RNA ribossómico - uma conta da cadeia - existe uma sequência intermédia que serve de estimulador local para as proteínas de recombinação - hotspots de recombinação. Os mecanismos exactos pelos quais as sequências intermédias causam a homogeneização não são claros, mas é concebível que os *hotspots de recombinação* assegurem a homogeneização dos genes repetidos promovendo conversões genéticas, trocas cromatídicas desiguais ou talvez mesmo uma amplificação genética controlada [2]. Independentemente do mecanismo exato, todos estes processos envolvem várias proteínas únicas que levam a cabo o evento de recombinação de formas muito específicas. Algumas pequenas famílias multigénicas não estão presentes como repetições em tandem, embora os genes individuais sejam encontrados como cópias idênticas no genoma. Na levedura, foram identificados oito genes de ARN de transferência idênticos, todos eles específicos para o aminoácido tirosina. Os oito genes estão localizados em oito cromossomas diferentes. A parte codificante destes genes e a sequência intermédia (intrão) são idênticas, exceto numa posição, enquanto as regiões flanqueadoras dos genes não apresentam semelhanças óbvias de sequência. É muito difícil explicar esta homogeneidade localizada através de um mecanismo de seleção.

> "A nossa intuição biológica esperaria que os oito genes individuais desta pequena
> família multigénica divergissem ligeiramente uns dos outros através da
> acumulação de várias mutações menores ou neutras. A ausência de tal
> divergência sugere que estes oito genes evoluem em conjunto, ou seja, as suas
> sequências mudam todas em conjunto. [1].

A coevolução significa que os genes devem saber como são e como são os seus gémeos idênticos. Como é que um gene pode saber isso? E como é que um gene sabe que o outro gene mudou? Os genes de cromossomas diferentes que mudam ao mesmo tempo têm de comunicar entre si por via trans-cromossómica. É mais provável que as proteínas (de recombinação) em combinação com moléculas especiais de ARN, que foram desenvolvidas especificamente para esta tarefa, preservem a identidade da sequência dos oito genes. O mecanismo poderia ser semelhante ao utilizado no desenvolvimento de software para métodos de reconhecimento ótico de caracteres, conhecidos como *votações*. Pede-se a um punhado de máquinas que dêem a sua opinião sobre o significado de uma determinada palavra. Se a maioria dos motores de busca concordar com o significado da palavra, conclui-se que têm razão. Um mecanismo semelhante pode ocorrer no ADN, onde os oito genes são constantemente comparados uns com os outros. Se sete dos oito genes idênticos tivessem todos o mesmo valor, mas não o número oito, então este último estaria incorreto e poderia, portanto, ser corrigido equiparando-o aos outros sete genes. Se tais mecanismos existirem de facto, as sequências idênticas mudam simultaneamente através de mutações não aleatórias. Se tais mecanismos não existem, os genes devem ter evoluído recentemente; eles não tiveram tempo suficiente para acumular mutações neutras.

Os mecanismos de homogeneização dos genes mostram que é importante manter muitas cópias de genes idênticos. Eles asseguram a estabilidade dos genes duplicados ao longo do tempo e impedem que os duplicados evoluam para novos genes. Se a nova biologia está certa de uma coisa, é que os genes de elevada abundância são estáticos: Os genes de alta abundância permanecem o que são. Os mecanismos de homogeneização dos genes impedem o aumento da informação e só assim a evolução pode passar do micróbio ao microbiologista. A resolução do paradoxo das famílias multigénicas por mecanismos de homogeneização dos genes introduz imediatamente um outro paradoxo: o *paradoxo do aumento da informação*. A homogeneização dos genes impede o progresso da evolução porque impede a modificação das sequências.

O cromossoma Y

A imunodeficiência combinada grave ligada ao X (X-SCID) é causada por uma mutação no gene do recetor da interleucina-2, que está localizado no cromossoma X e afecta quase exclusivamente os homens. Esta doença hereditária extremamente rara ficou famosa com o filme de 1978 *"O Rapaz da Bolha de Plástico"* e o remake da Disney de 2001 *"O Rapaz da Bolha"*. Ambos os filmes foram baseados na história de David, um rapaz que sofria da doença. Aos seis anos de idade, David recebeu da NASA um fato espacial hermético, impermeável a agentes patogénicos, que lhe permitiu uma qualidade de vida razoável.

Infelizmente, David morreu alguns anos mais tarde, após um transplante de medula óssea sem sucesso. As pessoas que sofrem de X-SCID são incapazes de montar uma resposta imunitária para combater microorganismos e a deficiência é geralmente fatal devido a infecções oportunistas. A X-SCID afecta quase exclusivamente os homens. Para que a SCID ocorra nas mulheres, ambas as cópias herdadas do gene do recetor da interleucina-2 têm de estar danificadas. Esta é uma constelação genética que quase nunca ocorre; as mulheres não podem herdar um recetor de interleucina-2 danificado do pai, uma vez que a mutação é fatal nos homens. A X-SCID nas mulheres só pode ocorrer no caso muito raro de uma mulher ter herdado um gene danificado da sua mãe e o gene funcional que recebeu do seu pai ter sido subsequentemente danificado. A probabilidade de tal acontecer é baixa. As doenças ligadas ao X ocorrem frequentemente nos homens. Paradoxalmente, quase não existem doenças hereditárias ligadas ao Y. Este facto é contra-intuitivo. Porque é que a informação genética do cromossoma Y não é tão suscetível como a do cromossoma X? Sendo um cromossoma de cópia única, o cromossoma Y parece não ter forma de evitar mutações nocivas que destruiriam progressivamente os genes. A homogeneização dos genes é também um mecanismo importante para a estabilidade dos genes no cromossoma masculino. Os cromossomas são as moléculas gigantes de ADN que servem para armazenar a nossa informação genética. Todas as células somáticas do nosso corpo contêm 23 pares de cromossomas, um dos quais é designado por cromossoma sexual. As células femininas têm dois grandes cromossomas sexuais em forma de X, que, não surpreendentemente, são chamados cromossomas X. O mais pequeno de todos os cromossomas humanos, que determina se nasce um rapaz, não tem a forma típica de X, mas parece-se mais com a letra Y. Nas células femininas, todos os cromossomas estão presentes em pares idênticos - incluindo o cromossoma X. Um dos cromossomas X é herdado do pai, enquanto o outro vem da mãe. As células masculinas contêm apenas um único cromossoma X, que foi herdado da mãe, e um único cromossoma Y, que só pode ser herdado do pai. O cromossoma Y determina se se nasce rapaz ou rapariga. É por isso que se diz frequentemente que o homem determina o sexo do bebé. Embora existam apenas alguns genes no cromossoma Y, eles garantem que um homem se pareça com um homem. A vantagem dos pares de cromossomas idênticos é que todos os genes estão presentes em duplicado. Se um gene herdado do pai estiver danificado, existe ainda a cópia da mãe como cópia de segurança. Os cromossomas que estão presentes como cópias únicas, como é o caso dos cromossomas X e Y nos homens, não têm cópia de segurança. Por este motivo, as doenças ligadas ao cromossoma X são mais comuns nos homens.

Em 2003, foi decifrado o código genético completo do cromossoma Y humano. Descobriu-se que cerca de cinquenta por cento dos 59 milhões de nucleótidos - os blocos de construção que constituem as moléculas de ADN - são sequências não codificantes. A parte do cromossoma Y que contém os genes mostrou que o Y foi concebido de forma óptima para evitar mutações. A região codificadora do cromossoma Y era muito difícil de descodificar porque existem muitas regiões duplicadas ao longo do cromossoma. Os investigadores conseguiram agora mostrar que estes genes duplicados estão dispostos em oito palíndromos, ou seja, sequências que podem ser lidas para trás e para a frente e que continuam a ter a mesma sequência. Dentro de cada palíndromo, um conjunto de genes tem uma correspondência idêntica em imagem de espelho. Os palíndromos cobrem quase metade do cromossoma Y e contêm os genes que determinam o desenvolvimento e a função dos testículos. Oito palíndromos contendo os mesmos genes tornam um cromossoma muito robusto. Os genes de uma extremidade do cromossoma podem ser trocados por genes danificados na outra extremidade. O suporte múltiplo explica porque é que o cromossoma masculino não precisa de um parceiro, enquanto todos os outros cromossomas humanos precisam. A ciência relata que...

> "A maior parte do cromossoma [Y] está desordenada, possivelmente inútil e virtualmente impossível de decifrar. Este '*lixo*' sugere que o cromossoma Y está lentamente a desaparecer como cromossoma." [3]

Metade do cromossoma Y não codifica proteínas e é comummente designado por *ADN inútil*. Na era da nova biologia, a ciência evolutiva ainda tem o hábito de rotular sequências não codificantes com função desconhecida como lixo inútil. Na melhor das hipóteses, as sequências *"lixo"* são vistas como restos evolutivos que não têm qualquer função. A questão é saber se as sequências de ADN misturadas no cromossoma Y são realmente lixo inútil. A maioria das sequências não codificantes tem funções reguladoras. Esse *"ADN lixo"* determina quando e quanto de um determinado gene é produzido. Também determina a estabilidade e a integridade dos cromossomas e é essencial para a replicação dos cromossomas. As sequências de ADN não codificante observadas no cromossoma Y têm provavelmente a função de *sequências "Decoy"*, semelhantes às encontradas entre os genes de ARN de transferência multicópia. As sequências chamariz impedem que os duplicados se recombinem a partir do genoma. Evitam a perda de sequências idênticas e de duplicados úteis, contribuindo assim para a robustez da genética de um organismo.

Duas rondas de duplicação do genoma

Nos organismos superiores, os genes quase nunca ocorrem isoladamente. A maioria dos genes do genoma dos vertebrados pertence a famílias de genes constituídas por quatro, seis ou, por vezes, oito membros. Esta observação levou os investigadores evolucionistas a colocar a hipótese de que os genomas dos vertebrados evoluíram através de duas rondas sucessivas de duplicação de todo o genoma antes do aparecimento dos peixes. A chamada hipótese 2R tem atraído muita atenção na literatura evolutiva. Foi introduzido o termo *tetralogia*, que afirma que os quatro genes dos vertebrados têm geralmente um homólogo de cópia única nos invertebrados. Os relatórios sobre a evolução do genoma enfatizam frequentemente a *regra de um para quatro*, reflectindo a intenção de considerar as duas rondas de duplicação do genoma como um facto biológico. Mas será que é um facto? O que esperaríamos dos genomas dos vertebrados actuais se a hipótese 2R fosse verdadeira? Teoricamente, a suposta primeira duplicação completa do genoma forneceu ao antepassado de todos os vertebrados dois conjuntos idênticos de cromossomas. Com o passar do tempo, os dois conjuntos adquiriram mutações de forma independente e foram-se afastando. Por uma questão de simplicidade, chamamos-lhes A e B. Em seguida, ocorreu uma segunda duplicação do genoma, resultando em A' (a duplicata de A) e B' (a duplicata de B). Originalmente, A e A' eram idênticos, assim como B e B'. Assumindo que não houve trocas genéticas - como translocações - entre os conjuntos de cromossomas, a hipótese 2R prevê a paralogia dos cromossomas, o que significa que os cromossomas existem como pares dois a dois devido a uma ancestralidade comum. Éons de tempo podem ter passado entre a primeira e a segunda ronda de duplicação de todo o genoma, de modo que os cromossomas duplicados tiveram ampla oportunidade de se afastar através de rearranjos, translocações e outras mutações. Isto é também o que seria de esperar após a segunda ronda de duplicação do genoma completo. Apesar dos rearranjos cromossómicos e das mutações, as duplicações do genoma completo deveriam ter deixado vestígios nos genomas actuais. Os vertebrados devem conter provas de duas rondas de duplicação do genoma completo; provas que nos devem recordar estes dois notáveis acontecimentos antigos. As famílias de genes de quatro membros com uma topologia f(AA')(BB')] são previstas pela hipótese 2R, e isto é o que podemos esperar nos vertebrados se houve de facto duas rondas de duplicação de todo o genoma. A primeira duplicação do genoma deu origem aos genes A e B, e a segunda duplicação deu origem aos genes A' e B'. A hipótese 2R prevê que os genes A e A' são mais semelhantes entre si do que os genes B e B'.

A nova biologia mostra que as duas rondas de duplicação de todo o genoma, que supostamente explicam a existência dos genomas superiores, nunca tiveram lugar. Uma comparação do tamanho das famílias de genes no genoma humano com as dos genomas dos vertebrados não deu qualquer indicação da esperada relação 4:1 entre vertebrados e invertebrados. Muitos genes têm apenas dois membros, enquanto outros ocorrem como famílias com cinco, seis ou oito membros. Das famílias de genes com quatro membros encontradas em vertebrados, muito poucas exibem a topologia esperada f(AA')(BB')]. A maioria dessas famílias tende a exibir a topologia f(A)(BB'B")], na qual os genes B, B' e B" estão mais intimamente relacionados e A está mais distantemente relacionado. A topologia predominante f(A)(BB'B")] refuta a ideia de que genomas completos e antigos tenham sofrido duas rondas de duplicação antes da origem dos peixes. Dois biólogos computacionais, Austin L. Hughes e Robert Friedman, forneceram provas atrás de provas de que a topologia proposta f(AA')(BB')] não ocorre em organismos superiores e argumentam, à luz destes factos biológicos, que a hipótese 2R pode ser decisivamente rejeitada [4]. Andrew Martin, da Universidade do Colorado, também começou a questionar seriamente a *regra de um para quatro* [5]. Numa carta ao editor da prestigiada revista *Molecular Biology and Evolution*, Martin relatou que oito das dez árvores genéticas inferidas eram inconsistentes com as previsões da hipótese da tetralogia, enquanto nos dois casos restantes as árvores genéticas alternativas eram igualmente plausíveis. Martin concluiu que, na ausência de provas claras de duplicação de todo o genoma, a seleção natural deve desempenhar um papel na manutenção da disposição de genes relacionados em cromossomas separados. Mais uma vez, as palavras mágicas de Darwin devem ser invocadas para resolver os problemas colocados pela nova biologia. No próximo capítulo, argumentarei que a *família src* de genes de receptores nucleares, que tem a topologia f(A)(BB'B")], refuta ainda mais a magia da seleção devido à natureza redundante de vários dos seus membros. Além disso, observa-se que muitos genes ocorrem em famílias de quatro. Porque é que tantos genes estão presentes em tétrades? Muito provavelmente por razões de regulação. Na *Arabidopsis thaliana*, uma pequena planta com flores da família da mostarda, muitos genes também estão presentes em grupos de quatro. Por exemplo, as quatro proteínas que constituem a família Dicer. Uma delas, conhecida pelo nome um tanto difícil de entender Carpel Factory, demonstrou produzir pequenas moléculas de RNA - microRNAs - que regulam a quantidade de produção dos outros membros da família [6].

Capítulo 7

Sobreviver a um golpe de nocaute

Nos anos 90, passei a maior parte da minha vida no laboratório, primeiro como estudante de biologia e depois como estudante de doutoramento. Ao contrário do que muitas pessoas pensam, o trabalho de laboratório não é aborrecido. É mais como a viagem de Gulliver a Lilliput: uma viagem de descoberta a nível micro, onde nunca se sabe o que se vai encontrar na próxima esquina. Durante os meus estudos de licenciatura, estive envolvido num projeto para descobrir como a expressão dos genes é regulada nas células humanas. Quando iniciei os meus estudos de doutoramento em 1993, pouco se sabia sobre a expressão dos genes nos seres humanos; ninguém sabia em pormenor como e quando os genes são ligados ou desligados. Quase todos os dias fazia novas descobertas. Um dos genes que investiguei foi o gene IL4. Este gene especifica a informação genética sobre como deve ser construída a proteína conhecida como interleucina-4. Esta proteína é produzida principalmente por células do compartimento imunológico e controla a imunidade contra parasitas. O conhecimento da regulação deste gene seria crucial, uma vez que um excesso do produto do gene tem sido associado ao desenvolvimento de alergias, asma e dermatite. Para me familiarizar com o tema dos meus estudos, preparei uma apresentação do estado da arte sobre os genes das citocinas - as suas funções e a forma como os genes são expressos e controlados. A interleucina-4 foi uma das citocinas recentemente descritas e tem sido feita muita investigação no domínio destes *"motores celulares"*. A minha intervenção centrou-se em duas caraterísticas comuns das citocinas: a pleiotropia e a redundância. O termo pleiotropia refere-se à observação de que cada gene estudado em organismos superiores afecta mais do que um sistema de órgãos. Do mesmo modo, verificou-se que uma única citocina pode ter vários efeitos diferentes em diferentes tipos de células. O significado de redundância não foi tão fácil de compreender. Embora o meu dicionário fornecesse várias explicações possíveis para a palavra, como *"demasiado"*, *"muitos"* e *"redundante"*, demorei algum tempo a perceber o que significava *"redundância"*. Aprendi que várias citocinas diferentes têm exatamente a mesma função ou uma função semelhante e são capazes de se substituir umas às outras se a expressão de uma delas se perder. A melhor descrição de redundância no contexto das citocinas foi *"a parte de uma mensagem que pode ser eliminada sem perda de informação essencial"*. Foi a primeira vez que me deparei com este fenómeno muito peculiar dos sistemas vivos - a redundância genética. A redundância genética só ocorre normalmente em condições extremas e, como explicarei, não pode ser resolvida num quadro darwiniano.

A descoberta das leis biológicas mais importantes, na segunda metade do século XX, abriu caminho para uma compreensão mais profunda da complexidade da vida. Um dos efeitos secundários deste conhecimento foi o desenvolvimento de técnicas sofisticadas para elucidar a função das proteínas. Quando os biólogos moleculares querem conhecer a função de uma determinada proteína humana, modificam geneticamente um ratinho de laboratório para que lhe falte o gene correspondente. Teoricamente, o fenótipo de um ratinho que carece de determinada informação genética pode fornecer informações importantes sobre a função do gene. [11]Para criar esses ratos, os biólogos moleculares inserem um marcador selecionável no gene em questão em células estaminais

---

[11] Para substituir os genes, os cientistas utilizam a recombinação homóloga para substituir o marcador genético pelo gene desejado.

embrionárias, que também são derivadas do rato. O marcador interrompe o gene em questão, de modo a que não possa ser produzida qualquer proteína funcional. Em seguida, injectam a célula estaminal embrionária manipulada no óvulo de um ratinho, transplantam o zigoto resultante para o útero de uma ratinha pseudográvida e esperam pelo melhor. Entre a descendência, pode haver indivíduos portadores de uma cópia do marcador seletivo - e, nesses indivíduos, o gene em questão é interrompido. Os indivíduos portadores do gene interrompido podem ser selecionados através do rastreio da presença do marcador de seleção. Atualmente, é relativamente fácil obter animais em que ambas as cópias estão interrompidas através de reprodução selectiva. [12]Um cruzamento entre dois irmãos de ninhada *marcados* (que têm um gene interrompido) produzirá descendentes, um quarto dos quais terá dois genes interrompidos. Isto deve-se ao facto de as células reprodutoras - espermatozóides e óvulos - terem apenas uma cópia de cada gene, enquanto as células somáticas têm duas. O mesmo se aplica aos genes interrompidos. Apenas metade dos espermatozóides contém o gene interrompido, e o mesmo se aplica aos óvulos. É necessária uma reprodução selectiva para juntar os dois genes interrompidos num só animal. Os ratinhos em que ambos os genes estão interrompidos não conseguem produzir a proteína correspondente - são chamados *knockouts*. Ao longo dos anos, foram produzidos milhares de ratinhos knockout. A estratégia de nocaute é mostrada esquematicamente na Figura 7.1. Esta estratégia revelou as funções de centenas de genes e expandiu imenso o nosso conhecimento biológico. No entanto, houve uma surpresa inesperada - o *knockout sem fenótipo*. Se todos os genes têm um valor seletivo, como acreditam os darwinistas, então todos os knockouts deveriam ter fenótipos mensuráveis e detectáveis. Não é esse o caso! Muitos, se não a maioria, dos nocautes simplesmente se saíram bem. Não apresentavam anomalias fenotípicas e a sua aptidão - ou seja, o seu sucesso reprodutivo - era a mesma que a dos seus homólogos de tipo selvagem. Os knockouts sem fenótipos mostraram que os genes podem ser interrompidos sem - ou com apenas pequenos - efeitos detectáveis no fenótipo. Muitos genes parecem não ter qualquer função mensurável! A isto chama-se *redundância genética* e foi uma das grandes surpresas da nova biologia.

Três chaves para uma fechadura

Para desvendar as funções biológicas das numerosas citocinas, os cientistas criaram dezenas de "knockouts". Em cada uma delas, um gene específico de citocina foi desligado com precisão. A maior parte dos animais nocauteados revelaram-se saudáveis e não apresentavam anomalias ou apresentavam apenas anomalias ligeiras. Os knockouts de citocinas mostraram que a função de um determinado gene pode ser assumida por outro - os genes são mais ou menos redundantes. Um tripleto notável de citocinas redundantes é a interleucina-3, a interleucina-5 e o fator estimulador de colónias de granulócitos e macrófagos - geralmente abreviado como GM-CSF. Estas proteínas têm um espetro de ação biológico muito amplo e, devido à sobreposição das suas actividades, as suas funções biológicas individuais são difíceis de decifrar. Assim que um dos genes é desligado, os outros dois presumivelmente assumem as funções do gene desligado. Uma vez que os três genes podem ser desligados individualmente em ratinhos sem quaisquer efeitos fenotípicos reconhecíveis, apresentam um elevado grau de redundância genética. Porque é que os mamíferos expressam três proteínas diferentes que cumprem um objetivo idêntico? Porquê três chaves para uma mesma fechadura, quando uma só seria suficiente? A interleucina-3, a interleucina-5 e o GM-CSF são substâncias mensageiras que

---

[12] A lei de Mendel da segregação independente garante que o cruzamento de irmãos de ninhada produz indivíduos que carecem de ambos os genes.

informam o organismo sobre a produção e o recrutamento de um tipo específico de células imunitárias - os granulócitos - que combatem as infecções fúngicas. As substâncias mensageiras seriam inúteis se não existissem receptores para receber e implementar a mensagem. Os receptores de citocinas estão localizados na membrana externa das células que interagem com a mensagem da citocina e reagem a ela. A interleucina-3, a interleucina-5 e o GM-CSF são três proteínas mensageiras que transmitem a mesma informação, mas as suas sequências de aminoácidos não apresentam uma homologia significativa [1]. Por conseguinte, diz-se que a interleucina-3, a interleucina-5 e o GM-CSF são *funcionalmente redundantes*. Uma vez que a redundância funcional não se baseia na homologia das sequências dos genes, deve haver outra razão para que as três citocinas tenham a mesma função biológica. Descobriu-se que as três citocinas são funcionalmente redundantes porque se ligam a dois receptores diferentes. Um dos receptores é específico para uma das citocinas, enquanto o outro é partilhado. No entanto, o recetor partilhado determina a função da citocina. A interleucina-3, por exemplo, liga-se ao seu próprio recetor específico, mas para desenvolver a sua atividade biológica tem também de se ligar a outro recetor, que também pode ser ocupado pela interleucina-5 ou pelo GM-CSF. Se a interleucina-3 estiver ligada ao recetor comum, a interleucina-5 e o GM-CSF não podem ligar-se a este recetor ao mesmo tempo. Agora, a interleucina-3 pode exercer um efeito na célula que expressa o recetor sem ser influenciada pela interleucina-5 e pelo GM-CSF. Para desencadear uma resposta biológica, a interleucina-3 deve, portanto, ligar-se a dois receptores: o seu próprio recetor e o recetor que partilha com a interleucina-5 e o GM-CSF. A partilha de um recetor proporciona ao organismo um excelente mecanismo de regulação fina dos processos biológicos, como a formação de células sanguíneas e a defesa imunológica, uma vez que as diferentes citocinas competem por um recetor comum. [13]Uma vez que as sequências de ADN das três citocinas diferem de forma tão significativa (as suas sequências são apenas cerca de trinta e cinco por cento idênticas), é pouco provável que tenham descendido do mesmo gene precursor através de duplicação genética. Os teóricos da evolução assumem que os três genes se desenvolveram separadamente e independentemente uns dos outros [1]. A alegação é que os genes que desempenham as mesmas funções, mas não têm origem comum, desenvolveram-se na mesma direção através da evolução convergente - porque os genes foram expostos à mesma pressão de seleção, têm agora a mesma função. Seria muito surpreendente se dois ou mais genes que evoluíram independentemente um do outro estivessem localizados um ao lado do outro no mesmo cromossoma. É exatamente o que se observa com as três citocinas. [14]A interleucina-3, a interleucina-5 e o GM-CSF estão todos localizados um ao lado do outro no braço longo do cromossoma 5. Uma vez que os genes evoluíram independentemente um do outro, o cenário evolutivo para explicar a sua localização colinear no cromossoma 5 deve envolver duas translocações - um cenário muito improvável. O único cenário naturalista aceitável seria provavelmente o de que os genes surgiram de eventos de duplicação e as sequências subsequentemente divergiram por *seleção direcional*. Na minha opinião, no entanto, não é legítimo invocar a seleção de genes que podem ser eliminados sem consequências reprodutivas para o organismo. A

---

[13] Cada sequência de ADN formada ao acaso já tem vinte e cinco por cento de homologia com todas as outras sequências de ADN, e isto é puramente aleatório porque o ADN é constituído por apenas quatro blocos de construção.

[14] Existe, naturalmente, uma razão para que os três genes estejam localizados nesta área. Cientistas da New Biology descobriram um elemento de controlo genético - o chamado enhancer - que se situa a montante dos genes e altera a expressão dos três genes de forma coordenada [2].

seleção de genes supérfluos implica uma seleção neutra. A seleção neutra é um paradoxo. Os paradoxos falsificam as teorias.

A família de genes da calmodulina

As calmodulinas são uma família de proteínas que regulam os níveis de cálcio intracelular e a distribuição dos iões de cálcio nos vertebrados. São cruciais para a manutenção da homeostase celular. A família de genes da calmodulina é constituída por 3 genes: *CALM1, CALM2* e *CALM3*. Os três genes produzem a mesma proteína, embora os genes não sejam idênticos. A redundância do código genético permite que mais do que um tripleto especifique um determinado aminoácido. Os tripletos que especificam o mesmo aminoácido geralmente diferem apenas numa posição, os chamados sítios silenciosos. As alterações genéticas nos sítios silenciosos não alteram a sequência de aminoácidos e a proteína produzida é a mesma. A nova biologia mostra que os genes da calmodulina só diferem em sítios silenciosos. Os genes produzem cinco RNA mensageiros diferentes que diferem apenas no comprimento, enquanto as suas regiões codificadoras de proteínas são todas iguais. O facto de cinco mensageiros diferentes especificarem apenas uma única proteína calmodulina é bastante invulgar [3]. O mais notável, no entanto, é que todos os vertebrados conhecidos, incluindo humanos, ratos, galinhas, rãs e peixes, têm exatamente a mesma proteína calmodulina única - não foram encontradas diferenças entre as espécies de vertebrados. Surpreendentemente, as células em que um dos genes da calmodulina foi inactivado apresentam pouco ou nenhum efeito no comportamento celular. Por outras palavras, os genes da calmodulina apresentam um elevado grau de redundância. [15]A teoria padrão deve assumir que um gene original da calmodulina estava presente no genoma do ancestral comum de todos os vertebrados. O gene original da calmodulina duplicou-se e foi criado um segundo gene funcional. Este evento de duplicação deve ter sido extenso, incluindo a parte não-codificante que especifica os elementos de DNA que regulam sua expressão; duplicatas que não são expressas são inúteis para um organismo. Uma duplicação semelhante criou a terceira cópia do gene da calmodulina. Finalmente, as três cópias e as suas sequências reguladoras foram deslocadas para cromossomas diferentes, onde foram monitorizadas por elementos reguladores específicos da célula. Durante todo este tempo, os genes devem ter sido expressos e a seleção natural deve ter actuado sobre eles, caso contrário teriam atrofiado. Este cenário naturalista para explicar a existência da redundância observada entre os genes da calmodulina é muito improvável. A questão é: se não conseguirmos imaginar um mecanismo naturalista para a existência de um gene ou de uma família de genes, isso refuta automaticamente a *evolução darwiniana*?

Ou será que isso significa que temos de esperar pelos progressos científicos futuros? Não temos de esperar por novos progressos científicos, porque as calmodulinas foram analisadas pela nova biologia. Descobriu-se que os invertebrados - como os moluscos, os corais e as minhocas - também possuem genes da calmodulina. No entanto, ao contrário dos vertebrados, apenas possuem um único gene e os genes das várias espécies de vertebrados diferem consideravelmente. A análise genética mostrou que as proteínas da calmodulina diferem em várias posições de aminoácidos, uma indicação clara de que podem ser diferentes. Então porque é que as proteínas não mudaram nas diferentes classes de vertebrados? Não podemos deixar de notar que as proteínas calmodulina dos vertebrados não têm aminoácidos neutros. Todos os aminoácidos da proteína calmodulina têm de ser sujeitos a uma rigorosa seleção purificadora; as mutações que alteram a sequência de aminoácidos são imediatamente neutralizadas - matam imediatamente o

---

[15] A questão mantém-se: de onde vem o gene original? É um facto científico que não temos a mínima ideia sobre a origem dos genes.

organismo ou conduzem a uma dramática desvantagem reprodutiva. A seleção purificadora explica a existência de uma única proteína calmodulina imutável em todos os vertebrados? Para que as proteínas calmodulina sejam sujeitas a seleção purificadora, os genes não devem mudar em posições que influenciem a sequência de aminoácidos da proteína. Com isto em mente, eu revisei todas as mudanças genéticas relatadas nos genes humanos da calmodulina [4]. O gene CALM1 não tem mutações que alterem a proteína e pode, portanto, ser sujeito a seleção purificadora. No entanto, o gene CALM2 não pode ser sujeito a seleção purificadora. [16]Até à data, foram registadas sete mutações que alteram a proteína neste gene, quatro das quais foram confirmadas de forma independente. Quatro mutações confirmadas que alteram a sequência de aminoácidos implicam que a proteína calmodulina não é tão "evolutivamente" limitada como se supõe. As linhagens de humanos e sapos supostamente dividiram-se há 300 milhões de anos, um período de tempo mais do que suficiente para substituir alguns aminoácidos neutros num dos genes da calmodulina. Isso nunca aconteceu. E se fosse verdade que todas as mutações que alteram os aminoácidos são letais, como poderia o gene CALM original dos vertebrados evoluir e ser o produto da seleção natural? A nova biologia não deixa nada por mencionar - a seleção natural não é a força evolutiva que moldou os genes da calmodulina.

Três genes diferentes da calmodulina no genoma dos vertebrados devem ter um objetivo biológico. As análises de genética molecular mostraram que os genes da calmodulina se encontram em três cromossomas diferentes. O gene *CALM1* está localizado no cromossoma 14, o *CALM2* está localizado no cromossoma 2 e o *CALM3* está localizado no cromossoma 19. Os genes estão espacialmente separados uns dos outros para que as proteínas calmodulina possam ser controladas espacial e temporalmente em diferentes tipos de células e tecidos ou em diferentes compartimentos da célula. O corpo dos organismos superiores é constituído por várias dezenas de tipos de células altamente especializadas. Algumas delas são células cerebrais, outras são células sanguíneas e outras ainda são células ciliadas. Outros tipos de células formam o fígado, os rins, o sistema imunitário e outros órgãos. Este tipo de organização exige um elevado grau de plasticidade do genoma. A forma de o conseguir é através da expressão genética. Os genes activos numa determinada célula determinam o seu aspeto, o seu comportamento, a sua produção e a sua reação aos estímulos. Uma célula renal e uma célula hepática diferem tão claramente uma da outra porque expressam uma série de genes. No fígado, os genes para a construção de
e a função das células renais são regulados de forma diferente ou completamente desligados. Da mesma forma, os genes para a estrutura e função das células do fígado não estão activos no rim. A presença de três genes idênticos para a calmodulina pode indicar que um deles é um gene de manutenção e que as cópias adicionais são reguladas de forma diferente para modular a função da calmodulina. Os cinco diferentes mensageiros da calmodulina contêm provavelmente informação única que ainda não compreendemos, mas que provavelmente determina quando e onde as proteínas têm de estar presentes. Por exemplo, um dos mensageiros pode conter a informação para *ir para o citoplasma e ser imediatamente traduzido numa proteína (a mensagem de manutenção da casa)*, enquanto outra mensagem pode significar *atrasar a tradução até estar ligada à proteína X*. Pode até acontecer que um dos mensageiros contenha informação que sirva de local de acoplamento para proteínas activadoras e supressoras, permitindo-lhe responder muito rapidamente a fluxos de cálcio variáveis. Pode também haver um mensageiro que regula

---

[16] Foi detectadoum polimorfismo de aminoácidos nas posições 23 (confirmado), 28 (confirmado), 37, 42 (confirmado), 39, 50 e 124 (confirmado).

a expressão e a estabilidade dos outros mensageiros. A arquitetura não aleatória do genoma dos vertebrados requer, por vezes, a presença de mais do que uma cópia de um gene. Em última análise, o tipo de célula e a localização no corpo determinam qual a cópia que é desligada ou activada. A nível molecular, quase tudo é possível. Ou, como a geneticista Lynn Caporale tão bem coloca no seu fascinante livro Darwin in the Genome: *Be prepared for the unexpected* [5].

Interruptores moleculares

Outro exemplo fascinante de redundância genética pode ser encontrado na família de genes SRC. A família compreende um grupo de oito genes que codificam oito proteínas diferentes com uma função tecnicamente conhecida como *atividade de tirosina quinase*. As proteínas SRC ligam grupos fosfato a outras proteínas que contêm o aminoácido tirosina num contexto específico de aminoácidos. Esta ligação ativa a proteína, ou seja, esta é ligada e pode assim transmitir informações numa cascata de sinalização. Quatro membros estreitamente relacionados da família são denominados SRC, YES, FYN e FGR, os outros membros relacionados são conhecidos como BLK, HCK, LCK e LYN. Ambas as famílias são denominadas receptores nucleares e transmitem sinais do exterior da célula para o núcleo celular, o centro de controlo onde a informação contida nos genes é transcrita em ARN mensageiro. As proteínas da família de genes SRC actuam como interruptores moleculares que regulam o crescimento e a diferenciação das células. Quando uma célula é estimulada a proliferar, as proteínas tirosina-quinase são temporariamente activadas e, em seguida, imediatamente desactivadas.

A família de genes SRC é uma das famílias de genes mais notórias conhecidas pela humanidade, uma vez que causa cancro em resultado de mutações pontuais. Uma mutação pontual é uma mudança numa sequência de ADN que altera apenas um único nucleótido - uma letra de ADN - de todo o gene. Se a mutação pontual não estiver num local silencioso, faz com que a maquinaria de produção de proteínas do organismo incorpore um aminoácido incorreto. A consequência da mutação pontual é que o organismo passa a produzir uma proteína que não pode ser desligada. Os genes SRC mutados são particularmente perigosos porque activam permanentemente cascatas de sinalização que estimulam a proliferação celular. O sinal que estimula as células a dividir-se é permanentemente ativado. O resultado é uma proliferação celular descontrolada - o cancro. As mutações pontuais promotoras de crescimento não podem ser ultrapassadas por compensação alélica, uma vez que uma proteína normal não pode ajudar a desligar a proteína mutada.

Embora o SRC se encontre em muitos tecidos e tipos de células, os ratinhos em que o *gene SRC* foi eliminado são viáveis. A única caraterística óbvia do knockout é a ausência de dois dentes da frente devido à osteoporose. Em contrapartida, praticamente *não são* possíveis *mutações pontuais* na proteína SRC sem consequências fenotípicas graves. As mutações pontuais que alteram os aminoácidos na maioria dos *genes SRC*, presumivelmente em todos, podem levar a uma replicação celular descontrolada [6]. Para obter mais informações sobre a função dos outros membros da família de genes SCR, foram criados modelos de ratinhos knockout para todos estes genes. Quatro dos oito ratinhos knockout não mostraram qualquer fenótipo reconhecível. Apesar das suas propriedades cancerígenas, metade dos *genes SRC* parecem ser redundantes. A teoria evolutiva padrão afirma que os membros da família de genes redundantes surgiram através de duplicações de genes. Os genes duplicados são verdadeiramente redundantes e espera-se que se reduzam a uma única cópia funcional ao longo do tempo através da acumulação de mutações que danificam os genes duplicados. Essas mutações podem ser mutações de frameshift que introduzem sinais de paragem prematuros que são reconhecidos pela maquinaria de tradução celular para terminar a síntese proteica. A existência da família de genes SRC foi explicada da seguinte forma:

> "Na família de genes redundantes das proteínas do tipo SRC, muitas, talvez quase todas, as mutações pontuais que danificam a proteína também causam fenótipos deletérios e matam o organismo. A redundância genética não pode desaparecer pela acumulação de mutações pontuais." [6]

Este cenário implica que os *genes SRC* estão destinados a permanecer no genoma para sempre. As mutações pontuais que são imediatamente letais levantam uma questão interessante de origem. Se os genes SRC são realmente tão potencialmente prejudiciais que as mutações pontuais causam cancro, como é que esta família alargada de genes pode ter surgido através da duplicação de genes e diversificado através de mutações? Após a primeira duplicação, nenhum dos genes pode mudar porque isso causaria um fenótipo letal e mataria o organismo através do cancro. As mutações que alteram os aminoácidos nos *genes SCR* são permanentemente suprimidas. O mesmo se aplica à terceira, quarta e outras duplicações de genes. As novas cópias de genes só podem sofrer mutações em sítios neutros que não substituam um aminoácido na proteína. Caso contrário, o organismo morrerá devido a tumores. Devido a este mecanismo de seleção purificadora, as duplicações devem permanecer como estão. No entanto, as proteínas da família SRC diferem significativamente umas das outras e têm apenas 60-80% das suas sequências em comum.

Há outra caraterística desta peculiar família de genes que contradiz as ideias evolutivas convencionais. A nova biologia mostrou que *o SRC* e o *HCK* estão localizados um ao lado do outro no cromossoma 20, enquanto *o FRG* e o *LCK* são genes vizinhos no cromossoma 1. A teoria é que os genes de uma família de genes que estão próximos uns dos outros no mesmo cromossoma devem ter-se duplicado recentemente e, por isso, devem ter a maior homologia de sequência. No entanto, verificou-se que *SRC* e *HCK* pertencem a subfamílias diferentes e têm menos homologia do que os membros da sua própria família. Exatamente o mesmo foi demonstrado para *FRG* e *LCK*. [17]Embora se pense que os genes se tenham duplicado recentemente, pertencem a subfamílias diferentes. Por outras palavras, a *família SRC* falsifica a hipótese 2R. É interessante ler o que Andrew Martin escreve sobre os *genes SRC*:

> "Os genes Src e os genes relacionados com o src pertencem a uma superfamília de genes que codificam os receptores nucleares. Os sindecanos são proteínas transmembranares que estão envolvidas na comunicação entre as células. Ambas as famílias de genes têm membros nos cromossomas 1, 8 e 20. Dois dos genes relacionados com src estão localizados no cromossoma 8, embora não estejam próximos um do outro no cromossoma. A correspondência das relações cromossómicas derivadas para as duas famílias de genes é favorável à existência de cromossomas paralógicos. Em ambas as famílias de genes, os cromossomas 8 e 20 são irmãs. No entanto, a árvore do sindecan mostra uma relação entre os cromossomas 1 e 2, enquanto os genes relacionados com o src indicam que os cromossomas 1 e 8 estão relacionados. Duas explicações são plausíveis. Em primeiro lugar, houve duplicações de todo o cromossoma ou do genoma, e um dos genes relacionados com o src foi translocado do cromossoma 2 para o

---

[17] Não me surpreenderia que os genes SRC e HCK, bem como os genes FRG e LCR, fossem semelhantes porque são regulados por elementos genéticos comuns na sua vizinhança, tais como potenciadores ou silenciadores da expressão genética.

cromossoma 8, ou o gene syndecan foi translocado do cromossoma 8 para o cromossoma 2. No entanto, também é possível que as duas famílias de genes tenham uma história independente e que os cromossomas pareçam paralógicos devido a outros factores que não a ancestralidade, como a translocação e a seleção." [7]

A biologia molecular demonstrou que é improvável que os genes individuais da família de genes SRC tenham surgido através da duplicação de genes e se tenham diversificado através da acumulação de mutações pontuais. Além disso, a localização genómica dos genes argumenta contra duas rondas de duplicação do genoma, o suposto mecanismo naturalista pelo qual os genomas dos vertebrados supostamente receberam informação. A seleção natural não pode ser usada para explicar os diferentes membros desta família, uma vez que os efeitos letais das mutações pontuais são bem conhecidos. Tendo em conta os factos biológicos, penso que é mais provável que os genes e os genomas sejam o resultado de acontecimentos diretos e não aleatórios. Um cenário naturalista poderia ser o seguinte. Um gene original do tipo SRC - *tem de haver um gene SRC original ou não poderia ser duplicado* - duplica-se e um deles não é expresso, pelo que podem ser introduzidas mutações nessa cópia. Como o gene não é expresso, a seleção não pode atuar sobre o gene e as mutações devem ocorrer imediatamente no local certo. Como resultado, o novo gene - mas relacionado - foi regulado e expresso novamente. No entanto, os cenários científicos que envolvem eventos não aleatórios nunca são aceites pelos filósofos naturalistas. A família de genes SRC não é um caso isolado. O carácter "tudo ou nada" da biologia é cada vez mais revelado por exemplos da medicina molecular. Por exemplo, a proteína MeCP2 regula a formação de certas ligações neuronais que desempenham um papel na perturbação do espetro do autismo conhecida como "síndrome de Rett". Uma causa provável destas perturbações é um desequilíbrio delicado entre excitação e inibição no cérebro. Este equilíbrio é, de facto, muito complicado. As mutações na *MECP2* também causam atraso mental não sindrómico, dificuldades de aprendizagem ligeiras e autismo clássico. As duplicações da *MECP2* levam a uma duplicação da concentração da proteína endógena e causam atraso mental e sintomas neurológicos progressivos em indivíduos do sexo masculino com caraterísticas autistas, convulsões e perda de capacidades motoras. Aparentemente, a perda da proteína MeCP2 causa a síndrome de Rett, mas as duplicações de genes que duplicam o nível de proteína também levam a caraterísticas autistas e convulsões [8]. Tendo em conta estes dados sobre os genes *SRC* e MEC, os cenários evolutivos teriam de envolver eventos do tipo "tudo ou nada" para explicar a existência de informação genética. No quadro darwiniano, não há lugar para fenómenos súbitos, uma vez que qualquer mudança ou novidade biológica deve ser explicada por uma longa sequência de mutações pequenas, adaptativas e selecionáveis.

A regra, não a exceção

A planta mais estudada é o agrião-da-orelha-de-rato, uma pequena planta com flor da família da mostarda. É provavelmente a única planta que é mais conhecida pelo seu nome científico *Arabidopsis thaliana*. Ao contrário de muitas plantas cultivadas, que têm muitos conjuntos de cromossomas, *a Arabidopsis tem* apenas dois conjuntos de cromossomas e o seu genoma é relativamente pequeno. É fácil de manusear e produz descendência facilmente, mesmo em laboratório. Esta simplicidade fez da *Arabidopsis* um modelo vegetal para estudos genéticos. O genoma *da Arabidopsis* foi um dos primeiros a ser sequenciado; conhecemos a localização cromossómica exacta dos cerca de 25.000 genes da planta e sabemos como estão escritos no código genético. No entanto, não conhecemos as funções da maioria dos genes da Arabidopsis. Embora a interrupção de genes de plantas por recombinação homóloga seja praticamente impossível, também foram desenvolvidas estratégias de knockout para plantas. Para anular genes em *Arabidopsis,* os biólogos de plantas utilizam elementos de inserção que ocorrem naturalmente nas plantas: *os transposons.* Os transposões são segmentos de ADN específicos com a capacidade de saltar de um local para outro do genoma, interrompendo e inactivando assim os genes das plantas. Nas últimas décadas, foram criados knockouts para praticamente todos os genes *da Arabidopsis.* Apesar do grande número de knockouts, apenas alguns knockouts informativos podem ser encontrados na literatura atual. A grande maioria das centenas de knockouts em *Arabidopsis* não conduz a fenótipos visíveis e diretamente informativos. Num estudo recente, os biólogos moleculares demonstraram que menos de 2% de cerca de 200 nocautes de Arabidopsis apresentam alterações fenotípicas significativas. Muitas das eliminações não têm qualquer efeito na morfologia da planta, mesmo quando estão presentes defeitos fisiológicos graves [9]. Em analogia com os estudos de nocaute em animais, as plantas nas quais um gene foi nocauteado não fornecem nenhuma indicação sobre a função desse gene. Estes genes são redundâncias do genoma que não são necessárias para a sobrevivência imediata e a reprodução do organismo.

A encefalite espongiforme bovina - abreviadamente designada por BSE - é mais conhecida por doença das vacas loucas. Nesta doença, o cérebro é destruído por placas semelhantes a esponjas, constituídas por proteínas de priões mal dobradas que se formam nas células nervosas. As proteínas anómalas do prião podem dobrar-se numa forma tridimensional extremamente destrutiva, formando agregados que se espalham por todo o cérebro. A doença é fatal no gado. Os seres humanos infectados com o prião anormal desenvolvem uma doença neurodegenerativa semelhante à síndrome de Kreuzfeld-Jabobs. Uma forma de prevenir a doença é criar gado que não tenha a proteína do prião. A função da proteína normal do prião não é, de qualquer modo, clara, mas alguns estudos relacionaram os priões com os processos de aprendizagem. Em teoria, as vacas sem a proteína do prião deveriam ser resistentes à doença das vacas loucas, mas será que as vacas conseguem sobreviver sem as proteínas do prião? Será que a ausência da proteína normal do prião é prejudicial para a saúde da vaca? Yoshimi Kuroiwa e o seu grupo no National Animal Disease Centre, no Iowa, EUA, criaram vacas em que o gene do prião não se exprime. Estas vacas não são capazes de produzir priões e os testes mostraram que não expressam a proteína do prião. Os primeiros testes laboratoriais mostraram que as vacas sem prião são resistentes ao desenvolvimento da BSE. O que é ainda mais interessante é o facto de as vacas serem vacas completamente normais: Um exame minucioso do estado de saúde dos animais knockout revelou apenas pequenas diferenças em relação aos animais de tipo selvagem. Aparentemente, as vacas podem desenvolver-se muito bem sem a proteína do prião [10].

A mesma história pode ser contada para os genes de histonas. Os genes de histonas sempre foram considerados essenciais para a sobrevivência dos eucariotas - organismos que consistem em células nucleadas. O núcleo da célula contém os cromossomas como fios moleculares longos e não enrolados. Quando as células dos eucariotas se dividem, estes fios têm de ser embalados em unidades organizadas para formar os cromossomas em forma de bastonete que vemos frequentemente ilustrados nas revistas científicas. As histonas são indispensáveis para o empacotamento do ADN - pelo menos era essa a opinião no passado. A histona H1, por exemplo, é uma proteína de ligação que liga os nucleossomas e embala eficazmente o ADN quando as células eucarióticas se preparam para a divisão celular. Fiquei surpreendido com o facto de os cientistas terem conseguido criar uma histona H1 viável em várias espécies de fungos. A desativação do gene H1 no fungo *Ascolobus* não teve qualquer efeito na taxa de crescimento e viabilidade do fungo nas primeiras duas semanas - nem na reprodução [11]. O único efeito mensurável da interrupção foi uma redução do tempo de vida. A desativação do gene H1 noutro fungo, o *Aspergillus*, conduziu a resultados semelhantes. Os investigadores que produziram a desativação da histona referiram que não encontraram efeitos prejudiciais no ciclo reprodutivo sexual do organismo, nem a desativação teve um efeito negativo no tempo de vida deste fungo. Estes dados mostram que um gene inativo da histona H1 não tem impacto real na aptidão do organismo e fornecem provas empíricas da natureza redundante deste gene nos fungos. Os mamíferos possuem oito genes da histona H1, que se dividem em três grupos, consoante o local onde são expressos. O primeiro grupo é expresso apenas em células somáticas e consiste em cinco variantes denominadas H1a, H1b, H1c, H1d e H1e. H1t e H1oo são expressos apenas em células germinativas, enquanto H1o é referido como um ligante substituto. Os cientistas do Albert Einstein College of Medicine, em Nova Iorque, desligaram dois dos oito genes H1 num modelo de rato. A experiência de "knockout" mostrou que os ratinhos que careciam completamente da variante da histona H1o se desenvolviam como ratinhos normais e que não perdiam a sua aptidão física quando outra variante da histona H1c, H1d ou H1e era também desactivada. Os *duplos knockouts* sem fenótipo foram uma grande surpresa porque H1c, H1d e H1e foram os únicos que entraram em ação quando H1o estava completamente ausente. Isto sugere que o ADN tem um sistema de reserva programado para produzir qualquer quantidade de H1c, H1d ou H1e quando é detectado o sinal de *"presença insuficiente de H1o"*. Além disso, os dados sugerem que as oito espécies de histonas são todas homólogas e igualmente capazes de assumir a tarefa de ligação dos nucleossomas quando necessário. Embora os nocautes duplos não tenham dois genes H1 funcionais, eles ainda não apresentam fenótipos reconhecíveis. Nenhuma das duplas nocautes H1 apresentou anormalidades fenotípicas ou histológicas, e o empacotamento do DNA não apresentou alterações significativas. As duplas nocautes também não apresentaram redução da fertilidade ou anomalias reprodutivas. Estes resultados sugerem que cada subtipo H1 individual é dispensável para o desenvolvimento do rato e que a perda de até mesmo dois subtipos é tolerada se a estequiometria H1-nucleossoma normal for mantida [12]. Nophenotype double knockouts! Poderão os cientistas ir mais longe? Poderão ser gerados knockouts triplos? Quádruplos? Poderão ser eliminadas células inteiras?

A resposta é positiva. Existe uma estirpe de ratos de laboratório que não possui um determinado tipo de células sanguíneas, conhecidas como mastócitos. Todos os organismos multicelulares têm células especializadas. Os mamíferos, por exemplo, têm mais de uma centena de tipos de células diferentes, todas elas desempenhando alguma tarefa especializada. Os neurónios, por exemplo, são células especializadas no cérebro que são particularmente boas na transmissão e processamento de sinais eléctricos. Os glóbulos vermelhos são especialmente concebidos para transportar oxigénio: Absorvem o oxigénio onde ele é abundante, nomeadamente nos pulmões, e libertam-no onde ele é escasso, nomeadamente nos tecidos dos órgãos activos. O corpo dos mamíferos contém mais de uma centena de tipos diferentes de células especializadas. O mastócito é uma delas. As funções biológicas dos mastócitos ainda não são totalmente compreendidas, mas sabemos que desempenham tarefas importantes na defesa dos tecidos e na inflamação e que controlam as propriedades contrácteis das células musculares lisas dos pulmões. Os mastócitos colonizam o tecido conjuntivo e normalmente não circulam na corrente sanguínea. Em vez disso, o mastócito é um pequeno contentor para todos os tipos de mediadores que actuam nos vasos sanguíneos, músculos, tecido conjuntivo e células do sistema imunitário. Uma das substâncias mensageiras dos mastócitos mais estudadas é a histamina. Isto porque a histamina desempenha um papel fundamental na hipersensibilidade, nomeadamente nas alergias e na asma. Em algumas pessoas, o mastócito pode tornar-se incómodo quando liberta histamina em órgãos onde não deveria. Nos asmáticos, o mastócito dos pulmões liberta histamina quando encontra alergénios como os excrementos dos ácaros do pó da casa ou das baratas ou o pólen das gramíneas e das árvores. A histamina faz com que as células musculares lisas que rodeiam os brônquios se contraiam, de modo que o doente deixa de conseguir respirar. A isto chama-se uma crise de asma. Para compreender os mecanismos subjacentes, procurei uma vez informações sobre os mastócitos. Entre milhares de estudos publicados, encontrei o resultado surpreendente de que existe um rato de laboratório que carece completamente de mastócitos, uma estirpe chamada WBB6F1. Este organismo é um knockout de mastócitos! Se os organismos podem carecer de células completas, seria absurdo afirmar que a seleção natural foi a força motriz que moldou estas células. Como é que os mastócitos poderiam evoluir sem que houvesse pressões selectivas a atuar sobre eles?

Eliminação natural

A angiogenina é uma pequena proteína que estimula a formação de vasos sanguíneos em vertebrados, incluindo humanos e ratos. Durante algum tempo, a angiogenina atraiu muita atenção na investigação do cancro porque poderia ser um alvo para o tratamento de tumores. A ideia era a seguinte. Para crescerem e se espalharem, os tumores precisam de nutrição e oxigénio, que são fornecidos pelos vasos sanguíneos. Por conseguinte, os tumores produzem factores de crescimento vascular, incluindo a angiogenina. Se conseguirmos parar o fornecimento de angiogenina, o tumor não consegue formar vasos e morre devido à falta de oxigénio e nutrientes. Para se ter uma ideia da função de um determinado gene nos seres humanos, o gene em questão é normalmente interrompido num modelo de ratinho e, em seguida, assumindo uma igualdade de um para um, a função de um gene humano é inferida a partir do fenótipo do knockout. Para compreender a forma como a angiogenina funciona num sistema vivo, os investigadores do cancro gostariam de ter um modelo de nocaute. Infelizmente, o genoma do rato contém três cópias do gene da angiogenina. Três cópias do mesmo gene formam uma reserva natural. É pouco provável que a disrupção de uma destas cópias conduza a um fenótipo significativo, uma vez que as duas cópias restantes ainda estão activas e podem produzir a proteína angiogenina funcional. Para criar um modelo informativo de ratinho knockout da angiogenina para fins de investigação, é necessário interromper três cópias da angiogenina de uma só vez - e isto é muito difícil de conseguir. Para criar knockouts, os cientistas preferem organismos que tenham apenas uma cópia do gene em questão. Os primatas (macacos) têm apenas uma cópia do gene da angiogenina e seriam mais adequados como modelos de knockout para a angiogenina. Desta vez, os primatas têm sorte: os cientistas não precisam de produzir o knockout da angiogenina em primatas - ele já existe. O langur douc (*Pygathrix nemaeus*) é um macaco colobino asiático de vida livre e tem apenas uma cópia do gene da angiogenina. No entanto, o gene do macaco não consegue produzir uma proteína funcional porque tem uma mutação de deleção de um nucleótido no sexto códão do péptido maduro. Esta mutação gera um sinal de paragem prematuro e significa que apenas podem ser produzidas proteínas angiogeninas truncadas e não funcionais. O langur Douc é o knockout natural da angiogenina. Os investigadores, que publicaram um relatório sobre este assunto na revista *Gene* em 2003, também salientaram que a mesma deleção de nucleótidos ocorre em cinco macacos não relacionados, sugerindo que a inativação era recente e exclusiva do langur Douc. Concluíram que esta experiência de desativação natural sugere que a angiogenina é dispensável nos primatas - mesmo em estado selvagem [1]. Por outras palavras, a angiogenina é um gene redundante. Como é que genes com apenas uma cópia podem ser dispensáveis? Se a angiogenina é responsável pela formação de novos vasos sanguíneos, como é que ainda existem langures Douc? Parece que a formação de novos vasos sanguíneos não depende apenas da angiogenina; deve haver outras proteínas com a mesma função ou uma função semelhante à da angiogenina que também controlam a formação de vasos. Se o próprio gene da angiogenina é dispensável na natureza, como é que o gene da angiogenina pode ter evoluído em primeiro lugar? Qual foi o constrangimento seletivo para a evolução dos genes da angiogenina?

Genes campeões

O gene da angiogenina mostra que há genes que não contribuem para o sucesso reprodutivo de um organismo - mesmo em estado selvagem. Aparentemente, há genes que podem ser omitidos sem que isso tenha consequências para a sobrevivência da espécie. Os genes que podem ser omitidos não podem estar sob pressão de seleção. Como genes neutros, eles não contribuem para o fitness e não importa se estão activos ou não. Os organismos que herdaram dois genes "neutros" inactivos dos seus pais são knockouts naturais para esses genes. Dado que os knockouts sem fenótipo parecem ser a norma, pode argumentar-se que muitos genes também não são essenciais para o sucesso reprodutivo nos humanos. Por outras palavras, deveria haver muitos knockouts naturais na população humana. O problema é que os genes redundantes inactivados não produzem um fenótipo detetável, por isso como reconhecer um knockout humano sem fenótipo? Com isto em mente, comecei a procurar na literatura genes inactivados - pseudogenes - em humanos. Há muitos deles.

As alfa-actininas são proteínas estruturais das fibras musculares. Elas ancoram os filamentos finos e mantêm a relação espacial entre as pequenas unidades de fibras que compõem os músculos - os miofilamentos. Nos seres humanos, existem dois tipos de genes da alfa-actinina - *ACTN2* e *ACTN3* - que codificam duas proteínas intimamente relacionadas. A alfa-actinina-2 é expressa em todas as fibras musculares esqueléticas, enquanto a alfa-actinina-3 se limita a um subgrupo de fibras musculares muito rápidas, os chamados músculos de contração rápida. Estas proteínas suscitaram grande interesse, uma vez que podem desempenhar um papel nas anomalias musculares. Um grupo de investigadores australianos analisou cuidadosamente o tecido muscular de indivíduos com doenças musculares distróficas, miopáticas e neurogénicas e comparou os resultados com os de indivíduos normais. Todas as biópsias expressavam um gene funcional da alfa-actinina-2. Um número surpreendente de 20% das biópsias não continha um gene funcional da alfa-actinina-3. A deficiência foi detectada em 51 dos 267 casos e verificou-se que se devia a uma *mutação sem sentido* comum. As mutações sem sentido são alterações genéticas que introduzem um sinal de paragem que termina prematuramente a síntese proteica. Neste caso, não se forma a proteína alfa-actinina-3 funcional. O estudo mostrou que a ausência de um gene funcional da alfa-actinina-3 *não* está *associada* a um fenótipo patológico ou clínico específico [2]. Nos seres humanos, o gene da alfa-actinina-3 pode estar completamente ausente, revelando a natureza redundante do gene. Mais tarde, quando estava a viajar pelo Australian Red Centre, o título de uma revista numa livraria em Alice Springs chamou-me a atenção. Dizia:

> *"O gene do campeão. Cientistas australianos descodificam a chave do sucesso desportivo"*

Para realçar as descobertas, a capa da revista apresentava uma fotografia de Ian Thorpe, o nadador de torpedos australiano. Percebi imediatamente que o artigo era sobre o gene ACTN3. Já tinha conhecimento da deficiência de ACTN3 num subconjunto de atletas, através da literatura científica, e tinha falado com um dos principais investigadores sobre o assunto na Internet. Estava curioso para ver como este exemplo de redundância genética em humanos era retratado nos media. Aparentemente, estava a ser apresentado como *o gene campeão*. Também queria saber se Ian Thorpe era um mutante e decidi comprar a revista. Dizia:

> "Em 1998, a Professora Kathryn North, da Universidade de Sydney, descobriu que um quinto dos seus doentes com distrofia muscular tinha uma mutação genética no gene ACTN3 que impedia a produção da proteína nas fibras musculares de contração rápida. Esta mutação poderia ser a chave da doença. Tinha de ser. Mas depois testou um grande grupo da população caucasiana em geral e descobriu que um quinto dessas pessoas também era portador da deficiência genética. [Se era o

único dos genes musculares conhecidos que podia ser portador de uma deficiência e não causar doença, tinha de ser algo especial, e ela não estava disposta a desistir. [...] Os estudos de North sobre o ADN dos atletas de elite, em comparação com a população em geral, mostraram rapidamente que os atletas de elite, como grupo, tendiam a ser geneticamente diferentes da maioria das pessoas. Uma percentagem significativamente mais elevada de velocistas tinha duas cópias da forma normal de ACTN3, que parece dar aos seus músculos de contração rápida uma potência extra a alta velocidade. Ao mesmo tempo, uma percentagem mais elevada de atletas de resistência tinha duas cópias do gene aberrante, o que resultava numa ausência total da proteína alfa-actinina-3. Nestes indivíduos, apenas a alfa-actinina-2 está presente, o que parece proporcionar uma vantagem para manter a atividade durante períodos de tempo mais longos. Assim, em vez de sofrerem de músculos doentes, estas pessoas parecem estar aptas para eventos de resistência como as maratonas." [3]

O que é espantoso nesta história é que um subgrupo de pessoas carece completamente de uma cópia funcional do gene ACTN3, mas não sofre de uma doença muscular. Estes atletas de resistência são considerados "knockouts" naturais. Uma vez que a ausência do gene não tem qualquer efeito na aptidão física - a taxa de reprodução - o gene ACTN3 é supérfluo nos seres humanos. Esta foi a minha afirmação no debate na Internet, uma opinião que o investigador do ACTN3 certamente não partilha. Para aprofundar o debate (e convencer o meu adversário), procurei todos os dados científicos atualmente disponíveis sobre as alfa-actininas, a maior parte dos quais provinha dos investigadores de Sydney [4]. Eles relataram que um número significativamente maior de velocistas tem duas cópias normais do gene ACTN3, enquanto os atletas de resistência têm maior probabilidade de ter duas cópias inactivas - os knockouts. Noutro relatório, mostraram que o knockout natural também ocorre na população de velocistas, sugerindo que o gene ACTN3 é redundante para o seu desempenho na corrida. Aparentemente, os velocistas não precisam necessariamente de um gene ACTN3 ativo [5]. Esta é uma observação muito reveladora. Se uma população de velocistas pode passar sem o gene ACTN3, então o gene é redundante. É importante perceber que um gene só se exprime em toda a população se existirem restrições selectivas permanentes que o mantenham ativo. No caso do gene ACTN3, isto significa que existe um constrangimento seletivo permanente no desempenho do sprint. Apesar de me ter sido ensinado que os nossos antepassados ultrapassavam os predadores, começo agora a acreditar que eles passavam os seus dias a ultrapassá-los. Os darwinistas devem assumir que o constrangimento seletivo sobre o gene ACTN3 foi removido, provavelmente porque os predadores se tornaram mais raros, e isso levou a que o gene inactivado se espalhasse pela população humana. A alternativa seria que os dois genes inactivos foram selecionados em atletas de resistência. No entanto, isto é muito improvável. Quais seriam as restrições de seleção? O mais provável é que os dois genes inactivos se tenham simplesmente acumulado em alguns dos descendentes de duas pessoas que, por acaso, eram portadoras da mutação. Os "knockouts" naturais acabaram por ser melhores atletas de resistência como resultado da deriva genética. Foi pura sorte.

O simples facto de existirem knockouts do gene ACTN3 na população humana indica que o gene evoluiu sem restrições de seleção - ou seja, de forma neutra. Para os genes codificadores de proteínas, as forças de seleção são normalmente estimadas com base nas mutações que alteram a sequência de aminoácidos da proteína e nas mutações que não a alteram. Se ambos os tipos de mutações estiverem igualmente presentes, assume-se que o gene não está sujeito a pressão de seleção. Quanto mais mutações que alteram a sequência de aminoácidos forem observadas num gene, mais forte é o efeito da seleção natural sobre o gene. Se observarmos as mutações no gene ACTN3 em diferentes espécies, encontramos muito mais mutações que alteram a proteína do que mutações que não a alteram. [18]Isto significa que o gene ACTN3 está sob forte pressão de seleção. Como é que um gene que é dispensável nos humanos pode estar sob uma pressão de seleção rigorosa? O gene não tem qualquer efeito na aptidão - a capacidade de produzir descendentes - e não pode ter qualquer valor seletivo. A teoria padrão da evolução não pode explicar este facto. A hipótese de seleção de Darwin tem de ser virada do avesso e introduzir a seleção purificadora em todas as mutações que ocorrem num gene, incluindo as mutações que ocorrem em locais silenciosos. Foi exatamente isto que o grupo de investigação de Sydney propôs:

> "Até à data, não foram registadas mutações ACTN3 associadas a doenças, mas prevemos que, apesar da ausência de um efeito fenotípico detetável do alelo de perda de função 577X, as mutações missense ACTN3 [que alteram um aminoácido] podem ter fenótipos negativos dominantes [ou seja, letais]. [6]

Aqui afirma-se que o gene ACTN3 tem propriedades semelhantes às dos genes SRC. Como já foi referido, a família de genes SRC não pode escapar do genoma porque, se ocorrerem mutações que alterem os aminoácidos, o organismo portador morrerá de cancro. O problema, no entanto, é que se a seleção purificadora for introduzida para explicar o destino dos genes SRC no genoma, eles não podem ter a sua origem em eventos de duplicação de genes. Se se supõe que a seleção purificadora actua sobre o gene ACTN3, a sua existência também não pode ser compreendida de uma perspetiva evolutiva.

É claro que se pode argumentar que *o facto de um gene ser redundante numa espécie não significa que tenha sido sempre redundante.* Foi assim que o investigador do ACTN3 argumentou no debate na Internet e mostrou que explica os fenómenos da biologia molecular pela seleção natural. É claro que se pode argumentar a favor da hipótese da seleção, por exemplo, que se demonstrou que o gene ACTN3 não é redundante nos ratos [7]. Seja como for, os padrões de expressão do gene *ACTN3* sobrepõem-se completamente aos do *ACTN2* no homem e no babuíno, o que sugere que ambos os genes são regulados pelos mesmos elementos genéticos e indica uma redundância funcional nestas duas espécies. A inativação de qualquer um dos genes nos babuínos e provavelmente noutros primatas será apenas uma questão de tempo. O investigador de Sydney acredita que *o ACTN3* também não é redundante nos humanos modernos. Argumentou que, embora o gene funcional da actinina-3 seja necessário para um desempenho ótimo nos sprints, a forma inactivada do *ACTN3* parece ter-se espalhado pela população por seleção natural, porque proporciona uma vantagem para o desempenho de resistência [8]. Este argumento convenceu-me de que mesmo os evolucionistas profissionais não compreendem realmente o que significa a evolução darwiniana. A seleção natural actua sobre a aptidão de um organismo, e aptidão é outro nome para a *capacidade de produzir descendência.* Se os atletas de resistência não produzem mais descendentes - o que pode ser estudado cientificamente - então a seleção natural não pode explicar a propagação do gene inactivado. Caso contrário, é pouco mais do que uma hipótese interessante para a qual não há evidência científica. O knockout natural e não fenotípico do gene ACTN3 constitui uma prova biológica contra o princípio da seleção

---

[18] Este valor Ka/Ks=0,35 pode ser calculado a partir dos dados apresentados em [6] e significa que as forças selectivas actuam sobre o gene ACTN3.

de Darwin. A seleção de genes redundantes seria um paradoxo evolutivo. Seria equivalente à seleção neutra e, portanto, falsifica a hipótese de seleção de Darwin.

A ideia atual é que uma mutação ocorre apenas uma vez numa população de organismos que se reproduzem, mas a sua frequência pode aumentar ao longo do tempo. A frequência das mutações pode aumentar quer através da seleção natural - se a mutação tiver uma vantagem reprodutiva - quer através da deriva genética. A deriva genética é um mecanismo de propagação completamente aleatório, conduzido pelo acaso, e as mutações que se propagam por deriva genética geralmente não aumentam de frequência. Devido à natureza única das mutações, assume-se que a frequência de uma determinada mutação é uma medida da sua idade. Por exemplo, uma mutação no gene que causa a fibrose cística é considerada uma mutação relativamente recente porque só ocorre na população caucasiana. Se fosse mais antiga, teria tido tempo para se espalhar e deveria ser encontrada em todo o grupo étnico humano. A mutação que inactivou o gene ACTN3 foi encontrada em todas as populações humanas estudadas - incluindo os povos indígenas da Austrália, África e Américas - e a natureza única da mutação significa que deve ser antiga. A análise genética revelou que dez por cento dos povos Bantu africanos e cinquenta e quatro por cento da população javanesa têm a mutação debilitante [6]. Porque é que os povos Bantu têm a frequência mais baixa? Se esta mutação antiga tivesse sido disseminada por deriva genética, seria de esperar que fosse muito mais comum nas populações africanas. O povo Bantu deve ter sido sujeito a uma força selectiva permanente. Mas qual? Será que a ameaça constante dos leões representou uma força selectiva? Os bantos que não tinham um gene ACTN3 ativo eram simplesmente demasiado lentos, não conseguiam correr mais do que os seus predadores e corriam maior risco de serem comidos pelos leões? E porque é que observamos a elevada incidência nos javaneses? Estarão eles envolvidos numa constante corrida de resistência para se manterem à frente dos tigres? As mutações não são necessariamente um acontecimento isolado. Pelo contrário, as mutações no gene ACTN3 podem ter sido repetidamente introduzidas em subpopulações humanas através de um mecanismo molecular. [19]Um rastreio genético exaustivo das subpopulações humanas e de primatas seria suficiente para determinar se o gene ACTN3 alberga *pontos quentes* de alterações genéticas onde as mutações são mais susceptíveis de ocorrer.

Existem dois outros factos biológicos surpreendentes sobre os genes ACTN. Os genes *ACTN2* e ACTN3 dos mamíferos tiveram provavelmente origem num evento de duplicação de genes que ocorreu muito antes da divergência entre aves e mamíferos. Por conseguinte, tanto as aves como os mamíferos devem ter duas cópias. Não é então surpreendente que as aves tenham apenas uma cópia? [20]Uma das cópias deve ter-se perdido durante a evolução para aves. Em segundo lugar, os quatro genes ACTN nos mamíferos falsificam a hipótese 2R. Esta hipótese afirma que os genomas dos vertebrados são o resultado de duas rondas sucessivas de duplicação do genoma antes da evolução dos primeiros peixes. Ela prevê uma topologia [(AA')(BB')] para os genes humanos. Os quatro membros da família ACTN no genoma humano não podem ter surgido em duas rondas de duplicação do genoma. Os genes ACTN têm a topologia [(A)(BB'B")] [9]. A maioria das famílias de genes tem esta topologia e não a topologia prevista [(AA')(BB')]. Se a topologia [(A)(BB'B")] indica alguma coisa, indica uma ronda de duplicação do

---

[19] Na Parte 2 deste livro, apresentarei provas de que as mutações de ponto quente podem explicar uma série de mutações que criam a ilusão de ancestralidade comum.

[20] As perdas nunca podem ser cientificamente provadas e - tal como o flogisto - podem sempre ser utilizadas para explicar dados divergentes.

genoma para formar [(A)(B)], seguida de duas duplicações de B para produzir B' e B". Esta topologia é comum em genes de vertebrados e é uma possível evidência de fenómenos assimétricos e não aleatórios que controlam o curso da mudança genética. Não é o acaso e a seleção cega, mas sim regras e leis que determinam as alterações genéticas. Regras e leis que estamos agora - graças à nova biologia - a começar a desvendar, e os genes da alfa-actinina podem ensinar-nos nesta matéria, mas apenas se tirarmos os nossos óculos darwinistas.

Nunca descobri se Ian Thorpe era um mutante. No entanto, em 1964, um esquiador de fundo mutante ganhou duas medalhas de ouro nos Jogos Olímpicos de inverno em Innsbruck. Na verdadeira tradição olímpica, o sucesso de Eero Maentyranta nos 15 e 30 quilómetros foi rodeado de controvérsia. Os testes revelaram que tinha mais 15% de glóbulos vermelhos do que os atletas normais e Eero foi acusado de se ter dopado para aumentar os seus glóbulos vermelhos. No entanto, não foi encontrado qualquer vestígio de dopagem sanguínea e Eero regressou à Finlândia com duas medalhas de ouro. Em 1964, ninguém sabia do facto, mas a nova biologia demonstrou recentemente que Maentyranta tem um gene mutante que aumenta a produção de glóbulos vermelhos. Reconhece, sem dúvida, a abreviatura EPO. A EPO dominou as primeiras páginas dos jornais matutinos e das revistas desportivas durante a *Volta a França* e rapidamente se tornou conhecida como a nova droga desportiva. Menos conhecido é o facto de a EPO ser a abreviatura de *eritropoietina*. A eritropoietina é uma substância mensageira que dá instruções à medula óssea para aumentar a produção de glóbulos vermelhos. Quando os níveis de oxigénio são baixos, por exemplo, em montanhas altas, o corpo começa a produzir mais eritropoietina. Antes de grandes eventos desportivos, os atletas deslocam-se frequentemente para regiões de alta montanha para aumentar a sua resistência e poderem dar o seu melhor. O baixo teor de oxigénio do ar em altitudes elevadas estimula a produção de EPO, que, por sua vez, faz com que a medula óssea aumente a produção de glóbulos vermelhos. Como resultado, os atletas são capazes de consumir mais oxigénio a altitudes mais baixas e melhorar os seus resultados. E é disso que se trata no desporto. Hoje em dia, os atletas podem simplesmente ficar em casa e tomar uma injeção de EPO recombinante. Isto tem o mesmo efeito que o treino nas altas montanhas: uma contagem elevada de glóbulos vermelhos. Para aumentar o nível de glóbulos vermelhos, a EPO liga-se a um recetor localizado nas células estaminais não ligadas na medula óssea, que depois se desenvolvem em glóbulos vermelhos. O recetor é uma proteína ligada à membrana com vários domínios que desempenham diferentes funções. Após a ligação da EPO, um dos domínios gera um sinal que dá instruções às células da medula óssea para se desenvolverem em glóbulos vermelhos. Este é o *"on-switch"* do recetor da EPO. Outro domínio do recetor actua como um *interruptor de desativação* e dá instruções às células estaminais para deixarem de produzir glóbulos vermelhos. Este mecanismo de autorregulação assegura uma produção equilibrada de glóbulos vermelhos: O número de glóbulos vermelhos nunca excede os limites fisiológicos.

Em 1993, um grupo de investigadores finlandeses da Universidade de Helsínquia identificou a mutação que afectava o campeão olímpico finlandês de esqui e a sua família. Descobriu-se que o medalhista olímpico tinha uma deleção na extremidade posterior do gene que codifica o recetor da EPO [10]. Mais especificamente, a mutação trunca os últimos 70 aminoácidos do domínio que normalmente forma o *"off-switch"*. O "off-switch" é cientificamente conhecido como o local de acoplamento da SHP (pronuncia-se *Schiff*), uma proteína reguladora negativa que termina a sinalização. A ligação da EPO ao seu recetor não só cria um sinal que diz à célula para produzir novas células sanguíneas, como também altera a forma do recetor de modo a que os grupos fosfato possam ser adicionados aos locais de acoplamento recentemente expostos, para que a *Schiff* possa acoplar e desligar o sinal removendo os grupos fosfato adicionados pela EPO. O resultado é que o recetor é convertido de volta ao seu estado original, inativo. As proteínas Schiff estão sempre presentes e, por conseguinte, sempre disponíveis para interromper a sinalização fornecida pela EPO. Assim que o interruptor é acionado, o *recipiente* volta a desligá-lo quase imediatamente. Isto garante um controlo preciso da produção de glóbulos vermelhos. Maentyranta não precisou de se dopar com sangue ou de treinar a grandes altitudes; os níveis elevados de glóbulos vermelhos são de família. Os receptores mutantes do atleta finlandês produziam um sinal de ativação normal, mas não o sinal de desativação. Na família Maentyranta, a produção de glóbulos vermelhos na medula óssea está fora de controlo porque o *interruptor de desativação* já não funciona. Mesmo níveis baixos de EPO fazem com que as células precursoras dos glóbulos vermelhos cresçam e se dividam. A produção de glóbulos vermelhos simplesmente não pode ser interrompida! O grande excesso de glóbulos vermelhos observado no atleta pode explicar em parte o facto de Eero ter mais resistência do que os seus concorrentes. No entanto, a ausência do domínio de feedback negativo do recetor de EPO não parece afetar a condição física do utilizador, pelo que pode ser considerada uma redundância genética.

A entrada CCR5

A síndrome da imunodeficiência adquirida (SIDA) é causada por uma pequena molécula egoísta conhecida como o vírus da imunodeficiência humana (VIH) e é um flagelo global que afecta a vida de milhões de pessoas em todo o mundo. Mas nem todos correm o risco de contrair o VIH. Milhões de europeus são completamente resistentes à infeção pelo VIH e um número ainda maior está parcialmente protegido. A imunidade deve-se à sua composição genética - os europeus protegidos não possuem um gene funcional que normalmente especifica um recetor de quimiocina chamado CCR5. A biologia é, em grande parte, sobre o envio e a receção de mensagens, pelo que muitas proteínas são mensageiras e muitos outros receptores que recebem a mensagem. Os receptores encontram-se normalmente na membrana externa das células, pelo que os mensageiros não têm de entrar na célula; podem simplesmente deixar a mensagem à entrada, onde os receptores a receberão. Os vírus utilizam receptores na superfície celular para entrar nas células. O VIH utiliza o recetor CCR5 para entrar em duas células do sistema imunitário humano: As células T e os macrófagos. Depois de entrar na célula, o VIH sequestra a bioquímica da célula para a utilizar na sua própria replicação, o que leva à destruição da célula hospedeira. A mutação que protege os europeus da infeção pelo VIH é do mesmo tipo que a observada na família Maentyranta: corta uma parte essencial do recetor CCR5 e torna-o não funcional. As pessoas que herdaram o recetor cortado de ambos os pais - os nocautes naturais - carecem completamente do recetor CCR5 na sua superfície celular, razão pela qual o VIH não consegue penetrar nas suas células imunitárias. Os knockouts naturais são completamente resistentes à infeção pelo VIH. As pessoas que herdaram um gene CCR5 inactivado de apenas um dos progenitores continuam a ter uma cópia funcional, mas o VIH tem agora mais dificuldade em penetrar nas células. A SIDA é uma doença fatal. As pessoas que não têm ambas as cópias funcionais do CCR5 - os knockouts naturais - devem estar sujeitas a uma intensa seleção natural em populações com elevada prevalência do VIH. Porque é que observamos o recetor cortado numa grande parte da população europeia? O VIH é um vírus muito recente; a maioria dos estudos mostra que o vírus teve origem em África há cinquenta ou cem anos e não poderia ter matado europeus durante tempo suficiente para que a seleção natural o favorecesse. A distribuição geográfica do gene inativo lança luz sobre a sua história e as forças que actuaram sobre ele. Na Europa e na Ásia, a frequência média do gene lascado é de cerca de dez por cento, com uma frequência de mais de quinze por cento na Islândia e nos países bálticos e de quatro por cento na população da Sardenha. [21]Estudos genéticos mostraram que a mutação provavelmente só ocorreu uma vez numa população escandinava há cerca de 700 a 2.000 anos, com um intervalo plausível de 275 a 4.800 anos. Estes dados sugerem que a mutação já estava presente na Escandinávia antes da expansão Viking, há 1000 a 1200 anos, e que depois se espalhou para a Islândia, França, costa mediterrânica e Rússia. A ideia é que a expansão dos Vikings foi a força motriz por detrás da disseminação [11]. Em alternativa, a mutação escandinava pode ter-se espalhado pela Europa e pela Ásia através dos godos, uma tribo germânica que em tempos habitou a parte sul da Suécia, onde a cidade de *Gotemburgo* ainda é uma recordação da sua presença. Abandonaram a região escandinava há cerca de 2400 anos, dando início à grande migração germânica que levou à queda do Império Romano quase um milénio depois. Os seus descendentes ainda vivem em redor do Mar Negro, em Espanha e no Norte de África.

Calcula-se que a mutação CCR5 não tenha mais de 4.800 anos. Isto é muito jovem, especialmente porque a variante do gene segregado representa dez por cento de todos os genes CCR na Europa. Pode calcular-se que uma mutação neutra - uma alteração genética que não tem qualquer vantagem selectiva - necessitaria de 127.000 anos de propagação para atingir esta elevada frequência na Europa. Assim, a elevada frequência da variante CCR5 diz-nos que as pessoas portadoras da mutação CCR5 deixaram, de alguma forma, mais descendentes. Mas como? [th]Não pode ser devido à resistência ao VIH, porque o VIH só existe desde o século XX. Então, qual foi a razão? Alguns cientistas avançaram a ideia de que a infame peste bubónica - a Peste Negra - é responsável pela elevada incidência, uma vez que matou cerca de um terço da população europeia entre 1346 e 1352, e a Grande Peste de 1665-1666, que matou cerca de vinte por cento de todos os europeus. Outros argumentam que, embora a peste tenha sido responsável pela elevada taxa de mortalidade, não causou uma seleção natural suficiente para levar o gene segregado a uma frequência de 10%. Em vez disso, é mais provável que uma doença que persistiu desde que a mutação ocorreu tenha causado o aumento da frequência. Os investigadores da Escola de Medicina de Yale suspeitam que a suscetibilidade ao vírus da varíola dependia da presença do recetor CCR5, semelhante ao VIH. As epidemias de varíola ocorreram com frequência e o número acumulado de mortes nos últimos 700 anos foi superior ao da peste. E, ao contrário da peste, a varíola infectava um número desproporcionado de crianças, pelo que uma morte típica por varíola tinha um maior potencial reprodutivo do que uma vítima média da peste. As epidemias pan-europeias de varíola datam de há pelo menos 2.000 anos, o que é suficiente para explicar a elevada incidência do gene cortado. A varíola matou cerca de uma em cada três pessoas ao longo dos milénios, e uma mutação protetora aumentaria rapidamente a sua incidência [11]. A questão de saber se foi a peste ou a varíola a força motriz por detrás do rápido aumento de CCR5 inactivos continua a ser controversa e só poderá ser esclarecida em laboratório, quando os cientistas testarem se a molécula CCR5 fornece uma via de entrada nas células hospedeiras para a varíola ou para a peste bubónica, ou para ambas. Mas há mais nesta história. Há um grande número de variantes do CCR5 nas populações humanas. Isto mostra que este gene pode facilmente acumular mutações e não está sujeito a uma seleção

---

[21] Embora a mutação CCR5 seja rara em populações não europeias, três famílias chinesas Han não aparentadas foram registadas como tendo a mesma deleção que a encontrada nos europeus.

rigorosa. Pelo contrário, as pessoas que expressam uma proteína funcional correm o risco de serem infectadas em ambientes que contenham o VIH ou o vírus da varíola. Uma espécie de primata, o mangabey de capa vermelha *(Cercocebus torquatus)*, que vive nas florestas tropicais africanas, é o hospedeiro natural do vírus da imunodeficiência símia (SIV). O SIV é um vírus muito semelhante ao VIH e também necessita do recetor CCR5 para entrar nas células hospedeiras. Os mangabeus de capuz vermelho também não possuem uma parte do gene CCR5, uma deleção de 24 bases, que também impede a expressão de uma proteína CCR5 funcional na superfície celular e, portanto, tem um efeito imunizante semelhante ao do gene CCR5 cortado no subgrupo europeu. Este gene cortado e silenciado está muito difundido nos mangabeis de cabeça vermelha, sendo 98% dos indivíduos portadores de pelo menos uma cópia [12]. Milhões de europeus e quase toda a população de mangabeus africanos são knockouts naturais, mostrando que as espécies têm genes de que não precisam imediatamente para sobreviver - genes que podem ser facilmente perdidos do genoma. Porque é que precisamos de genes supérfluos? E, mais importante, como é que os obtivemos? Onde está Darwin para explicar isto? Pode parecer que Edward Blyth estava certo sobre o papel da seleção. Darwin e os seus discípulos estavam errados.

Ascendência invulgar

Os capítulos anteriores mostraram que uma das propostas originais de Darwin, a seleção natural, a suposta força motriz da evolução desde os micróbios até ao homem, não é uma força evolutiva importante quando se trata de explicar as observações sobre o genoma. Uma vez que se demonstrou ser insuficiente, a sua outra proposta famosa na "Origem", nomeadamente que todas as espécies descendem de uma forma de vida original, pode também ser incompatível com o conhecimento biológico atual. Darwin escreveu:

> "Provavelmente todos os seres orgânicos que já viveram na Terra descendem de uma forma primordial." [1]

Esta proposta é mais conhecida atualmente como o princípio da descendência comum ou o princípio dos antepassados comuns. De acordo com este princípio, os seres humanos são primatas e o nosso parente mais próximo é o chimpanzé. Se recuarmos no tempo, temos um antepassado comum com os roedores e, se recuarmos ainda mais, temos um antepassado comum com os carnívoros, como os gatos e os cães. Se recuarmos o suficiente, todos nós partilhamos o genoma de um microrganismo - o primeiro ser vivo de sempre. Os primeiros darwinistas inferiram a ancestralidade comum a partir da morfologia, ontologia e distribuição geológica das espécies. Não partilho da sua crença no princípio da descendência comum. Se se trata de uma fábula, o que presumo que seja, então deveríamos encontrar falsificadores para a descendência comum a todos os níveis da biologia.

Origens independentes da reprodução sexual

Os darwinistas asseguram-nos que a descendência comum é um fenómeno observado que explica os padrões de parentesco genético. Eles estão certos, desde que se refiram a espécies que se reproduzem. As espécies que se reproduzem estão ligadas pelas suas células germinativas - esperma e óvulos - e a descendência comum é um facto observado. A filosofia da descendência comum exige, portanto, *a continuidade reprodutiva*. A lógica diz-me que se todas as espécies descendem de um antepassado comum, como Darwin acreditava, todas elas devem estar ligadas por um mecanismo reprodutivo. August Weismann, um biólogo alemão do século XIX, foi o primeiro a reconhecer que a continuidade reprodutiva deve ser um componente essencial da descendência comum. [22]Propôs que as células germinativas são absolutamente separadas do tecido somático; as células germinativas (espermatozóides e óvulos) contêm a informação que determina o corpo físico, e as alterações a esse corpo adquiridas durante a vida não podem ser transmitidas à descendência. A doutrina de Weismann exige implicitamente que, se todos os seres orgânicos estão ligados por uma descendência comum, devemos esperar encontrar uma continuidade de células totipotentes - a fonte das células germinativas - na sucessão das gerações. Pois uma *continuidade reprodutiva interrompida* é outra palavra para *extinção*. A hipótese da descendência comum prevê, portanto, uma cadeia ininterrupta de células reprodutoras - uma cadeia que deve existir ainda hoje. A evolução do micróbio ao homem não exige uma linhagem celular contínua, mas apenas a continuidade reprodutiva de uma geração para a seguinte. Esta é uma previsão simples e pode ser facilmente verificada. Os factos biológicos são os seguintes:

---

[22] A doutrina de Weismann é violada em plantas knockout que fixaram o gene artificialmente inactivado e o transmitiram à sua descendência. As plantas provavelmente receberam um gene funcional novamente através de um intermediário de RNA [2].

"Nas aves, as células que se tornarão células germinativas aparecem pela primeira vez na endoderme extra-embrionária (crescente germinativo) na frente da cabeça do embrião em desenvolvimento. Aliás, esta região não tem equivalente na ave nascida, uma vez que a endoderme extra-embrionária é, por definição, reabsorvida como nutriente para o pinto em desenvolvimento. A partir daí, as células germinativas presumíveis entram na corrente sanguínea e, após um certo tempo na corrente sanguínea, penetram nas paredes da circulação venosa e entram na gónada, onde se diferenciam nos gâmetas finais. Nos mamíferos, as células germinativas presuntivas aparecem pela primeira vez na endoderme do alantoide, uma estrutura que mais tarde formará a bexiga urinária adulta. A partir daqui, migram ameboide anterior e lateralmente até chegarem à gónada, onde completam a sua diferenciação. As células reprodutoras dos mamíferos não podem, portanto, ser homologadas com as das aves, uma vez que têm origem em extremos opostos do eixo embrionário e chegam às gónadas por vias completamente diferentes.

Do mesmo modo, os óvulos e os espermatozóides dos Anura (rãs e sapos) são formados de um modo completamente diferente dos dos Urodela (salamandras e tritões). Os métodos de coloração mostram que, nas rãs, as células que se tornarão os gâmetas são formadas pela presença de grânulos pré-formados perto do pólo vegetativo do ovo não fecundado, uma região que se tornará parte da endoderme. A partir daí, migram primeiro dorsalmente e depois lateralmente para entrar nas gónadas embrionárias, que são estruturas mesodérmicas. Na salamandra, os gâmetas presumíveis desenvolvem-se primeiro na mesoderme através do efeito indutor da endoderme subjacente sobre a mesoderme da placa lateral. A partir daí, migram medialmente e invadem as gónadas embrionárias. As células germinativas de Anura e Urodela, portanto, nem sequer são originárias da mesma camada germinativa! Em suma, não há a menor evidência a favor da hipótese da continuidade das células germinativas. [...] Além disso, a gónada dos vertebrados é um órgão estéril, incapaz de produzir células germinativas a partir do seu próprio epitélio. Em vez disso, o testículo ou ovário recebe seus oócitos ou espermatozóides através de um processo de invasão de fontes extragonadais no início do desenvolvimento. Uma vez que as fontes e o modo de invasão não são homólogos de grupo para grupo, a continuidade do germoplasma é um mito. Como alguém muito bem disse, *"As hipóteses devem ser razoáveis - os factos não o são"*. [3]

Os factos biológicos mostram que as células reprodutoras das aves, mamíferos e anfíbios não têm uma origem comum, mas surgem de formas completamente diferentes. Por outras palavras, não há continuidade de germoplasma e não há qualquer etapa biológica intermédia possível que possa servir de transição de um grupo para o outro. Os grupos são isolados e distintos. É certo que os grupos *não* têm um antepassado comum, e este facto, por si só, falsifica uma importante previsão da teoria de Darwin. Quando discuti este assunto com Davison, que é a favor de uma versão da evolução baseada no sal e pré-descrita, ele argumentou da seguinte forma:

Os factos falam contra a "continuidade do germoplasma", mas NÃO contra a continuidade reprodutiva. As células germinativas que estão a ser utilizadas atualmente não são primordiais, mas sim células germinativas secundárias. Penso que as verdadeiras células germinativas primordiais eram produzidas pelo epitélio gonadal, que atualmente é estéril. Por conseguinte, os gâmetas dos vertebrados actuais provêm todos do exterior da gónada e têm de a invadir para amadurecer. Provavelmente, houve um tempo em que ambas as fontes funcionavam simultaneamente".

Dois sistemas equivalentes funcionando simultaneamente significa que um deles é redundante! Aparentemente, a geração de células germinativas primordiais a partir do epitélio gonadal era mais complexa (o sistema com menor redundância genética) e foi inactivada. A redundância no seu conjunto (ou seja, os dois sistemas biológicos de produção de descendência) foi resolvida, e agora os constrangimentos selectivos actuam para manter este único sistema reprodutor que "não" pode ser danificado, pois isso colocaria imediatamente o organismo em desvantagem reprodutiva.

Uma continuidade interrompida de germoplasma não seria a única prova contra a descendência comum. A matriz de sequências de proteínas que Michael Denton descreve no seu perspicaz livro *Evolution: A theory in Crisis* é mais uma prova de que há algo de errado com a hipótese de Darwin:

> "A caraterística mais marcante da matriz [de sequências de proteínas] é o facto de cada subclasse identificável ser isolada e única. Cada sequência pode ser claramente atribuída a uma subclasse específica. Nenhuma sequência ou grupo de sequências pode ser descrito como intermédio em relação a outros grupos.
>
> Todas as sequências de cada subclasse estão igualmente isoladas dos membros de outro grupo. As classes de transição ou intermédias não estão de todo presentes na matriz. [4]

Também neste caso, os factos biológicos são claros e mostram grupos separados e não relacionados entre si, que também estão isolados uns dos outros. Também ao nível das proteínas não encontramos formas de transição entre os grupos. A nova biologia mostrou que os seres humanos, os ratos e os ratinhos também estão igualmente distantes uns dos outros quando olhamos para os seus genomas. Os genomas revelaram que todos têm aproximadamente o mesmo número de genes, cerca de 25.000. Noventa por cento dos genes dos humanos também se encontram nos ratos e ratazanas. Isto significa que dez por cento dos genes humanos não têm equivalente nos ratos ou ratazanas, sendo esta parte constituída por genes únicos. Uma comparação genética dos genomas do rato e da ratazana, muito mais aparentados, revelou que também eles têm apenas noventa por cento dos seus genes em comum. Dez por cento dos genes do rato não têm equivalente no rato [5]. Considero estes novos dados biológicos bastante notáveis. Provavelmente, a ratazana e o rato só recentemente se separaram de um antepassado comum, razão pela qual continuam a ser tão semelhantes - tanto a nível morfológico como genético. Os darwinistas ter-me-iam dito que os ratos e as ratazanas têm uma proporção muito maior dos seus genes em comum do que os humanos. Os darwinistas também me teriam dito que os humanos são mais parecidos com os ratos do que com os cães. Não é esse o caso! James Craig Venter, por vezes chamado "O Guerreiro do Genoma", é um dos cientistas visionários da nova biologia do século XXI. Enquanto trabalhava no National Institute of Health, desenvolveu a técnica das etiquetas de sequências expressas, uma estratégia revolucionária para a descoberta de novos genes. Fundou o The Institute for Genomic Research (TIGR) e foi o primeiro presidente da Celera Genomics, uma empresa especializada na descodificação de sequências de ADN a uma velocidade incrível, utilizando a nova técnica Whole Genome Shotgun, novos algoritmos matemáticos e as novas máquinas automatizadas de sequenciação de ADN. Venter ganhou fama ao tentar sequenciar o genoma humano antes dos projectos públicos HUGO. O passatempo preferido de Venter parece ser a sequenciação de genomas. No espaço de uma década, a sua equipa já tinha sequenciado os genomas de moscas da fruta, ratos e ratazanas, bem como o do caniche de estimação de Venter, Shadow. Em 2003, foi apresentado ao público um esboço da genética do caniche, que abrange cerca de 80% do seu genoma. O trabalho foi realizado por cientistas do Institute for Genomic Research e do Centre for the Advancement of Genomics, ambos em Rockville Bethesda, utilizando o novo método shotgun. Dividiram o genoma inteiro em pequenos pedaços, analisaram todos os pedaços letra a letra e, finalmente, colocaram-nos na ordem correta com a ajuda de computadores. Uma comparação com outros genomas completos, incluindo os dos seres humanos e dos ratos, mostrou que os darwinistas estavam errados quanto à origem das espécies e à forma como estas evoluíram:

> "Esta abordagem revelou que 18.473 genes caninos têm uma contrapartida nos 24.567 genes humanos identificados até à data. A análise também mostrou que os cães e os humanos partilham mais semelhanças do que os humanos e os ratos, apesar de os cães terem divergido do nosso antepassado comum muito mais cedo." [6]

[23]Ao contrário do que os evolucionistas acreditam, a genética molecular mostrou que os humanos e os cães estão mais intimamente relacionados entre si do que os humanos e os ratos. As análises genéticas também mostraram - ao contrário do que os evolucionistas acreditavam - que os morcegos estão mais intimamente relacionados com os cavalos do que as vacas com os cavalos [7]. Ainda mais preocupantes são as novas descobertas sobre a genética dos seres humanos, dos chimpanzés e dos gorilas.

Antes do advento da nova biologia, presumia-se que os humanos e os chimpanzés tinham um antepassado comum há cerca de 30 milhões de anos, enquanto o gorila se separou ainda mais cedo. No entanto, uma comparação das proteínas humanas e dos chimpanzés mostrou que esta data é incorrecta. As nossas proteínas estão tão intimamente relacionadas com as dos chimpanzés que o presumível antepassado comum não poderia ter vivido há 6 milhões de anos. Uma reanálise recente do ADN dos primatas, desta vez utilizando as técnicas mais modernas, revelou que uma proporção não negligenciável dos nossos genes está mais estreitamente relacionada com os do gorila [8]. Esta observação obrigou a que o tempo estimado para o antepassado comum dos humanos e dos chimpanzés coincidisse agora com o do gorila e da linhagem que deu origem aos chimpanzés e aos humanos. A "nova palavra" é que a linhagem humana-chimpanzé se separou da linhagem que deu origem aos gorilas há 6-8 milhões de anos, e que os humanos e os chimpanzés se dividiram em espécies diferentes por volta da mesma altura (4-6 milhões de anos atrás). O investigador evolucionista Jared Diamond afirmou que os humanos são o terceiro chimpanzé, mas a parte do ADN humano que está mais intimamente relacionada com o gorila desafia fortemente esta ideia. Os humanos não são "apenas chimpanzés". A Figura 9.1 mostra três árvores de linhagens alternativas para humanos, chimpanzés e gorilas. Dependendo dos genes analisados, os seres humanos estão mais estreitamente relacionados com os chimpanzés do que com os gorilas. A análise de 98 genes revelou que cerca de 55% dos genes são a favor de um clado humano-chimpanzé, 40% estão uniformemente distribuídos entre as duas topologias alternativas e os restantes genes são inconclusivos [9]. Porque é que tantos genes humanos estão mais próximos do gorila do que do chimpanzé? Terá havido uma troca recente de material genético entre as três espécies? Segundo os teóricos, isso deve-se à *homoplasia*:

> "As análises das quatro estirpes de exemplo sugerem que *a homoplasia* é uma das

---

[23] Os estudos de Venter contradizem os estudos sobre a presença e a posição dos retroposões, que mostram que os humanos são mais aparentados com os ratos do que com os cães.

principais razões para a falta de resolução observada. *A homoplasia* há muito que é apreciada na filogenética teórica, tendo sido feitos grandes esforços para compreender as suas causas e efetuar correcções. No entanto, os padrões observados levantam preocupações de que a extensão da *homoplasia* é muito maior do que seria de esperar de acordo com modelos amplamente aceites de evolução de sequências, e que as consequências associadas para os limites da resolução filogenética não são suficientemente apreciadas *(ênfase adicionada)*." [9]

Homoplasia é o termo evolutivo para "rearranjo genético partilhado". É de facto o caso: os humanos e os gorilas partilham frequentemente os mesmos genes ou rearranjos genéticos, enquanto os chimpanzés não o fazem. A homoplasia significa, portanto, simplesmente que os genes dos humanos e dos gorilas estão mais intimamente relacionados entre si do que os mesmos genes dos chimpanzés, porque os genes dos humanos e dos gorilas têm o mesmo rearranjo genético. Por outras palavras, os genes são os mesmos porque são os mesmos. Isto não é uma explicação, mas o uso de uma palavra difícil para uma observação. A homoplasia não explica porque é que observamos os mesmos genes nos humanos e nos gorilas. A homoplasia é uma pseudo-explicação. [24]Se um gene humano tem mais em comum com o de um chimpanzé, isso *não* se deve à "homoplasia" mas, *como* os teóricos da evolução *sabem,* à ancestralidade comum.

Incongruência

Atualmente, os geneticistas são capazes de traçar a história das mutações à medida que estas são herdadas nas famílias e determinar o indivíduo em quem a mutação ocorreu pela primeira vez. Um exemplo disto é a famosa doença de coagulação sanguínea, cientificamente conhecida como *hemofilia A*, que afectou gravemente Alexis, o filho mais velho do último czar russo Nicolau II. Como se trata de uma mutação recessiva ligada ao cromossoma X, é fácil de compreender que afecte predominantemente os homens. Como já foi referido, os homens só têm um cromossoma X e uma mutação num gene importante ligado ao X é imediatamente visível. O "Tsarevich" herdou a mutação relacionada com a doença através da sua mãe, Alexandra de Hesse, que por sua vez a recebeu da sua mãe Alice, filha da Rainha Vitória do Império Britânico. O pedigree da herança mostra que nenhum dos pais da Rainha Vitória foi afetado, o que sugere que a mutação deve ter tido origem nos genes da Rainha Vitória. A mutação fez com que a rainha se tornasse portadora de uma doença devastadora que grassou na realeza europeia durante quase um século [10]. A mutação ligou todos os indivíduos da espécie - neste caso, os seres humanos - e, uma vez que se observou reprodução, a impressão digital genética partilhada é prova da sua relação de parentesco. De uma forma mais geral, os padrões de caraterísticas partilhadas ou marcadores genéticos podem ser vistos como provas de ascendência comum em populações de espécies que se reproduzem.

Não há forma de avaliar se espécies que não se reproduzem juntas tiveram um antepassado comum. Para as espécies que não se cruzam, a ancestralidade comum só pode ser inferida. Se a filogenia inferida classicamente - com base na morfologia, ontologia e distribuição - for verdadeira, deve ser recapitulada pela genética molecular. Isto significa que a filogenia de um determinado gene, inferida a partir da sequência tal como ocorre em várias espécies diferentes, deve refletir os padrões clássicos ("conhecidos") de linhagem. Isto deve acontecer porque a ideia aceite sobre as alterações

---

[24] O genoma humano pode ter sido construído a partir dos mesmos elementos genéticos que foram utilizados noutros primatas, nomeadamente nos grandes símios. A homoplasia pode ser explicada partindo do princípio de que as mutações comuns sedevem a novas áreas funcionais, como os locais de ativação e degradação, e não a mutações aleatórias (hotspots).

hereditárias no ADN - as mutações - é que são introduzidas aleatoriamente. As mutações que ocorrem entre espécies que normalmente não se cruzam poderiam, portanto, ser tomadas como evidência de ancestralidade comum. Um credo frequentemente ouvido pelos evolucionistas é que as mutações comuns provam que as espécies descendem do mesmo antepassado. Na minha opinião, as comparações genéticas - ou análises filogenéticas - de espécies que não se reproduzem juntas são como comparar maçãs e laranjas. Uma das regras básicas da matemática proíbe a comparação de espécies diferentes e, no entanto, é exatamente isso que os teóricos da evolução fazem. Podem efetuar as suas análises estatísticas porque o seu princípio de descendência comum afirma que as espécies que não se reproduzem atualmente já o fizeram há muito tempo - todas as espécies têm um antepassado comum.

O estudo da filogenia é um estudo de caraterísticas homólogas. Assume que todos os membros de um táxon são descendentes do antepassado comum mais próximo, e a ascendência comum só pode ser inferida através da análise dos seus traços homólogos [11]. A filogenia molecular é o equivalente molecular da filogenia, uma vez que examina as caraterísticas homólogas dos genes de diferentes espécies. A era da filogenia molecular começou em 1967, quando Walter M. Fitch e Emanuel Margoliash reconstruíram a primeira árvore filogenética completa a partir de sequências de aminoácidos do citocromo C. A rápida disponibilidade de novas técnicas para a análise direta de sequências de ADN desencadeou outra revolução: a derivação de relações através da comparação direta das sequências de ADN de genes homólogos - ou seja, genes que desempenham a mesma função em organismos diferentes. O equivalente molecular da filogenia compara regiões de ADN de diferentes organismos, geralmente genes que codificam proteínas essenciais ou moléculas de ARN que se encontram em todos os organismos vivos. Os filogeneticistas utilizam estas sequências para criar a árvore da vida, que mostra como as espécies estão geneticamente relacionadas entre si e como descendem de presumíveis antepassados comuns.

Os biólogos evolutivos referem-se aos genes que foram herdados de um presumível antepassado comum como genes *ortólogos*. Uma das previsões do Darwinismo é que a ancestralidade comum se reflecte na filogenia dos genes ortólogos. Espécies que se pensa serem morfologicamente muito próximas devem também ter genes mais semelhantes, como os humanos e os primatas. Espécies mais distantemente relacionadas, como os seres humanos e as plantas, devem ser menos semelhantes. A ancestralidade comum de Darwin também prevê que as sequências de genes ortólogos em espécies separadas devem mostrar como a evolução se processou; as árvores de genes reconstruídas devem recapitular a relação evolutiva hipotética. Os novos laboratórios de biologia estão equipados com máquinas automáticas que analisam regularmente as sequências de genes. Nas últimas décadas, as sequências de genes ortólogos de centenas de espécies - tão diferentes como os aardvarks e os elefantes - tornaram-se disponíveis para análises comparativas, com algumas surpresas inesperadas. Muitos genes encontrados em formas de vida superiores, como os genes que codificam as proteínas ubiquitina e histona, não mostram de todo a estrutura evolutiva esperada. Se compararmos as sequências de ADN da histona H4, verificamos que as plantas estão relacionadas com as aves, as aves com as amebas e os humanos com a Drosophila. Se olharmos para as proteínas H4, também podemos ser uma minhoca, uma truta ou uma galinha [12]. O citocromo C é um exemplo clássico que é frequentemente citado como prova molecular de ancestralidade comum. No entanto, uma revisão cuidadosa da literatura científica revelou um quadro diferente.

O citocromo C é uma importante proteína metabólica que transporta electrões num processo conhecido como fosforilação oxidativa. [25]Nos seres humanos, este processo biológico básico tem lugar nas mitocôndrias (pequenos organelos subcelulares) e gera energia através da queima de açúcares utilizando o oxigénio que respiramos. As mitocôndrias estão presentes nas células de todos os organismos que consomem oxigénio e contêm um pedaço de ADN circular com vários genes necessários para a produção de energia, um dos quais é o gene do citocromo C. As mitocôndrias são fáceis de reconhecer e utilizar. As mitocôndrias são fáceis de isolar e os seus genes são relativamente pequenos, o que as torna uma ferramenta ideal para avaliar o parentesco evolutivo entre organismos. Até à data, os genes mitocondriais de centenas de espécies foram sequenciados e estão disponíveis para comparações filogenéticas. A árvore que resulta das sequências do citocromo C é frequentemente citada como um exemplo de genética molecular que recapitula linhagens evolutivas *"conhecidas"*. Nem sequer fiquei surpreendido quando percebi que os dados moleculares que aparecem na literatura científica popular não mostram o quadro completo, mas apenas a parte que é consistente com a ideia darwiniana.

Uma proteína funcional do citocromo C é absolutamente essencial para a vida - os organismos que não a possuem não podem viver. Análises genéticas exaustivas mostraram que apenas cerca de um terço dos cerca de 100 aminoácidos que compõem a proteína são absolutamente necessários para a sua função biológica; a outra parte pode ser substituída por um grande número de aminoácidos equivalentes sem quaisquer efeitos funcionais importantes. O número de proteínas do citocromo pode, portanto, ser praticamente ilimitado. O pressuposto de que todas as espécies descendem de um antepassado comum significa que as espécies estreitamente relacionadas devem ter sequências do citocromo C estreitamente relacionadas. Da mesma forma, as espécies que estão mais afastadas devem ter sequências mais afastadas. Isto deve ser assim porque as linhagens que se separaram recentemente de um ancestral comum não teriam tido tempo suficiente para acumular mutações. Os genes dos citocromos que estiveram separados durante muito tempo também tiveram muito tempo para acumular mutações e, portanto, serão menos semelhantes. O facto de os darwinistas terem de facto esta expetativa é evidente nos comentários do sítio Web da The Talk Origin, uma organização da Internet que promove a ideia de Darwin da descendência comum:

> "O número de sequências funcionais do citocromo c é praticamente ilimitado, e não há nenhuma razão *a priori* para que duas espécies diferentes tenham as mesmas sequências de proteínas do citocromo c, ou mesmo ligeiramente semelhantes. [13]

Se fosse esse o caso, também não haveria razão para assumir que duas espécies claramente relacionadas têm as mesmas sequências do citocromo C, ou mesmo sequências ligeiramente semelhantes, por exemplo, humanos e cascavéis. Se é razoável esperar que os genes do citocromo C mudem gradualmente de uma espécie para outra, então as mudanças (mutações) nos genes devem refletir as ideias de Darwin sobre a ancestralidade comum. Se a biologia molecular detetar sequências do citocromo C que se desviam das árvores de espécies esperadas, então temos outro argumento a favor de que a descendência comum não é verdadeira.

[26]Zhang e Chinnappa compararam as sequências de aminoácidos do citocromo c de 28

---

[25] Uma vez que as mitocôndrias contêm ADN, presume-se que são os restos de um microrganismo de vida livre que, em tempos, viveu como simbionte noutro microrganismo, formando assim os primeiros eucariotas.

[26] Um protista é um organismo unicelular com um núcleo celular (um eucariota), mas não é uma planta,

plantas, dois fungos, dois animais e dois protistas. Os autores referiram que:

> "Duas plantas com flores - *Stellaria longipes* e *Arabidopsis thaliana* - apresentam um baixo grau (18,9%) de dissimilaridade de sequência [do citocromo C]. Ambas são semelhantes ao fungo *Neurospora crassa*. É surpreendente que estas duas plantas apresentem uma maior divergência de sequência com outras plantas do que com espécies de fungos e animais. [...] A árvore filogenética mostra que o citocromo C *de S. longipes* está surpreendentemente agrupado com *Neurospora* e Arabidopsis e separado de outras plantas e protistas." [14]

O facto de duas plantas com flor formarem um grupo com fungos e não com plantas não é apenas inesperado, a observação é também um claro falsificador molecular da descendência comum. É notável que o falsificador não tenha consequências para a teoria darwiniana; o darwinismo pode lidar com falsificadores como este. [27]Sempre que os dados moleculares não correspondem ao resultado evolutivo esperado *("conhecido")*, *a transferência horizontal de genes* é invocada para explicar a inconsistência. Ou seja, para encaixar os dados divergentes na estrutura teórica padrão, os darwinistas assumem que as plantas - que de outra forma não estão intimamente relacionadas - adquiriram recentemente os genes da levedura *Neurospora*. As plantas divergentes adquiriram os genes de um fungo, e é por isso que formam um grupo com fungos e não com plantas. Não creio que a transferência horizontal de genes resolva o problema da teoria de Darwin. Antes da *Neurospora* doar um gene do citocromo, as plantas com flores já tinham um gene com a mesma função. Então a questão é: porque é que um gene de fungo substituiu um gene de planta? Os darwinistas devem argumentar que o gene fúngico é superior ao gene vegetal e proporciona uma vantagem selectiva. Mesmo os autores concordam que uma transferência horizontal de genes do citocromo não é uma explicação satisfatória e concluem que é difícil explicar porque é que 26 das 28 sequências de aminoácidos do citocromo C das plantas são muito semelhantes entre si, enquanto são muito diferentes das outras duas sequências das plantas derivadas de sequências de ADN.

Os seres humanos possuem apenas uma cópia funcional do gene do citocromo C. O gene, que tem sido extensivamente estudado, é monomórfico [15]. Isto significa que não são permitidas mutações na sequência de ADN. Para além do único gene funcional do citocromo C, o genoma humano contém onze pseudogenes do citocromo C transformados [16]. Pensa-se que os pseudogénios processados são inserções aleatórias de ARN de cadeia dupla no genoma que não têm qualquer função biológica. Tudo o que fazem é pegar carona no genoma humano e, devido à falta de restrições funcionais, podem facilmente acumular mutações. De facto, uma observação surpreendente nos pseudogenes do citocromo C pode refletir a natureza não gradual e não aleatória das alterações genéticas. As sequências dos onze pseudogenes são consideradas um registo molecular único da história do gene funcional do citocromo C. Assumindo que os pseudogénios são de facto transcrições mutadas do gene funcional, podemos inferir a sequência original de um gene e a forma como esta se alterou ao longo do tempo. [28]Os onze pseudogénios do citocromo C são de dois tipos muito diferentes. Nove dos pseudogenes são semelhantes

---

um animal ou um fungo.

[27] Porquê dar-se ao trabalho de efetuar análises filogenéticas complexas quando o resultado já está pré-determinado pelas árvores de linhagens "conhecidas"?

[28] Um olhar rápido sobre as sequências dos pseudogenes apresentados na Figura 10.1 mostra que várias mutações se alinham independentemente da idade estimada dos pseudogenes. O aminoácido na posição 44 do códão 1 é uma mutação óbvia - se lermos a figura de baixo para cima, a posição 44 muda de A para G e vice-versa quase sempre.

à sequência do rato, enquanto os outros dois são claramente derivados do gene humano funcional. O mais surpreendente é que *não* há transições de um para o outro. Os cientistas estimam que os nove pseudogénios semelhantes aos dos ratos tiveram origem entre 25 e 100 milhões de anos atrás, enquanto os dois pseudogénios derivados dos humanos tiveram provavelmente origem entre 15 e 17 milhões de anos atrás:

> "Estas duas classes distintas de pseudogenes humanos fornecem um
> registo molecular
> da história da evolução do citocromo c nos primatas e delineiam a
> um curto período de rápida evolução do gene funcional ... [e] ... Os eventos moleculares que controlam a rápida transição do citocromo c dos primatas para a sua forma humana atual permanecem desconhecidos. A hipótese é que o relaxamento da seleção negativa acelera a taxa de evolução proteica de genes recentemente duplicados [...] [não] encontramos provas da existência de um gene duplicado do citocromo c no genoma humano. [Embora o período de tempo durante o qual essas mudanças ocorreram não possa ser determinado com precisão, [os dados] sugerem que ele não excedeu significativamente 15 milhões de anos." [16]

A análise das sequências dos pseudogénios mostra dois grupos claramente definidos, um semelhante ao rato e outro semelhante ao homem. Nenhuma das sequências pode ser descrita como uma sequência de transição entre os dois grupos. É evidente que o gene do tipo rato só foi substituído por um gene *do tipo "humano moderno"* 15-17 milhões de anos antes da nossa era, e imediatamente. Isto é embaraçoso. As proteínas do citocromo C dos humanos e dos chimpanzés são idênticas - os humanos e os macacos rhesus diferem apenas numa posição de aminoácidos. Darwin afirma que o antepassado comum destes primatas viveu há cerca de *30 milhões de* anos e, uma vez que todos os primatas modernos têm o gene do citocromo C semelhante ao humano, este antepassado comum deve ter tido o gene do citocromo C semelhante ao humano no seu genoma. Como é que o gene do tipo rato pode ter sido substituído há 15-17 milhões de anos, tendo em conta os 30 milhões de anos? Também observamos peculiaridades inesperadas nos roedores. Por exemplo, o rato tem um gene alternativo do citocromo C específico do testículo com uma arquitetura genética e uma organização intrónica completamente diferentes, enquanto a sequência codificadora da proteína é muito semelhante à do gene somático. O gene específico do testículo é único e não tem pseudogénios [17]. Não são as mudanças graduais e a descendência comum de Darwin, mas as mudanças súbitas não aleatórias que caracterizam os genomas dos organismos.

Já mencionei o citocromo C da cascavel. Se não existe nenhuma razão *a priori*, para além da ancestralidade comum, para que duas espécies diferentes tenham as mesmas sequências de proteínas do citocromo, ou mesmo ligeiramente semelhantes, porque é que o citocromo C da cascavel está mais intimamente relacionado com os humanos do que qualquer outro citocromo conhecido de cobras ou tartarugas? Vejamos o que dois biólogos relataram no Biochemical Journal em 1991:

> "A sequência de aminoácidos do citocromo c da cascavel foi originalmente publicada em 1965 e foi uma das primeiras sequências a ser analisada. Quando comparada com outros citocromos c mitocondriais, a sequência da serpente rapidamente se revelou anómala. Havia vários sítios onde a proteína da serpente se assemelhava ao citocromo c humano, embora não tenham sido registadas anomalias comparáveis na proteína de outros répteis, como lagartos e tartarugas. As explicações para esses achados incluíram evolução acelerada na linhagem da

cobra, paralogia em vez de ortologia e determinação errônea da sequência, e a cascavel é agora frequentemente omitida das árvores filogenéticas do citocromo c." [18]

Acho bastante bizarro que os dados que não se enquadram na ideia de Darwin de descendência comum sejam simplesmente ignorados e não incluídos na análise filogenética. A omissão deliberada de dados para apoiar uma noção preconcebida das origens não faz parte do método científico. Os autores que reexaminaram a sequência da proteína da cobra acreditam que a sequência correta difere em nove sítios da que tem sido usada na teoria evolutiva desde 1965:

"Quatro destas diferenças estão localizadas perto do local de ligação do heme, numa região que só foi analisada quanto à composição de aminoácidos no estudo original. As outras cinco diferenças estão localizadas na região C-terminal da molécula e podem ser explicadas pela disposição incorrecta dos aminoácidos nos péptidos satisfatoriamente purificados. Apesar destas correcções, a sequência do citocromo c da cascavel continua a assemelhar-se mais ao citocromo c humano do que a qualquer outra proteína conhecida. Acreditamos que este é um exemplo de evolução convergente, embora pareça ter havido uma mudança acelerada na linhagem que liga a cascavel aos ancestrais vertebrados." [18]

Uma análise minuciosa dos genes do citocromo trouxe à luz um aspeto invulgar e completamente ignorado da genealogia molecular - a divergência de linhagens evolutivas assumidas ("conhecidas"). Um exemplo-chave que era suposto apoiar o dogma de Darwin é, de facto, um claro falsificador da descendência comum. Para manter a aparência de descendência comum, as infracções não são mostradas. É claro que omitir dados inadequados facilita o teste de uma hipótese, mas não aumenta a credibilidade dessa hipótese. Para popularizar a ideia de descendência comum, as sequências que não se encaixam no relato de Darwin são simplesmente omitidas. Considerando todos os dados genéticos do citocromo C, não é possível construir uma árvore filogenética que recapitalize a árvore de descendência evolutiva padrão ("conhecida"). Ao contrário do que a teoria evolutiva ensina, a genealogia molecular do citocromo C não favorece a ancestralidade comum.

A questão continua a ser se todos os genes devem refletir a mesma história genealógica? A resposta darwiniana deve ser um retumbante *sim*. A premissa da seleção natural como base da especiação exige que os genes individuais reflictam histórias evolutivas idênticas. A divergência entre as árvores de genes e as árvores filogenéticas *"conhecidas"* viola este princípio e levou ao aparecimento de uma nova disciplina na biologia evolutiva - a comparação das árvores de genes com as árvores filogenéticas. O gene que codifica a interleucina-1 beta é o principal exemplo [19]. A interleucina-1 beta é uma das muitas proteínas mensageiras que as células utilizam para comunicar. Nas últimas décadas, a comunicação célula-a-célula tem recebido considerável atenção científica, e muitos genes da interleucina-1 beta foram sequenciados em vários organismos superiores. Uma comparação dos genes revelou que o gene humano está mais intimamente relacionado com o rato do que com o porco e a ovelha. A teoria comum da evolução assume que as ovelhas e os porcos estão mais intimamente relacionados com os humanos do que os ratos, o que não corresponde à ideia de uma árvore genealógica. Como é que isso é possível? O livro sobre evolução molecular explica que a duplicação de genes após a fissão causou a anomalia. A beleza da nova biologia é que podemos muitas vezes testar essas hipóteses anteriormente não testáveis - fi-lo para o cenário proposto da duplicação da interleucina-1 beta. Existem oito genes relacionados com a interleucina-1 no genoma humano. Todos eles estão localizados no cromossoma 2, mais especificamente no braço longo deste cromossoma, uma posição conhecida como 2q11-2q13 [20]. A história evolutiva putativa dos oito genes foi deduzida a partir das suas sequências e mostra que o gene progenitor comum original duplicou um máximo de três vezes e deu origem à interleucina-1 alfa e à interleucina-1 beta [21]. A presumível duplicação, que deveria harmonizar a árvore genética com a árvore genealógica "conhecida", não pode ser provada a nível molecular. Por outras palavras, a hipótese é falsificada. [29]A incongruência da interleucina-1 beta não pode ser dissipada e representa mais um fator de falsificação da ancestralidade comum.

Transferência horizontal de genes?

As bactérias possuem mecanismos sofisticados de troca de cadeias de ADN. Isto permite-lhes misturar caraterísticas genéticas e pode, por isso, ser descrito como uma espécie de sexo bacteriano. Por vezes, quando as bactérias se deparam com um pedaço de ADN estranho que não está relacionado com o seu, também o podem apanhar e integrá-lo no seu genoma. Desta forma, a informação genética pode atravessar as fronteiras das espécies. Esta forma de intercâmbio genético foi observada em laboratório entre microrganismos não relacionados e é conhecida como *transferência horizontal de genes*. No mundo das bactérias, isto poderia explicar o facto de os mesmos genes serem encontrados em espécies distantes. À medida que encontramos cada vez mais genes em organismos superiores que contradizem as supostas linhas evolutivas de ancestralidade comum, a transferência horizontal de genes está a tornar-se cada vez mais popular como explicação para a compatibilidade das árvores de genes. Várias plantas têm um único gene mitocondrial que se destaca na análise filogenética, e pensa-se que estas plantas adquiriram o gene divergente através da transferência horizontal de genes, tal como descrito anteriormente para o citocromo C. Um grupo de cientistas da Universidade de Indiana sequenciou o ADN mitocondrial da planta com flor mais primitiva que existe atualmente - a *Amborella trichopoda*. O habitat deste arbusto restringe-se ao sub-bosque das florestas húmidas das terras altas da Nova Caledónia, e o que torna esta planta única é o facto de não possuir a vascularização caraterística da maioria das plantas com flor. Os dados moleculares foram um choque - as mitocôndrias da *Amborella* eram constituídas por uma estranha mistura de genes que não correspondiam ao padrão de linhagem esperado. Seis dos genes *da Amborella* assemelham-se muito mais aos genes correspondentes dos musgos do que aos de outras plantas com flores. Uns espantosos sessenta por cento dos genes mitocondriais não correspondem ao padrão esperado de ancestralidade vegetal. A teoria evolutiva assume que *a Amborella* herdou uma ou mais cópias de 20 dos seus 31 genes mitocondriais de outras plantas terrestres, embora tal nunca tenha sido observado em plantas [22]. O dogma da descendência comum de Darwin é salvo - mais uma vez - pela introdução de um mecanismo completamente ad hoc: a transferência horizontal de genes. A transferência horizontal de genes é um mecanismo interessante de troca genética que está bem documentado em bactérias, mas é muito duvidoso que tenha alguma importância em formas de vida superiores. É muito improvável que as anomalias que observamos nos vertebrados, por exemplo, se devam à transferência horizontal de genes. Pelo contrário, observamos que um código genético semelhante é utilizado em programas diferentes.

Os genes mitocondriais divergentes de *Amborella* argumentam claramente contra uma ancestralidade comum nas plantas. O número de casos registados de divergência de genes

---

[29] Os oito membros da família IL-1 também falsificam a hipótese 2R. Os genes estão localizados num agrupamento linear num cromossoma e não, como a hipótese 2R prevê, em cromossomas diferentes.

mitocondriais em relação às árvores genéticas esperadas pode ser apenas a ponta de um iceberg muito maior. A grande maioria dos organismos ainda não foi analisada geneticamente, e pode haver mais surpresas escondidas sob a superfície. Para manter o paradigma da descendência comum, é preciso assumir que mitocôndrias inteiras podem ser transplantadas de uma planta para outra. Como é que as mitocôndrias fazem isso? Quero dizer, como é que mitocôndrias estranhas entram nas células de uma planta sexualmente não relacionada sem fazer sexo? O sexo nas plantas é um fenómeno bastante complicado. Para fertilizar o óvulo de uma fêmea no corpo de frutificação, as células germinativas do macho - o pólen - têm de crescer no interior do pistilo. Mesmo que um pólen estranho conseguisse chegar tão longe - o que é altamente improvável - haveria ainda outro obstáculo a ultrapassar. As mitocôndrias são pequenos compartimentos subcelulares unidos por uma membrana rígida. Para trocar sequências de ADN mitocondrial, a membrana da mitocôndria estrangeira tem de se fundir com a da hospedeira. Esta é a única forma de as moléculas de ADN entrarem em contacto. No entanto, as mitocôndrias não foram completamente substituídas, mas apenas cerca de dois terços dos genes mitocondriais divergiram das árvores de genes, e apenas esta parte precisa de ser harmonizada. Por conseguinte, é necessário postular um evento de recombinação que ocorreu entre a molécula de ADN estranho e a molécula de ADN mitocondrial. As mitocôndrias não recombinam as suas moléculas de ADN, pelo que deve haver outra explicação que explique estas observações. É possível que as mutações possam ser introduzidas exatamente na mesma posição nas sequências de ADN mitocondrial e, assim, serem responsáveis pelas semelhanças de sequência observadas entre espécies não relacionadas?

Retroposons comuns como prova de ancestralidade comum?

[30]Os elementos Alu são membros específicos de primatas de segmentos curtos de ADN que ocorrem nos genomas de todos os primatas, mas têm uma função desconhecida. Cerca de 10 % do genoma humano é constituído por sequências Alu. A abundância de elementos Alu nos genomas humano e dos primatas resulta de um mecanismo de "copiar e colar" em que a RNA polimerase III gera uma transcrição que é transcrita reversamente e reincorporada no genoma. A integração de sequências alu de volta ao genoma é atualmente entendida como um fenómeno completamente aleatório, pelo que as sequências alu exatamente no mesmo local em primatas que não se reproduzem em conjunto são consideradas provas independentes do princípio de Darwin da descendência comum. Se fosse esse o caso, não deveríamos encontrar quaisquer desvios das linhagens evolutivas "conhecidas". Se observássemos apenas um elemento de Alue que violasse o princípio de Darwin, teríamos outra falsificação válida da ideia de Darwin de descendência comum. Em 1999, Dale J. Hedges e os seus colegas relataram a primeira comparação de elementos de Alue ao nível dos cromossomas. Analisaram o cromossoma 21 humano em busca de sequências Alu e compararam as suas posições com as do correspondente cromossoma 22 dos chimpanzés. Os investigadores encontraram muitas cópias de sequências Alu específicas de cada espécie - algumas eram exclusivas dos humanos, enquanto outras só estavam presentes nos chimpanzés. No entanto, um elemento Alu chamado *Alu CS12* foi encontrado exclusivamente nos genomas dos gorilas e dos chimpanzés e não nos humanos. Os autores comentaram que este facto sugere uma relação que contradiz a filogenia ortodoxa de um clado humano-chimpanzé e exclui o gorila [23]. No entanto, este facto não é motivo de preocupação, uma vez que não põe em

---

[30] Os elementos de alumínio pertencem à família dos elementos de nucleótidos de dispersão curta (SINE) (ver capítulo 13).

causa a ancestralidade comum. O comportamento de outro elemento Alu, referido como *Alu HS6*, foi mais preocupante. A Figura 9.2 mostra que a sequência *Alu* HS6 está presente em humanos, gorilas e orangotangos, mas não em chimpanzés. Esta observação altamente curiosa - que aparentemente contradiz a ancestralidade comum - levou os investigadores a considerar a possibilidade de remover deliberadamente este elemento Alu do genoma do chimpanzé.

> "As inserções HS6 em humanos, gorilas e orangotangos continham repetições diretas que eram idênticas tanto na sequência como no comprimento, sugerindo fortemente a identificação por linhagem. Inesperadamente, o locus do chimpanzé era um sítio de pré-integração perfeito, consistindo em apenas uma cópia da repetição direta." [23]

Uma vez que a excisão exacta de uma inserção Alu parecia muito improvável, os investigadores procuraram outras explicações possíveis para as suas observações, que não encontraram. A Figura 10-2 mostra as sequências de ADN em torno do local de integração *Alu HS6* nos seres humanos, nos grandes símios e no macaco-caruja *(Aotus trivirgatus)*. A ausência de *Alu* HS6 nos chimpanzés é suficiente para refutar cientificamente a ideia de descendência comum. [31]A única saída para os darwinistas agora é questionar a integração supostamente aleatória dos elementos Alu e a sua suposição de que eles não têm nenhuma função, mas apenas actuam como elementos egoístas.

LUCA

A hipótese da ancestralidade comum implica que os vestígios genéticos de um antepassado comum - como uma espécie de eco genético - devem ser encontrados em todos os genomas modernos. A esperança dos biólogos evolucionistas contemporâneos era que a genética molecular e a sequenciação de todo o genoma esclarecessem como era esse antepassado comum. Em 1999, esta esperança culminou num suposto organismo a que chamaram LUCA, que significa Last Universal Common Ancestor (Último Ancestral Comum Universal).

A nova biologia mostra que esta esperança foi agora frustrada. A procura de LUCA começou com a investigação dos genes de ARN ribossómico, que são uma parte essencial da maquinaria de formação de proteínas de todos os organismos. As sequências dos genes de ARN são quase idênticas em todas as formas de vida conhecidas. Isto pode refletir o papel essencial que estes genes desempenham na biologia e levou os teóricos da evolução a propor o "LUCA". Nos últimos dez anos, os cientistas utilizaram análises de genoma de alto rendimento para comparar um grande número de outros genes numa grande variedade de organismos modernos. Identificaram apenas sessenta genes que parecem estar universalmente presentes. A maior parte deles são tradutores bioquímicos que convertem o código genético em proteínas, ou estão envolvidos na produção de proteínas de outras formas, como os genes do ARN ribossómico. Sessenta estão muito longe de formar um organismo vivo. Os organismos auto-sustentáveis mais simples, as arqueobactérias, têm entre 1.000 e 2.000 genes. Bactérias mais complexas, como a bactéria intestinal comum *E coli*, têm genomas com 4.000 a 5.000 genes. Com apenas 60 genes, o LUCA não foi mais longe. Não há genes que contenham a informação para a produção de uma membrana celular, nem para a produção de energia ou outros processos biossintéticos. Sessenta genes fariam com que LUCA parecesse um vírus relativamente pequeno, um parasita molecular incapaz de cumprir até mesmo as tarefas bioquímicas mais rudimentares. A riqueza de novos dados biológicos revelou que, se um único LUCA

---

[31] Em vez disso, os elementos de alumínio são sequências de ADN que podem levar rapidamente a alterações nos genomas porque influenciam a expressão dos genes.

foi realmente o antepassado comum de todas as formas de vida actuais, deve ter contido informação genética em mais do que uma versão:

> "As implicações para o LUCA são de facto estranhas. Se um único LUCA lançou as bases para a diversidade atual de membranas, metabolismo, etc., deve ter tido várias versões diferentes de muitos genes importantes, para além dos sessenta universais. Linhagens posteriores teriam eliminado todos os genes deste conjunto, exceto um, resultando na atual diversidade de vias bioquímicas básicas. A ideia de que os organismos se tornam mais complexos em vez de menos complexos à medida que nos aproximamos da raiz da árvore da vida é incompreensível. [Um único LUCA] teria tido a bioquímica mais bizarra que se possa imaginar, diz David Saul da Universidade de Auckland." [24]

O LUCA não pode ter evoluído por um mecanismo darwiniano. Mais de uma versão dos mesmos genes importantes significa que o genoma de LUCA estava cheio de redundâncias genéticas que não poderiam ser mantidas por restrições selectivas. A conclusão óbvia é que nunca houve um ancestral comum para todas as formas de vida. LUCA é uma ilusão, uma ideia fixa criada pelo dogma da descendência comum. Alguns cientistas começaram a perceber que a ideia de descendência comum a partir de um único ancestral universal deve ser abandonada:

> "A ideia ingénua de que um grupo de organismos obteve todos os seus genes de um simples último antepassado comum está a desmoronar-se", afirma o microbiologista Gary Olsen, da Universidade de Illinois, na Nature. Nos últimos dois anos, tudo parece estar a unir-se numa imagem coerente [que LUCA pode ter sido uma última comunidade global comum]." [24]

A biologia tem consciência disso - a hipótese de Darwin da descendência comum foi falsificada. É preciso perceber que, uma vez que uma hipótese tenha sido cientificamente falsificada, permanece falsificada para sempre. Uma falsificação científica é como um teorema matemático. Não pode ser derrubada por novas experiências e a falsificação não se torna antiquada. Os darwinistas podem tentar salvar o seu paradigma da descendência comum com explicações ad hoc, como alegadas duplicações de genes que foram posteriormente recombinados do genoma, mas os seus argumentos nunca poderão ser objetivamente verificados. Os dados moleculares da nova biologia mostram que a hipótese darwinista da descendência comum também está em sérios problemas.

Capítulo 10
O meme do macaco

Um meme é uma ideia contagiosa. Na sua procura de outras coisas que pudessem ser classificadas como replicadoras, Richard Dawkins introduziu a palavra *meme* no seu bestseller *O Gene Egoísta* para descrever uma unidade auto-propagadora da evolução cultural. Os memes e os genes têm em comum o facto de serem ambos unidades de informação hereditária, embora se repliquem de formas completamente diferentes. Se pensarmos num organismo apenas como uma coleção de genes, como sugere Dawkins, então a cultura não é mais do que uma coleção de memes - uma coleção de histórias que contamos uns aos outros. Os organismos sobrevivem ao longo do tempo através da replicação dos seus genes. Do mesmo modo, a cultura pode ser sustentada pela replicação de memes, que são transferidos de cérebros e de armazéns de informação inanimados, como livros e computadores, para outros armazéns de informação. Um meme útil para os povos da Idade da Pedra seria *"Como fazer uma faca a partir de um pedaço de sílex"*. Um meme para os aborígenes australianos seria *"Como encontrar água no deserto"*. Memes como estes são copiados de geração em geração e são muito úteis quando se trata de sobrevivência. Outros memes parecem não ter qualquer função. São transmitidos apenas com o objetivo de serem transmitidos e, por isso, são considerados egoístas. Os memes egoístas comportam-se como vírus, infectando os cérebros. [32]Dawkins vê a religião como um conjunto de *memes egoístas* que infectaram os cérebros dos nossos antepassados há muito tempo e que continuam a ser transmitidos de geração em geração.

Qualquer ideia nova pode tornar-se um meme. O pré-requisito mais importante para que uma ideia se torne num meme é que encontre uma forma de ser replicada. Antes do advento dos meios de comunicação social, as novas ideias propagavam-se lentamente porque só havia uma forma de as divulgar: oralmente. Uma ideia só tinha hipótese de se tornar um meme se passasse de boca em boca com frequência suficiente para se enraizar firmemente na cultura. Atualmente, há muitas formas de uma nova ideia se tornar um meme, uma vez que é difundida através de jornais, revistas, televisão e Internet. Na ciência, as novas ideias espalham-se rapidamente porque são publicadas em revistas científicas ou apresentadas em conferências. Se uma ideia for agradável - de preferência naturalista - e não estiver muito em desacordo com as observações, é adoptada e transmitida por muitos cérebros: é o nascimento de um meme. Uma ideia aceite pela comunidade científica tem boas hipóteses de chegar a toda a comunidade e de se impor, pois a ciência goza de boa reputação na sociedade ocidental. *"Se os cientistas o dizem, tem de ser assim"* é um credo público frequentemente ouvido (isto também é um meme). Os memes não têm de ser verdadeiros, nem científicos. Só têm de ser difundidos, mais nada.

> "Dado que partilhamos mais de 98% do nosso ADN e quase todos os nossos genes, os chimpanzés são o melhor ponto de partida para estudar não as semelhanças mas as pequenas diferenças que nos distinguem." [1].

O excerto acima é de um editorial publicado numa edição de 2005 da Nature em resposta à descodificação do genoma do chimpanzé. Mas o consenso científico, o consenso de que partilhamos mais de 98% do nosso ADN com o chimpanzé, parece ser um meme - e, mais uma vez, é Darwin que se baseia nele. Darwin iniciou vários memes, a maior parte dos quais estão desactualizados e são cientificamente insustentáveis, mas continuam a

---

[32] Os sentimentos religiosos são, na melhor das hipóteses, vistos como instrumentos que ajudaram o grupo étnico humano a sobreviver e devem ter uma vantagem selectiva.

propagar-se. Em primeiro lugar, há a ideia de que a mudança biológica é um processo gradual. Outra é a sua sugestão de que a seleção natural é a base para compreender a especiação. Desde o dia em que Darwin postulou as suas ideias sobre as origens, tem havido amplas oportunidades para as reproduzir eficazmente com a ajuda dos meios de comunicação social. Os postulados de Darwin foram reproduzidos com tanta frequência e infectaram tantos cérebros que são agora considerados verdadeiros memes difíceis de apagar. A reputação científica dos memes de Darwin permitiu-lhes estabelecerem-se firmemente na sociedade ocidental. Se um meme é reproduzido com frequência suficiente, torna-se sacrossanto - ninguém o questiona, ninguém o escrutina. Talvez um dos memes mais frequentemente reproduzidos na teoria da evolução seja aquele que enfatiza a proximidade entre os humanos e os macacos. O "meme do macaco", como prefiro chamar-lhe, pode ser rastreado até ao tempo de Darwin. Na introdução à sua continuação de A Origem das Espécies, A Descendência do Homem, de 1871, Darwin escreve

> "O único objetivo deste trabalho é considerar, em primeiro lugar, se o homem, como qualquer outra espécie, descende de uma forma pré-existente; em segundo lugar, como evoluiu; e, em terceiro lugar, qual é o valor das diferenças entre os chamados grupos étnicos do homem. Como me limitarei a estes pontos, não é necessário descrever em pormenor as diferenças entre os vários grupos étnicos - um assunto enorme que foi tratado em pormenor em muitas obras valiosas. A grande antiguidade do homem foi recentemente demonstrada pelos trabalhos de muitos homens eminentes, a começar por M. Boucher de Perthes, e esta é a base indispensável para a compreensão da sua origem. Por conseguinte, tomarei esta conclusão como certa e remeterei os meus leitores para os admiráveis tratados de Sir Charles Lyell, Sir John Lubbock e outros. Também não tenho oportunidade de fazer mais do que apontar a extensão da diferença entre o homem e os macacos; pois o Prof. Huxley demonstrou conclusivamente, na opinião da maioria dos juízes competentes, que o homem difere em todos os caracteres visíveis menos dos macacos superiores do que dos membros inferiores da mesma ordem de primatas". [2]

Mas mesmo antes de Darwin discutir a descendência do homem, o naturalista alemão Ernst Haeckel, um dos maiores admiradores da teoria da evolução de Darwin, tinha feito exatamente a mesma sugestão. Darwin reconheceu esse facto:

> "Esta obra não contém praticamente nenhum facto original relacionado com o homem; mas como as conclusões a que cheguei, depois de fazer um esboço, me pareceram interessantes, pensei que poderiam interessar a outros. Tem-se afirmado com frequência e confiança que a origem do homem nunca poderá ser conhecida: mas a ignorância gera mais frequentemente confiança do que conhecimento: são aqueles que sabem pouco, e não aqueles que sabem muito, que afirmam tão positivamente que este ou aquele problema nunca será resolvido pela ciência. A conclusão de que o homem descende, juntamente com outras espécies, de uma forma antiga, inferior e extinta, não é de modo algum nova. Lamarck chegou a esta conclusão há muito tempo, e ela foi recentemente defendida por vários naturalistas e filósofos eminentes, por exemplo, Wallace, Huxley, Lyell, Vogt, Lubbock, Buchner, Rolle, etc., e especialmente por Haeckel. Este último naturalista, para além da sua grande obra, Genereelle Morphologie (1866), publicou recentemente (1868, com uma segunda edição em 1870) o seu Natürliche Schopfungsgeschichte, no qual discute longamente a

genealogia do homem. Se esta obra tivesse sido publicada antes de eu escrever o meu ensaio, provavelmente nunca o teria conseguido completar. Quase todas as conclusões a que cheguei foram confirmadas por este naturalista, cujo conhecimento é, em muitos pontos, muito mais abrangente do que o meu. Haeckel, dou a sua autoridade no texto; outras afirmações deixo-as como estavam originalmente no meu manuscrito, dando ocasionalmente referências às suas obras nas notas de rodapé, como confirmações dos pontos mais duvidosos ou interessantes." [2]

Tendo em conta os conhecimentos biológicos do século XIX - ou melhor, a falta deles - é hoje concebível que alguns naturalistas tenham defendido a ideia de que o homem teria evoluído a partir dos primatas. A morfologia do homem lembrava a dos macacos, nomeadamente a dos chimpanzés. [33]Os chimpanzés têm, de facto, dois braços e duas pernas. Os esqueletos dos seres humanos e dos chimpanzés são constituídos por 206 ossos que são surpreendentemente semelhantes. Os seus crânios também apresentam semelhanças. Em ambos os organismos, os olhos estão virados para a frente, o que é uma boa caraterística para a visão tridimensional binocular. Os chimpanzés e os humanos também têm duas orelhas - uma de cada lado da cabeça - e um nariz centrado. As expressões faciais e a inteligência do chimpanzé fazem-no parecer quase humano. Aparentemente, estas caraterísticas foram suficientes para fazer avançar a ideia de que os seres humanos e os chimpanzés são primatas intimamente relacionados que descendem de um antepassado comum não há muito tempo. Agora diz-se que a genética humana supostamente apoia esta afirmação evolutiva. O facto de se dizer que a genética dos seres humanos é quase - mais de 98% - idêntica à do seu parente mais próximo, o chimpanzé, é típico das histórias que encontramos tanto na literatura popular como na científica. Mas será que isso é mesmo verdade? Pode ser verdade que muitos genes codificadores de proteínas do genoma humano são bastante semelhantes aos do chimpanzé, mas o facto de partilharmos mais de 98% das nossas sequências de ADN com o chimpanzé é um equívoco.

Há quatro décadas, Dave Kohne e Roy J. Britten, na altura no Instituto de Tecnologia da Califórnia, desenvolveram um método para medir a divergência das sequências de ADN entre espécies. O método ficou conhecido como o *método da hidroxiapatite*. Trata-se de uma aplicação técnica da tendência do ADN de cadeia simples para se combinar e formar ADN de cadeia dupla - híbrido - e da medição exacta da temperatura a que o híbrido se forma. Esta é conhecida como a temperatura de dissociação ou ponto de fusão do ADN de cadeia dupla e depende do grau de complementaridade das cadeias de ADN. Quanto melhor for a correspondência entre duas sequências de ADN, maior será o ponto de fusão. Isto deve-se ao facto de quanto mais pares de bases se puderem formar entre duas cadeias de ADN, mais forte é a ligação e mais energia é necessária para as separar. A temperatura de fusão das cadeias de ADN correspondentes é, portanto, utilizada para estimar a homologia das sequências e, por conseguinte, o método é um método indireto. Vários grupos que começaram a comparar sequências de ADN de chimpanzés e humanos utilizaram este método. Utilizando ADN humano e de chimpanzé de cadeia simples, as melhores medições da época mostraram uma divergência de 1,76% em preparações de ADN de cópia única, um valor que reflecte mais ou menos a diferença de 1% entre as sequências de proteínas humanas e de chimpanzés, incluindo a hemoglobina e a mioglobina [3]. A base da citação generalizada de que os seres humanos e os chimpanzés

---

[33] Ou será que os chimpanzés têm quatro braços?

são geneticamente mais de 98% idênticos pode, portanto, ser rastreada até meados dos anos setenta do século passado.

Uma simples comparação quantitativa do genoma humano revelou que o nosso genoma é constituído por 2,85 mil milhões de blocos de construção, enquanto o genoma do chimpanzé é ligeiramente maior. Tendo em conta este facto, parte das sequências de ADN dos chimpanzés não pode estar presente nos seres humanos. Mas mesmo se não tivermos em conta o excesso de ADN do chimpanzé, os factos biológicos mostram que o valor de 98% não é correto. Em 2002, Britten comparou novamente as sequências de ADN de chimpanzés e humanos, desta vez utilizando técnicas de sequenciação de última geração. E sabem que mais?

> "A conclusão é que a antiga conclusão de que partilhamos 98,5% da nossa sequência de ADN com o chimpanzé está provavelmente errada. ... [Uma melhor estimativa seria que 95% dos pares de bases coincidem exatamente entre o ADN do chimpanzé e o ADN humano. [A divergência devida a substituições de bases é de 1,4%, e há uma diferença adicional de 3,4% devido à presença de indels." [4]

Britten está a dizer: *"Desculpem, pessoal, o nosso método dos anos 70 era incorreto: não detectava os indels, pequenos segmentos de ADN que são inseridos ou removidos das sequências"*. O trabalho de Britten mostrou que as mutações indel são responsáveis pela maior parte das diferenças genéticas entre humanos e primatas. As mutações indel aparecem nas comparações de sequências como pequenas sequências únicas. Quando duas sequências homólogas de espécies diferentes, por exemplo, de humanos e chimpanzés, são hibridizadas, ou seja, quando uma cadeia é ligada à outra, apenas a parte das sequências que é complementar forma uma cadeia dupla de ADN. A parte que não é complementar não pode formar uma cadeia dupla e acaba por ser uma cadeia simples (Figura 10.1). Obviamente, as mutações indel não podem ser detectadas com os métodos utilizados nos anos 70, mas com as técnicas modernas de sequenciação não há problema em encontrá-las. Os novos métodos da biologia mostram que o valor de 98% está errado em pelo menos 3%. Os indels são mutações, tal como as mutações pontuais. Ao comparar sequências entre espécies, todas as mutações devem ser tidas em conta, incluindo os indels. As conclusões de Britten não puderam ser ignoradas. A popular revista científica New Scientist chegou mesmo a referir que a diferença entre o ADN humano e o dos chimpanzés tinha triplicado com as novas descobertas de Britten [5]. As novas descobertas de Britten foram largamente ignoradas. Uma pesquisa avançada no NCBI Pubmed (acedida em 2006) revelou centenas de artigos sobre comparações entre humanos e primatas publicados após o artigo de Britten de 2002, mas todos sem referência ao trabalho de Britten. Um dos institutos mais produtivos especializados na análise de ADN de primatas é o Instituto Max Plank de Antropologia Evolutiva em Leipzig, Alemanha. [34]Em 2002, o instituto informou que a diferença genética entre humanos e chimpanzés era de apenas 1,2 por cento , um número que foi repetido numa edição de 2003 da Nature [6, 8]. Em vez de se aproximar dos cinco por cento de diferença de Britten entre as sequências de ADN de humanos e chimpanzés, o Instituto Max Planck afirma agora apenas um por cento. Qual poderá ser a razão para a discrepância entre estes dados e os de Britten? Estaria Britten errado? Não, Britten tinha razão. A diferença de um por cento

---

[34] Page e Goodman, dois antropólogos evolucionistas, argumentaram mesmo que os humanos e os chimpanzés deveriam ser considerados como um único grupo com base nos seus dados genéticos [7]. Na sua opinião, nós somos chimpanzés (pan), ou talvez os chimpanzés sejam mais parecidos com os humanos (homo).

que circulou na literatura durante mais de 20 anos foi o resultado de uma seleção de dados. Os programas utilizados para analisar os dados simplesmente omitiram um certo tipo de mutação: *As mutações Indel*. As mutações Indel são pequenos troços de ADN que não estão presentes nem nos humanos nem nos chimpanzés; são interpretadas como ADN adicionado ou removido de sequências homólogas depois de o antepassado comum se ter dividido em duas espécies filhas (daí: *indel*). Nas comparações filogenéticas, as mutações indel devem definitivamente ser tidas em conta. As mutações indel não só representam uma diferença real, como são a maioria. Os chimpanzés e os humanos têm sequências de ADN quase idênticas porque as análises genéticas não tiveram em conta *as mutações indel*. A análise de Britten, que teve em conta as mutações indel, é uma estimativa muito melhor da diferença absoluta entre o ADN dos chimpanzés e o dos humanos. A omissão de indels é a base para o número falso que ainda está a circular nos meios de comunicação social. Imagine o que aconteceria se também omitíssemos as mutações pontuais? [35]De facto, as sequências dos seres humanos e dos chimpanzés seriam 100 por cento idênticas. Ao omitir *as mutações indel*, os darwinistas podem mostrar que os humanos e os chimpanzés diferem apenas em um ou dois por cento. No entanto, este valor está errado. Sabemos que é de cinco por cento.

Uma das vantagens da nova biologia é o facto de existirem inúmeras oportunidades para comparar seres humanos e chimpanzés. A sequência completa do genoma humano foi disponibilizada ao público em 2004 [9] e, nessa altura, a maior parte do genoma do chimpanzé também já tinha sido sequenciado. Isto permitiu aos cientistas comparar cada letra de ADN entre humanos e macacos, o que era impossível antes dos projectos do genoma humano e do chimpanzé. Em 2002, o Consórcio Internacional para a Sequenciação do Genoma do Chimpanzé publicou um estudo em que foi analisado um mapa comparativo do genoma da primeira geração de humanos e chimpanzés. No estudo, os alinhamentos de mais de 77.000 cromossomas artificiais bacterianos contendo sequências genómicas de chimpanzés foram comparados com sequências genómicas humanas. Os dados foram uma surpresa total e revelaram grandes diferenças entre os genomas das duas espécies. O consórcio informou que tinha.

> "...descobriram posições candidatas, incluindo dois grupos no cromossoma 21, sugerindo grandes regiões de diferenças não aleatórias entre os dois genomas."
> [10]

Das 77.000 sequências de chimpanzés, apenas 44.000 correspondem a sequências do genoma humano. Isto representa apenas 57 por cento. Para o resto das sequências de ADN

---

[35] Mesmo que o genoma humano fosse 98% idêntico ao do chimpanzé - como os darwinistas nos querem fazer crer - isso não poderia ser o resultado da seleção natural. A identidade de sequência de 98% significa que, ao comparar a mesma secção de ADN em ambas as criaturas, 98 em cada 100 blocos de construção são idênticos, enquanto dois em cada 100 blocos de construção são diferentes. Significa também que 20 em cada 1000 blocos de construção são diferentes. Uma vez que o genoma humano contém três mil milhões de blocos de construção, deve haver 60 milhões de diferenças entre os seres humanos e os chimpanzés. A diferença de dois por cento refere-se apenas a mutações pontuais. Os 60 milhões de mutações pontuais devem ter surgido e sido selecionados em 6 milhões de anos (a idade estimada do último antepassado comum de humanos e chimpanzés), o que corresponde a cerca de 600 mil gerações (uma geração é definida como 10 anos). Em média, cerca de 100 mutações pontuais devem ter sido fixadas na população de criaturas de transição durante cada geração. Isso corresponde aproximadamente à frequência de mutação sob a hipótese darwiniana de descendência comum. Isto significa que todas as mutações pontuais que ocorreram na população dos nossos hipotéticos antepassados símios devem ter tido um valor seletivo. Sabemos que isto não é verdade: A maioria das mutações pontuais são seletivamente neutras ou simplesmente deletérias.

de chimpanzés analisadas, não há correspondência com o genoma humano. Trata-se de um resultado muito desfavorável, tendo em conta os 98% encontrados na literatura científica. O consórcio comentou que as sequências que não coincidem com as sequências humanas podem.

> "...não correspondem a regiões humanas sequenciadas, ou têm origem em regiões de chimpanzés que divergiram significativamente dos humanos, ou não correspondem por outras razões desconhecidas." [10]

Em maio de 2004, o consórcio publicou uma comparação de genomas ainda mais precisa, na qual comparou a sequência completa do cromossoma 22 humano com todas as sequências disponíveis do correspondente cromossoma 21 do chimpanzé. Também aqui foram encontradas grandes diferenças entre as duas espécies:

> "Ao comparar toda a sequência com o seu homólogo humano, o cromossoma 21, descobrimos que 1,44% do cromossoma consiste em substituições de uma única base, para além de quase 68.000 inserções ou supressões. Estas diferenças são suficientes para causar alterações na maioria das proteínas. De facto, 83% das 231 sequências codificantes, incluindo genes funcionalmente importantes, apresentam diferenças ao nível da sequência de aminoácidos. Além disso, mostramos uma disseminação diferencial de certas subfamílias de retrotransposões nas duas linhagens, sugerindo efeitos diferentes das retrotransposições na evolução humana e do chimpanzé. As alterações genómicas após a especiação e as suas consequências biológicas parecem ser mais complexas do que se pensava inicialmente." [11]

stOs imensos projectos de sequenciação do início do século XXI mostraram que a maioria dos genes humanos difere dos genes dos chimpanzés. Muitas diferenças genéticas resultariam em proteínas truncadas, mais curtas ou com uma forma tridimensional distinta. Os teóricos da evolução podem argumentar que estas proteínas são responsáveis pelos traços típicos específicos de cada espécie, mas não podem fornecer provas científicas para a sua afirmação. As proteínas interrompidas e truncadas não podem ser relevantes para o processo evolutivo darwiniano. Pelo contrário, muitas proteínas - ou partes delas - são simplesmente redundantes. Podem ser facilmente truncadas ou tornadas inúteis porque a sua inativação não põe em risco o sucesso reprodutivo da espécie. A seleção natural não afecta a parte redundante e sem importância do genoma. Os projectos mostraram também que os chimpanzés e os seres humanos têm tipos de elementos de ADN repetitivos, habitualmente designados por elementos retrovirais ou retrotransposões, nitidamente diferentes. Nos humanos, existem duas novas famílias de retrotransposões que não se encontram no genoma dos chimpanzés. [3]Os chamados "elementos nucleotídicos curtos intercalados" (abreviadamente SINEs) são *retroposões* 6, uma família de elementos genéticos com função desconhecida que se pensa serem restos de antigos vírus de ARN integrados - e são considerados ADN egoísta ou "lixo".

Em outubro de 2005, com a publicação do primeiro esboço da sequência do genoma do chimpanzé, que incluía uma comparação quantitativa com a sequência humana, verificou-se que dos 2,85 mil milhões de pares de bases da sequência humana, apenas 2,4 mil milhões correspondem à do chimpanzé. Isto representa uma diferença genética de mais de 15 por cento! Além disso, o consórcio de investigadores do genoma encontrou 36 genes codificadores de proteínas no genoma humano que não têm equivalente no chimpanzé [12]. O genoma do chimpanzé pode também conter genes únicos que não se encontram nos seres humanos. Até 2007, todos os genes presentes nos seres humanos foram comparados com os dos chimpanzés. O resultado foi que mais de 1400 genes que estão presentes nos humanos não se encontram nos chimpanzés. Os cientistas tiveram de anunciar oficialmente que a diferença genética entre os chimpanzés e os humanos era de 6,4 por cento na contagem dos genes [13]. Outra surpresa foi o facto de muitos genes que estão presentes tanto nos humanos como nos chimpanzés estarem inactivados. Pelo menos 17 genes activos nos chimpanzés já não estão activos nos humanos, embora ainda possam ser reconhecidos [12]. No genoma do chimpanzé, por exemplo, existe um gene intacto que codifica uma proteína chamada *caspase 12*. Experiências realizadas com ratos mostraram que a caspase 12 desencadeia um programa de defesa que mata as células descarriladas, nomeadamente em resposta a perturbações da homeostase do cálcio. Nos humanos, esta atividade está completamente ausente devido a várias mutações no gene da caspase, incluindo uma que introduziu um sinal de paragem prematuro.

"Curiosamente, as mutações de perda de função em ratinhos conferem uma maior resistência à apoptose neuronal induzida por amiloide sem causar defeitos óbvios de desenvolvimento ou de comportamento. A perda de função nos seres humanos pode contribuir para a patologia específica da doença de Alzheimer, que está associada à neurotoxicidade induzida pela amiloide e à perturbação da homeostase do cálcio" [12].

[36] Os SINEs são uma classe de elementos genéticos indutores de variação (ver Capítulo 13). O nosso genoma contém duas classes únicas que causam a surpreendente variação entre os seres humanos.

Curiosamente, as mutações de perda de função em ratos conferem uma maior resistência à morte de células neuronais induzida por amiloide, um fenómeno típico da doença de Alzheimer. A inativação do gene da caspase nos seres humanos pode ter contribuído para o facto de os seres humanos serem particularmente susceptíveis à doença de Alzheimer - uma doença caracterizada pela neurotoxicidade induzida pela amiloide e por uma homeostase do cálcio prejudicada, o que não é conhecido nos chimpanzés. Uma vez que os seres humanos não possuem o gene da caspase e a maioria deles não desenvolve a doença de Alzheimer, a caspase 12 pode ser considerada uma redundância genética - não conduz a um fenótipo imediatamente letal e não afecta o sucesso reprodutivo. Um gene da caspase ativo contribui para uma maior qualidade de vida e longevidade nos seres humanos. Como já referi, a longevidade não é um critério seletivo para os sistemas reprodutivos, e esta é a razão pela qual o gene da caspase pode falhar. Dada a perda independente de genes nos humanos e nos chimpanzés, o alegado antepassado de ambas as espécies deve ter tido muito mais genes activos do que os humanos modernos; também teve muito mais genes activos do que os chimpanzés modernos. Os darwinistas têm de reconhecer que o alegado antepassado comum tinha uma riqueza genética muito maior do que as duas espécies individuais. Em termos genéticos, os humanos modernos e os chimpanzés modernos são organismos empobrecidos. Uma comparação genética adicional revelou toda uma nova família de genes de micro-RNA que só existem nos humanos. Estes genes codificam pequenas moléculas de ARN de cadeia simples, constituídas por cerca de 22 nucleótidos (blocos de construção), e demonstraram regular a expressão dos genes bloqueando a tradução ou iniciando a degradação de cadeias selecionadas de ARNm. Tipicamente, cada tipo de microRNA regula a expressão de centenas de mRNAs diferentes, um desafio inimaginável para a seleção natural. Utilizando uma nova técnica de sequenciação, Berezikov e os seus colegas analisaram os microRNAs expressos nos cérebros de humanos e chimpanzés e descobriram 447 novas versões que eram previamente desconhecidas [14, 15]. Os autores referiram que cerca de 8% dos novos genes de microRNA são exclusivamente humanos. Para além disso, foram encontrados 25 genes de microRNA que são exclusivos do conjunto de dados dos chimpanzés. Estas novidades genéticas não estão relacionadas com outros tipos de genes de ARN expressos, como o ARN de transferência ou o ARN ribossómico. Noutro estudo,

Chen e Rajewsky investigaram os alvos dos microRNAs em humanos e referiram que parecem ter ocorrido poucas mutações [16]. Concluíram que 85% destes alvos são provavelmente funcionais. Durante muitos anos, acreditou-se e propagou-se que as diferenças entre humanos e chimpanzés se deviam apenas a um punhado de mutações pontuais. A nova biologia está a dissipar esta ideia. Os teóricos da evolução são agora confrontados com dezenas de milhões de diferenças e com a possibilidade de muitas delas terem efetivamente significado biológico. [36]As mutações aleatórias e a seleção natural devem ter gerado pelo menos 51 novos grandes precursores, a partir dos quais os micro-RNAs funcionais foram emendados, cada um dos quais desempenha agora um papel no controlo das redes de genes. Isto significa "evolução a partir do zero em alguns milhares de gerações". É demasiado absurdo acreditar que isto tenha acontecido de acordo com o princípio darwiniano. Diferenças ainda mais dramáticas nos segmentos de ADN que são exclusivos dos seres humanos são consideradas regiões de evolução rápida e são referidas como *"regiões aceleradas humanas"*, ou HARs. No total, foram identificadas 49 HARs no genoma humano.

> "[...] As HARs estão frequentemente associadas a regiões com uma elevada taxa de recombinação - o processo pelo qual uma descendência recebe uma mistura de genes parentais. Pensa-se que a recombinação e o seu processo associado, a conversão tendenciosa de genes, favorecem a incorporação de nucleótidos G e C em detrimento dos outros dois nucleótidos possíveis, A e T [...]. Uma vez que todas as substituições de nucleótidos observadas no *HAR1* são deste tipo, as taxas de mutação elevadas (e tendenciosas) poderiam explicar parte da rápida evolução do *HAR1*. No entanto, este processo não pode explicar as outras observações dos autores, tais como os pares de substituições que, em conjunto, estabilizam ainda mais a estrutura do ARN do HAR1." [17]

O gene HAR1F faz parte de um gene ARN recentemente descoberto que é expresso por um tipo específico de células cerebrais (as chamadas células Cajal-Retzius) e controla o desenvolvimento das seis camadas do córtex cerebral durante o desenvolvimento embrionário humano. O gene HAR1F humano difere do gene do chimpanzé em 18 posições, e as posições são significativas. A forma correta do ARN funcional é determinada por pares de nucleótidos que devem ter ocorrido como um único evento de mutação, caso contrário não poderiam contribuir para uma vantagem selectiva. Se quisermos acreditar, contrariamente às expectativas, que as diferenças entre o gene HAR1F dos humanos e dos chimpanzés surgiram através da evolução darwiniana, temos de aceitar alguns efeitos secundários darwinianos preocupantes. Em primeiro lugar, a seleção natural concentrou-se, em média, exclusivamente numa única caraterística, favorecendo as versões melhoradas do HAR1F. O resto do genoma está sujeito a uma seleção fraca e purificadora, pelo que se deteriora. Em segundo lugar, não há mais recursos de seleção disponíveis para explicar todas as outras diferenças nos genomas do homem e do chimpanzé, como as outras 48 áreas de grandes diferenças mencionadas acima. Factores como "o stress dos humanos que saem das árvores e andam sobre dois pés" não têm qualquer influência causal na orientação das mutações para coisas úteis, e a melhor maneira de evitar esse "stress" seria simplesmente voltar às árvores e andar de quatro [18]. É certo que o fosso genético entre os humanos e os chimpanzés é muito maior

---

[36] Aliás, existem centenas de moléculas de microRNA que ocorrem nos genomas dos primatas mas não noutros taxa, e podem ser estas pequenas moléculas reguladoras que explicam as caraterísticas típicas das espécies.

do que se pensava anteriormente. As diferenças incluem novos genes codificadores de proteínas, genes de micro-RNA únicos e novas classes de elementos transponíveis. Estas inovações não podem ser explicadas pela "descendência comum com modificações" de Darwin, e isto é algo de que não ouvimos falar nos media. O meme de que *"o nosso genoma mostra que somos quase chimpanzés"* é propagado como sempre porque se encaixa perfeitamente na ideia materialista de que os humanos são apenas um macaco mais evoluído e o seu parente mais próximo é o chimpanzé. Isso é ótimo para um meme, mas não para a ciência.

Paradigma perdido

Para compreender os fenómenos do mundo físico, a ciência trabalha com enquadramentos. Na gíria científica, esses enquadramentos são designados por *paradigmas*. Um paradigma é um conjunto de pressupostos, conceitos, valores e práticas que representam uma forma de ver a realidade para a comunidade que os partilha, especialmente numa disciplina intelectual. Ao longo dos anos, tenho encontrado muitos relatos que são tão maravilhosamente estranhos que um observador atento começa imediatamente a duvidar do paradigma de seleção da teoria da evolução. Muitos dos relatos surpreendentes são falsificadores claros da evolução darwiniana. O seguinte relato, por exemplo, vem de uma edição de 2003 de uma revista científica popular:

> "Um jovem a quem foi retirado todo o hemisfério esquerdo do cérebro aos oito anos de idade para parar convulsões crónicas tem agora capacidades linguísticas normais. Normalmente, o lado esquerdo do cérebro é responsável pela linguagem, mas os exames mostram que o jovem de 22 anos desenvolveu regiões de linguagem no lado direito - um exemplo extraordinário da capacidade de recuperação do cérebro." [1]

O cérebro não é uma coleção estática de neurónios, como os cientistas costumavam acreditar, mas o órgão deve ser visto como um sistema dinâmico com uma capacidade intrínseca de recuperar funções perdidas. A reorganização do cérebro é uma prova irrefutável contra o materialismo de Darwin, uma vez que a origem de tais sistemas é impossível de compreender numa perspetiva darwiniana. A seleção natural apenas seleccionaria as caraterísticas necessárias para o sucesso reprodutivo imediato. Quantas vezes é que os nossos antepassados tiveram de remover os seus cérebros para desenvolverem a capacidade de os fazer crescer novamente? Darwin não sabe a resposta. Pelo contrário, a capacidade de restaurar funções perdidas é algo inerente aos nossos cérebros - uma propriedade útil codificada na nossa molécula hereditária. A nova biologia - exemplificada aqui pela remoção cirúrgica de partes do cérebro que se pensava serem essenciais para o desenvolvimento das capacidades linguísticas - mostrou que os organismos têm muitas caraterísticas que não podem ser explicadas pela seleção natural. A nova biologia mostrou que não podemos determinar a função de muitos genes desligando-os, porque a inativação não tem qualquer efeito fenotípico. Este fenómeno peculiar de redundância genética parece ser a regra e não a exceção. A redundância genética é atualmente definida como uma *situação em que a desativação de um gene é seletivamente neutra*. Se dois ou mais genes de um organismo têm a mesma função ou uma função semelhante e se podem substituir uns aos outros, a inativação de um desses genes não tem qualquer efeito sobre a aptidão do organismo. A inativação de um dos genes não põe em causa o sucesso reprodutivo do indivíduo e não tem qualquer efeito sobre a sobrevivência da espécie. A redundância genética é a grande surpresa da nova biologia. Como é que os organismos podem ter genes neutros que podem ser interrompidos sem afetar a aptidão? Como é que as redundâncias genéticas se mantêm no genoma sem que a seleção natural actue sobre elas?

Uma teia de aranha

Para capturar as libélulas gigantes da Austrália, as aranhas-aranha-douradas tecem redes de dimensões imensas. Já vi algumas com mais de dois metros de diâmetro, penduradas em fios quase invisíveis e atravessando um riacho de tamanho médio. A roda gigante é tecida com fibras elásticas de proteínas pegajosas que lhe conferem uma enorme força e flexibilidade. Os raios de fibra, que irradiam do centro, são suportados por centenas de fios de ligação que mantêm a rede unida. Uma rede equilibrada de fios permite à aranha sentar-se tranquilamente no centro da sua teia. Não é fácil apanhar as ágeis libélulas, que se comportam como pequenos helicópteros; muitas vezes chocam com a teia da aranha, mas isso não costuma causar grandes danos. Se destruírem algumas fibras de ligação, a rede nem sequer se mexe, e se rasgarem um dos raios, a rede apenas balança durante um segundo. Depois de a aljava ter desaparecido, a grande roda reequilibrada continua a abrigar a esfera dourada no centro. A aranha quase não mudou a sua posição no espaço. O excesso de ligações entre as fibras garante que a teia se mantém funcional, mesmo que seja danificada. A teia de raios e rodas interligados proporciona a robustez necessária para apanhar libélulas.

A aparente surpresa de muitos biólogos quando confrontados com os inesperados nofenótipos nocaute resulta, na minha opinião, de uma profunda falta de compreensão dos efeitos não lineares nos sistemas bioquímicos. É irónico que os diagramas de parede padrão das reacções bioquímicas mostrem centenas de reacções acopladas que trabalham em conjunto em redes, enquanto os estudantes de doutoramento são tacitamente encorajados a pensar em termos de relações causais lineares. O pensamento linear de causa e efeito tem as suas raízes na filosofia grega antiga, foi adotado por académicos europeus do século XIX e ainda domina a maioria dos campos da ciência, incluindo a biologia. Não podemos compreender a redundância genética e a robustez biológica em termos de causalidade única linear, em que A é a causa de B, C é a causa de D e E. Os sistemas biológicos são concebidos como redes redundantes e sem escala. Numa rede sem escala, a distribuição das ligações entre os nós segue uma lei de potência, ou seja, contém muitos nós com um pequeno número de ligações, alguns nós com muitas ligações e muito poucos nós com um elevado número de ligações. Uma rede sem escala é semelhante à rede do globo dourado: os nós individuais não são necessários para que o sistema funcione como um todo. A Internet é outro exemplo de uma rede robusta e sem escala: A maioria dos sítios Web faz apenas algumas ligações, uma proporção menor faz um número médio de ligações, enquanto uma proporção menor faz a maioria das ligações. Normalmente, centenas de routers falham na Internet num dado momento, mas a rede raramente sofre grandes perturbações. Até 80% dos encaminhadores da Internet selecionados aleatoriamente podem falhar e os restantes encaminhadores continuam a formar um grupo compacto no qual continua a existir um caminho entre dois nós quaisquer [2]. Do mesmo modo, raramente nos apercebemos das consequências dos milhares de erros que ocorrem regularmente nas nossas células. Os genes nunca trabalham sozinhos, mas sim em redes redundantes e sem escala, com uma incrível capacidade de armazenamento.

Num sistema biológico não linear simples - apresentado na Figura 11.1 - com os nós A a E, A pode causar B, mas A também causa D independentemente de B e C. Esta rede muito simples, com apenas cinco nós, mostra a robustez devido à redundância de B e C. Se A não conseguir estabelecer a ligação a D, ainda há B e C que podem estabelecer a ligação. Redes extensas, constituídas por centenas de proteínas interligadas, garantem que as vias de sinalização importantes não são imediatamente interrompidas se uma delas for inactivada por uma mutação. Uma rede de proteínas cooperantes que podem substituir ou contornar as funções umas das outras confere robustez a um sistema biológico. É difícil imaginar como a seleção actua em nós individuais de um sistema redundante e sem escala. Os sistemas técnicos complexos assentam em redes sem escala que podem suportar pequenas falhas para resistir a falhas maiores. De certa forma, as redes sem escala que

cooperam entre si fornecem ao sistema um módulo anti-caos, necessário para a estabilidade e robustez do sistema. A teia de aranha é uma rede robusta sem escala. As redes genéticas e proteicas sem escalas são uma caraterística inerente e projectada dos genomas e podem explicar por que razão a redundância genética é tão generalizada nos organismos. As redes genéticas servem geralmente para estabilizar e afinar os complexos mecanismos reguladores dos sistemas vivos. Controlam a homeostasia, regulam a manutenção dos genomas e fornecem feedback sobre a expressão dos genes. A sobreposição das funções das proteínas também garante que a célula não tem de reagir com um único "on" ou "off" num determinado processo bioquímico, mas pode atuar algures no meio. A maioria dos genes do genoma humano está envolvida em redes reguladoras que reconhecem e processam informação para manter a célula informada sobre o seu ambiente. As proteínas que funcionam nestas redes ocorrem como grandes famílias de genes com funções que se sobrepõem. Numa cascata de ativação e desativação de proteínas sinalizadoras, as mensagens são transportadas do exterior para o núcleo da célula, contendo informações sobre o que está a acontecer no exterior da célula, para que esta possa reagir adequadamente. Se uma das interações falhar, o equilíbrio da vida não é imediatamente perturbado. A capacidade de amortecimento das redes genéticas redundantes também garante robustez para que os sistemas vivos se possam reproduzir a tempo. Num sistema linear, uma única mutação prejudicial perturbaria imediatamente o sistema como um todo: A força de uma cadeia é determinada pelo seu elo mais fraco. As redes biológicas interactivas, nas quais os elos paralelos e convergentes transmitem independentemente a mesma informação ou informação semelhante, quase nunca falham. A teia da bola de ouro só se desmorona se um raio inteiro for eliminado numa colisão com uma libélula, o que quase nunca acontece. Os sistemas biológicos funcionam como uma teia de aranha: muitos nós que interagem e se entrelaçam formam redes genéticas robustas e são responsáveis pela redundância genética [3].
Uma surpresa ainda maior é a natureza redundante do ADN não codificante "evolutivamente conservado". Os cientistas tinham observado que enormes regiões de ADN "lixo" genómico são idênticas em humanos e ratos. Estas regiões, conhecidas como "desertos de genes", não contêm genes codificadores de proteínas, mas o facto de serem conservadas entre humanos e animais levou os cientistas a examinar estes desertos mais de perto. Edward Rubin, diretor do Joint Genome Institute do Departamento de Energia na Califórnia, e os seus colegas descobriram que a sequência de um determinado deserto de genes é quase idêntica em humanos e ratos. Partindo do princípio de que estas regiões não têm qualquer função, tal conservação entre espécies que evoluíram de um antepassado comum há cerca de 80 milhões de anos, de acordo com a sabedoria darwiniana convencional, é altamente improvável. Estas regiões devem desempenhar funções biológicas essenciais, provavelmente algo muito importante na regulação dos genes ou na estabilização dos cromossomas. Para apoiar a "hipótese da função reguladora", o grupo de Rubin começou a criar ratinhos em que duas regiões do deserto altamente conservadas, que no seu conjunto compreendem cerca de 3 milhões de bases (blocos de construção do ADN), foram desligadas. Com a surpresa habitual: os ratinhos com um genoma reduzido estavam bem. Não havia sinais de redução da sobrevivência nem de patologia óbvia:

> Outros investigadores estão perplexos: "Eliminar 2 megabases e não ter qualquer efeito é notável", diz Jim Hudson, geneticista da Open Biosystems em Huntville, Alabama. Isto não pode ser verdade", diz um cético Arend Sidow da Universidade de Stanford" [4].

Tanto Hudson como Sidow perguntam-se se estas regiões não codificantes têm uma função que simplesmente não aparece nos testes. O pensamento darwiniano padrão exige constrangimentos selectivos para explicar as regiões conservadas, porque de outra forma as longas eras teriam destruído qualquer semelhança de sequência. A teoria padrão não pode explicar um elevado grau de conservação entre espécies que supostamente estão separadas por 80 milhões de anos evolutivos sem que a seleção natural seja uma força conservadora. A redundância das regiões conservadas não é apenas notável, é também fatal para a hipótese da seleção de Darwin.

As regiões de ADN não codificante podem estar envolvidas na estabilização do genoma. Como são consideradas redundância genética, as restrições de seleção são baixas e a perda da região provavelmente só se tornaria percetível como redução da aptidão após várias gerações. *A telomerase* é uma enzima estabilizadora do cromossoma que repara as extremidades perdidas dos cromossomas. A atividade da telomerase é importante em todos os organismos que armazenam informação biológica em cromossomas com extremidades terminais. Antes de as células se dividirem e se dividirem em duas células filhas, os cromossomas têm de ser duplicados. Esta duplicação é efectuada pela ADN polimerase, um complexo proteico que tem a capacidade de sintetizar a cadeia complementar a partir de um molde de cadeia simples. A ADN polimerase é um complexo bastante volumoso e não consegue chegar às extremidades externas do cromossoma. Como resultado, as extremidades externas não podem ser replicadas e os cromossomas tornam-se mais curtos após cada divisão celular. Para evitar uma perda rápida das extremidades dos cromossomas, estes são cobertos por várias cópias de uma sequência de ADN repetitiva (os telómeros), que são novamente ligados após cada divisão celular. É aqui que a telomerase entra em ação. A enzima repara as extremidades perdidas dos cromossomas, adicionando novas cópias dos telómeros. Nos mamíferos, a telomerase está muito ativa em todos os tecidos embrionários. E por uma boa razão: as células embrionárias estão constantemente a dividir-se e os telómeros perdem-se rapidamente. A presença constante da telomerase contraria o envelhecimento prematuro das células embrionárias. As células dos tecidos em proliferação, por exemplo, as células estaminais hematopoiéticas, que se dividem constantemente para produzir células sanguíneas, também apresentam concentrações elevadas de telomerase. Surpreendentemente, os ratinhos que não possuem uma telomerase funcional revelaram-se totalmente viáveis. Apenas as últimas gerações de ratinhos sem telomerase apresentaram telómeros curtos, o que sugere que perderam gradualmente as extremidades exteriores dos cromossomas [5]. Os genes redundantes não contribuem para o sucesso reprodutivo imediato e podem ser facilmente perdidos do genoma. A telomerase não contribui diretamente para a aptidão da geração seguinte e deve ser considerada como redundância genética. Este facto é também evidente nas experiências de eliminação realizadas em *Arabidopsis thaliana*. As plantas que não possuem o gene da telomerase são plantas knockout totalmente viáveis e sem fenótipo [6]. A sua função de estabilização dos cromossomas só se tornou evidente após cinco ou seis gerações. Depois disso, a descendência perdeu lentamente o ADN dos telómeros e os seus cromossomas tornaram-se cada vez mais curtos. Será que devemos acreditar que a natureza agiu de forma previdente ao inventar a proteína telomerase?

Sem poder preditivo

As boas teorias podem ser reconhecidas pelo facto de fazerem previsões; previsões que podem até ser arriscadas. A teoria geral da relatividade de Albert Einstein previu que o continuum espaço-tempo é curvado pela gravidade. Previa que a luz das estrelas que viajava pelo espaço não formaria uma linha reta, mas seria curvada pela ação de grandes corpos maciços. Em 1919, durante um eclipse solar total, esta previsão provou estar correta. A luz das estrelas foi de facto desviada pelo campo gravitacional do Sol, exatamente como previsto pela teoria de Einstein. Por esta razão, a teoria da relatividade de Einstein é uma teoria científica sólida. O que diz a hipótese de seleção de Darwin sobre os segmentos de ADN que não estão sujeitos a restrições de seleção, como os genes redundantes? Um sistema redundante é um sistema com mecanismos separados e independentes para a mesma tarefa, por exemplo, um hospital com geradores a gasóleo como reserva se a rede eléctrica falhar. Os sistemas de reserva genética fazem todo o sentido do ponto de vista do desenvolvimento técnico. A redundância genética também pode ser utilizada para salvaguardar funções biológicas importantes e conferir robustez a um organismo. Os sistemas de reserva genética significam que outros genes no genoma podem desempenhar a mesma tarefa da mesma forma. Um gene redundante carece, portanto, do chamado *constrangimento evolutivo (ou: seletivo)*. Os genes que podem ser desligados sem quaisquer consequências para a reprodução não estão sujeitos a constrangimentos de seleção. Não há razão para assumir que a seleção natural está em jogo em sistemas genéticos sem constrangimento evolutivo. Teoricamente, os genes redundantes deveriam sofrer mutações rápidas porque não existe uma força selectiva que exija a manutenção de uma determinada sequência de ADN. A hipótese da seleção de Darwin prevê, portanto, uma rápida divergência de genes redundantes entre populações isoladas e entre espécies. No entanto, não é isso que acontece. Já aprendemos sobre as famílias de genes multicópias. Todos os membros das famílias de genes multicópias são genes redundantes, e uma inspeção mais atenta mostrou que não são muito diferentes. Por exemplo, não há variação na amplificação múltipla dos genes que codificam as histonas e as moléculas de ARN de transferência. Porque é que isto acontece? A seleção purificadora deve resolver este quebra-cabeças darwiniano. A seleção purificadora é uma invenção para explicar porque é que alguns genes ou famílias de genes não apresentam qualquer variação; mantém os genes puros. A seleção purificadora significa que a sequência de tipo selvagem do gene é a única sequência permitida para esse gene. As mutações na sequência do tipo selvagem - mesmo em posições neutras - não são permitidas porque matam imediatamente o organismo. A seleção purificadora não pode ser um mecanismo importante para reter genes redundantes no genoma, porque a caraterística distintiva de tais genes é que eles podem ser removidos do genoma sem limitar o sucesso reprodutivo do organismo. Por outro lado, a hipótese de seleção de Darwin também deve prever que os genes essenciais - genes que se revelam letais quando inactivados - devem mudar mais lentamente. Se a evolução das proteínas se deve em grande parte a substituições de aminoácidos neutras e ligeiramente deletérias, então a frequência dessas mutações deve ser maior nas proteínas que contribuem menos para o sucesso reprodutivo individual. A lógica para esta previsão é que as proteínas relativamente dispensáveis devem estar sujeitas a uma seleção purificadora mais fraca e as substituições ligeiramente deletérias devem acumular-se mais rapidamente. Este argumento foi apresentado há mais de vinte anos e é fundamental para muitas aplicações teóricas da teoria evolutiva, mas apesar da intensa investigação científica, a previsão não foi confirmada. No entanto, foi demonstrado que esta previsão não é verdadeira para muitos organismos. Uma análise sistemática dos genes do rato mostrou que os genes essenciais não evoluem mais lentamente do que os genes não essenciais [7]. Da mesma forma, as proteínas de *E.* coli, que funcionam em enormes redes redundantes, podem tolerar tantas mutações como as proteínas únicas com apenas uma cópia [8], e os cientistas que compararam os genomas humano e do chimpanzé descobriram que os pseudogénios não funcionais, que podem ser considerados redundâncias, têm uma percentagem de substituições de nucleótidos semelhante à dos genes essenciais codificadores de proteínas [9]. Estes estudos mostram que a teoria darwiniana não é suficientemente robusta para resistir a previsões muito razoáveis sobre a redundância genética.

Uma questão importante que temos de colocar a nós próprios é: podemos compreender a redundância genética na perspetiva da seleção natural darwiniana? Não é difícil compreender como a seleção natural pode preservar genes essenciais de cópia única. Se um gene essencial de cópia única estiver gravemente defeituoso, ou se se perder do genoma, o organismo afetado tem imediatamente uma aptidão reduzida e está em desvantagem reprodutiva. Pode morrer prematuramente sem deixar descendentes, ou produzir menos descendentes do que os irmãos de tipo selvagem que têm uma cópia funcional do gene essencial. Devido a esta diferença na taxa de reprodução, os genes essenciais defeituosos não se acumulam na população. Os darwinistas provavelmente diriam que a seleção natural é uma força bruta que trabalha para preservar o tipo selvagem através da seleção purificadora. A conservação de multicópias e de genes redundantes é muito mais difícil de compreender. Como pode a redundância genética ser mantida no genoma sem que a seleção natural actue constantemente sobre ela? Como é que os organismos desenvolveram genes que não estão sujeitos à seleção natural? Vejamos primeiro como se pensa que surge a redundância genética. Susumo Ohno explorou esta ideia no seu influente livro *Evolution by Gene Duplication* em 1970 [10]. Por vezes, um gene ou uma secção mais longa de informação biológica é duplicada durante a divisão celular. Quando as duplicações ocorrem em células da linha germinal e se tornam hereditárias, o mesmo gene pode estar presente duas vezes no genoma da descendência - uma reserva genética. Ohno argumentou que as duplicações de genes e genomas são as principais forças motrizes por detrás da crescente complexidade da evolução darwiniana, ou seja, a evolução dos micróbios para microbiologistas. Ele propôs que as duplicações de material genético criam redundâncias genéticas, que podem então acumular mutações e assumir novas funções biológicas. Os elementos de ADN duplicados não estão sujeitos à seleção natural e podem transformar-se livremente em novos genes. Ao longo do tempo, argumentou, um gene duplicado pode diferir nas suas caraterísticas de expressão ou função devido à acumulação de mutações (pontuais) nos segmentos reguladores e codificadores do duplicado. As duplicações que se transformam em novos genes com uma vantagem selectiva seriam certamente favorecidas pela seleção natural. Ao mesmo tempo, a redundância genética protegeria as funções antigas quando surgissem novas funções, reduzindo assim a letalidade das mutações. Ohno estimou que, por cada novo gene criado por duplicação, cerca de dez cópias redundantes devem ser adicionadas às fileiras de sequências de bases de ADN sem função [11]. A diversificação do material genético duplicado é agora a ideia evolutiva padrão aceite sobre a forma como os genomas adquirem informação útil. A ideia de Ohno de evolução por duplicação também fornece uma explicação para os knockouts sem fenótipo: se os genes se duplicam com relativa frequência, é razoável esperar algum grau de redundância na maioria dos genomas, uma vez que as duplicações fornecem ao organismo genes de substituição. Desde que os genes duplicados não mudem demasiado, podem substituir-se uns aos outros. Se um se perder ou for ativado, o outro assume a função. A teoria de Ohno prevê, portanto, uma ligação entre a redundância genética e a duplicação de genes.

Alguns biólogos debruçaram-se especificamente sobre esta questão, utilizando a riqueza de dados genéticos da *Saccharomyces cerevisiae* - a vulgar levedura de padeiro. O genoma desta levedura foi um dos primeiros a ser completamente analisado e verificou-se que uns espantosos sessenta por cento dos seus genes podem ser inactivados sem produzir um fenótipo - estes genes são redundantes. Em 1999, Winzeler e colaboradores relataram na revista Science que apenas nove por cento dos genes não essenciais *de Saccharomyces* têm semelhanças de sequência com outros genes no genoma da levedura e poderiam, portanto, ser o resultado de eventos de duplicação [12]. No entanto, a maioria dos genes redundantes de *Saccharomyces* não estão relacionados com genes do genoma da levedura, o que indica que as duplicações genéticas não podem explicar a redundância genética. Num estudo de 2000, Andreas Wagner incluiu todos os dados disponíveis para a nova biologia da levedura de padeiro, incluindo a sequência completa do genoma, todos os dados de expressão genética e os resultados de estudos sistemáticos de knockout. A sua análise pormenorizada recapitulou as conclusões originais de Winzeler de que os genes fracos ou ineficazes [isto é, não essenciais e redundantes] não têm mais probabilidades de ter genes paralogues - isto é, duplicados - no genoma da levedura do que os genes que conduzem a um fenótipo definido quando eliminados. Wagner chegou à conclusão de que a robustez das estirpes mutantes não é causada pela duplicação e redundância de genes, mas sim por interações entre genes não relacionados [13]. Estudos recentes confirmaram agora que as redes de cooperação de genes não relacionados contribuem significativamente mais para a robustez do que o número de cópias de genes [14]. Esta é também uma conclusão de outro grande projeto de sequenciação, no qual foi descodificado o genoma do nemátodo *Caenorhabditis elegans*. No âmbito deste projeto, foram localizados e descodificados 16 000 genes, quase tantos como nos seres humanos. Para decifrar o papel dos genes com apenas uma cópia e dos genes com várias cópias na robustez às mutações, os genes do verme foram temporariamente desactivados - não todos os genes ao mesmo tempo, mas um após o outro. Surpreendentemente, 89% dos genes de cópia única e 96% dos genes duplicados não apresentaram efeitos fenotípicos detectáveis; a maioria dos genes é redundante [15]. Pensava-se que os genes redundantes tinham surgido através de duplicações de genes, mas não encontramos qualquer ligação entre redundância genética e genes duplicados nos genomas. A nova biologia mostra que a duplicação de genes não é um dos principais factores que contribuem para a redundância genética e que as redes genéticas robustas encontradas nos organismos não têm explicação. A ligação prevista entre redundância genética e duplicação de genes não está presente. A interessante ideia de Ohno de evolução por duplicação de genes não pode, portanto, estar correta. O facto de a duplicação não desempenhar o papel central assumido pelos biólogos evolutivos também se tornou claro após a conclusão do Projeto Genoma Humano. Um dos resultados mais importantes deste imenso projeto foi a identificação do "nascimento" de 1.183 novos genes nos últimos 60-100 milhões de anos de evolução e a "morte" de apenas 83 no mesmo período [16]. O elevado número de novos genes em relação aos genes inactivados - ou simplesmente: mortos - sugere que, quando um gene é duplicado, a cópia deve ter dado origem quase imediatamente a um novo gene. Isto pode ser visto em grupos de genes que se pensa terem surgido de eventos de duplicação e diversificação. No grupo de genes de citocinas do cromossoma 5 e no grupo de genes de hemoglobina do cromossoma encontramos quase exclusivamente genes activos - ou "vivos". No processo darwiniano de tentativa e erro, seria de esperar exatamente o contrário: uma elevada proporção de genes mortos ("try-outs") e o aparecimento de um novo gene esporádico. A nova biologia mostra que não foi esse o caso.

A redundância genética pode ser observada a todos os níveis da biologia. Os cientistas construíram estirpes de bactérias *E. coli* que carecem de oito por cento do genoma de tipo selvagem e reduziram o número de genes em mais de nove por cento. Centenas de genes podem ser simplesmente removidos sem afetar a taxa de multiplicação da bactéria em meio mínimo [17]. Centenas de genes estão presentes no genoma bacteriano sem qualquer efeito direto na aptidão. Evidentemente, as bactérias retêm muito mais genes no seu genoma do que os absolutamente necessários num determinado habitat. Este facto é notável e confirma a natureza não essencial e redundante destes genes. E a redundância não se deve à duplicação de genes. Os segmentos de ADN duplicados são muito raros nos genomas bacterianos. Em *E. coli*, praticamente todos os genes estão presentes como cópias únicas. Isto acontece porque a maioria das bactérias tem apenas um cromossoma e as cópias múltiplas do mesmo gene num cromossoma são inerentemente instáveis. Quando os genes duplicados têm a mesma orientação - e isto é frequentemente o caso - o cruzamento desigual entre os dois duplicados idênticos elimina todo o segmento que os separa. Os genomas bacterianos procuram a simplicidade; cada recombinação entre duas sequências idênticas resulta em deleções. Se os duplicados estiverem alinhados em direcções opostas, normalmente não são facilmente eliminados do genoma. Durante a recombinação, a secção de ADN entre os duplicados é invertida. Cópias múltiplas de elementos genéticos com a mesma sequência ou com uma sequência semelhante também tendem a recombinar-se. Por isso, um gene só é estável no genoma se não for demasiado semelhante a outros genes. Estima-se que a duplicação de genes bacterianos ocorra com uma frequência considerável, nomeadamente até um em cada dez mil indivíduos. Por conseguinte, pode presumir-se que um grande número de células numa cultura bacteriana possui genes duplicados. Teoricamente, as duplicações podem ser seguidas de uma nova amplificação de genes ou podem ser removidas do genoma por eliminação. Paradoxalmente, os genes duplicados raramente são observados em *E. coli*. Apesar da produção constante de material genético duplicado espontaneamente, as duplicações não parecem conferir uma vantagem selectiva. A evidência biológica sugere o oposto - o material genético duplicado é quase inexistente nos microrganismos, sugerindo fortemente que a duplicação genética é prejudicial. Esta pode também ser a razão pela qual quase nunca encontramos pseudogénios - genes inactivos, mutantes e duplicados - nos genomas bacterianos. Este tipo de embelezamento do genoma bacteriano é demasiado intensivo em termos de consumo; desperdiçar energia é equivalente à extinção num microcosmos competitivo em que cada molécula de energia é necessária para a reprodução:

> "Imagine-se, por exemplo, uma duplicação que acrescenta mais 10% de ADN ao genoma *da E.* coli. Devido a este ADN extra, o tempo mínimo de divisão das bactérias que o transportam é aumentado em 10%, pelo que estão em grande desvantagem, a menos que esta adição codifique produtos genéticos particularmente necessários. [No entanto, no momento em que esta pressão de seleção é removida, a desvantagem de uma variante desnecessária, se não mesmo prejudicial, manifesta-se. São então selecionadas novas variantes que eliminam o ADN duplicado através de novos eventos de crossing-over." [18]

Este excerto de um livro didático defende que é pouco provável que sequências de ADN duplicadas sejam selecionadas, a menos que existam restrições de seleção permanentes que mantenham ambas as duplicações no genoma. Restrições selectivas na função dos genes fazem com que os genomas retenham elementos de ADN, enquanto que as deleções e a deriva genética fazem com que os genomas se contraiam. Estas duas últimas forças naturais fazem com que os microrganismos procurem sempre obter genomas comprimidos. Costumava-se assumir que os genomas bacterianos evoluíam através de repetidas duplicações do genoma. A nova biologia mostra que não é esse o caso. Em primeiro lugar, as bactérias aparentadas com genomas de tamanho semelhante contêm frequentemente complexos de genes muito diferentes, e a disposição dos genes duplicados não é uniforme nos diferentes taxa. Em segundo lugar, a variação no tamanho do genoma dentro de uma espécie bacteriana é muitas vezes suficientemente grande para dificultar a categorização numa determinada classe de tamanho. Em terceiro lugar, as análises filogenéticas mostram que as bactérias com os genomas mais pequenos são descendentes de bactérias com genomas maiores [19]. Os genomas mais pequenos são simplesmente o resultado de perdas genéticas maciças de genomas maiores. Aparentemente, os genomas bacterianos não crescem, mas diminuem ao longo do tempo. Os dados científicos disponíveis sobre a evolução dos genomas bacterianos tornam a evolução de Darwin do micróbio ao homem uma mera especulação, uma história que não é apoiada pelos factos biológicos. Como é que organismos com genes não relacionados com funções iguais ou semelhantes podem ter evoluído? Ninguém previu as redes genéticas no genoma; ninguém previu a redundância genética. A teoria da evolução não consegue explicar a existência de redes genéticas, redundância genética e robustez com duplicação, mutação e seleção. Simplesmente não fazemos ideia de onde tudo isto veio. [st]No início do século XXI, a informação contida no genoma é o maior mistério do universo.

Para evitar o problema da perda de genes redundantes em vez de serem convertidos em novos genes, os modelos computacionais que simulam a evolução darwiniana exigem um certo grau de *quebra de simetria* entre os genes. Para manter a duplicação de genes, a semelhança estrita entre cópias deve ser quebrada: uma das cópias deve ser movida para outro local no genoma, de preferência para outro cromossoma ou para a outra extremidade de um braço cromossómico. Para manter a igualdade funcional, é necessário assumir a desigualdade mutacional, enquanto a igualdade mutacional pressupõe uma eficiência divergente. Nos modelos matemáticos mais simples, genes idênticos devem sofrer mutações a taxas diferentes e funcionar com eficácia diferente [20]. Se as mutações são meramente introduzidas ao acaso, como acreditam os darwinistas, diferentes taxas de mutação de genes duplicados não são muito realistas. O cruzamento desigual de braços cromossómicos resulta em dois genes idênticos que estão localizados imediatamente ao lado um do outro. Um dos genes é agora suscetível de ser inactivado, a menos que as taxas de mutação nos genes não sejam aleatórias, o que significa que um dos dois genes tem maior probabilidade de acumular mutações. Isto foi observado para genes localizados em diferentes partes do genoma, por exemplo, quando um dos genes é centromérico e o outro telomérico, ou quando estão localizados em cromossomas diferentes. Para se manterem, os genes duplicados têm de se deslocar. Os genes de alta abundância estudados no capítulo anterior mostraram que é pouco provável que as duplicações sejam conservadas, pois existem mecanismos de homogeneização dos genes. Só ignorando estes mecanismos e assumindo que a seleção fraca actua sobre os genes duplicados é que os teóricos da evolução podem mostrar que os genes redundantes podem ser fixados numa população [20]. Estes constrangimentos não são muito realistas e os modelos só precisam de explicar a redundância genética em termos de seleção natural; para ser conservado, um gene duplicado deve proporcionar uma vantagem reprodutiva direta, caso contrário não pode ser favorecido pela seleção. No entanto, é possível observar que muitas regiões do genoma, incluindo os genes codificadores de proteínas, são dispensáveis e redundantes. Os genes podem existir no genoma mesmo sem seleção natural! Os estudos da nova biologia revelaram que um excesso de genes caracteriza os genomas de todos os organismos estudados. Este facto levou a maioria dos biólogos evolutivos a aceitar a ideia de que a redundância genética existe para salvaguardar os genes essenciais, de modo a que as mutações nos genes não sejam imediatamente fatais. Perante estes factos, diz-se hoje que a seleção natural favorece os organismos robustos [21]. Mas isso não ajuda muito. O problema para a teoria evolutiva, que ainda se baseia fortemente na seleção natural de Darwin, é que os genes supérfluos não podem ser tidos em conta pela teoria da seleção. O verdadeiro problema é que não se pode provar que a seleção actua sobre os genes redundantes.

Paradigma perdido

Os darwinistas são seleccionistas. Todas as caraterísticas e traços de cada organismo são explicados como o produto da seleção natural. Consequentemente, a genética que determina essas caraterísticas também deve ser explicada pela seleção natural. Do ponto de vista darwinista, os genes não se poderiam formar sem a seleção natural. A redundância genética omnipresente lança sérias dúvidas sobre o significado da seleção darwiniana. Para a teoria darwiniana, os genes verdadeiramente redundantes são um paradoxo impossível. Isto porque a seleção natural não pode impedir a acumulação de mutações prejudiciais em genes genuinamente redundantes e, por isso, não pode impedir que as redundâncias se percam. Para um darwinista, é contraditório imaginar que a redundância genética é evolutivamente estável, pois os genes redundantes deveriam *"dissolver-se"* rapidamente. No entanto, os genes redundantes não mudam mais rapidamente do que os genes essenciais. E uma vez que vários estudos biológicos recentes forneceram provas de que a redundância genética *não* está associada a duplicações de genes, este mecanismo também pode ser excluído como causa ou razão para os genes redundantes. As previsões da teoria evolutiva padrão que lidam com a redundância genética não são claramente corretas. A redundância genética é um paradoxo darwiniano; a teoria evolutiva precisa de um novo paradigma. Podemos ter a certeza de uma coisa: A teoria darwiniana não vai passar sem a magia de Darwin - a seleção natural. Não pode passar sem ela. Diethard Tautz já argumentou que as forças de seleção fracas são suficientes para moldar os genomas. *Os knockouts sem fenótipo* podem ser vistos como evidência biológica de forças selectivas fracas, diz ele, caso contrário os knockouts sem fenótipo não existiriam [22]. Esta é provavelmente a pior evidência que já encontrei num artigo científico. Pode ser verdade que as coisas são como são, mas esta tautologia está a tirar o máximo partido da questão. De facto, Tautz introduz o equivalente biológico do *princípio antrópico*, um paradigma outrora popular na física que explica que o universo é como o vemos porque, se fosse de outra forma, não estaríamos aqui para o observar. No entanto, na física, o princípio antrópico é encarado com grande ceticismo. Será que devemos aceitar uma tautologia semelhante na biologia?

> "É suposto alguns ratos estarem mortos. Pelo menos Teyumuras Kurzchalia esperava que os seus ratos ficassem gravemente doentes. Mas o sintoma mais marcante dos seus ratinhos geneticamente modificados era uma ereção persistente. Os ratinhos careciam de um gene chamado caveolina-1, que é necessário para a formação das cavidades em forma de pistão que marcam a superfície de muitas células de mamíferos e que se pensa ajudarem a reunir moléculas que transmitem sinais para o interior da célula. A desregulação do gene deveria ter conduzido a problemas graves, concluiu Kurzchalia, que trabalha no Instituto Max Planck de Biologia Celular Molecular e Genética, em Dresden." [23]

Os knockouts sem fenótipo são a razão da crescente incredulidade dos biólogos que até agora têm explicado a complexidade biológica com a hipótese da seleção natural. Estes biólogos foram educados no quadro darwiniano e não conseguem compreender a existência de genes sem a seleção natural. É o velho mantra *"a seleção natural criou os organismos, logo deve ter criado os genomas"*. O material genético duplicado criou a redundância e a seleção natural fixou-a no genoma. Agora que os novos dados biológicos mostram que muitos genes podem ser simplesmente eliminados do genoma, o princípio de Darwin da seleção como uma força biológica importante não é rejeitado, mas as observações são postas em dúvida.

> "As redundâncias genéticas reflectem apenas a nossa incapacidade de descobrir condições que revelariam a necessidade dos [genes] redundantes." [22]

A incapacidade de integrar o fenómeno da redundância na teoria evolucionista padrão é também evidente na resposta do embriologista e defensor da integridade da ciência, Louis Wolpert, à questão de saber por que razão não conseguimos detetar uma redução da aptidão física nos "knockouts":

> "Mas levaste-o [o nocaute] para a ópera?" [22]

Do ponto de vista darwiniano, é simplesmente incompreensível como é que os genes podem permanecer no genoma sem seleção. É o que se depreende de uma declaração de Mario Cappecchi, pioneiro no desenvolvimento da tecnologia knockout, na revista Nature:

> "Não creio que haja um único rato [knockout] que não tenha um um fenótipo. Simplesmente não estamos a fazer as perguntas certas". [23]

A pergunta correta a fazer aqui é: Darwin estava errado? A minha resposta a esta pergunta é: Sim, ele estava. A teoria da seleção não pode explicar as observações da nova biologia. Não há solução para a redundância genética que causa a robustez dos sistemas vivos no quadro darwiniano.

Alguns evolucionistas já renunciaram a Darwin. Assumem que os genes evoluíram sem seleção e apoiam a teoria neutra de Kimura. Em contraste com a evolução darwiniana, que se baseia fortemente na seleção natural, Kimura assumiu corretamente que a grande maioria das mutações são seletivamente neutras. Na sua opinião, a variabilidade dentro das espécies é determinada pelo equilíbrio entre a entrada de mutações e a extinção aleatória [24]. O código genético foi concebido para amortecer as mutações num grau elevado: A maioria das mutações que ocorrem numa sequência essencial são neutras e asseguram que as proteínas não divergem demasiado do tipo selvagem. Quando ocorre uma mutação pontual num gene, normalmente não altera a informação sobre a sequência específica de aminoácidos. As mutações neutras não têm qualquer efeito sobre a função da proteína. Como devemos entender a evolução a partir de uma perspetiva neutra? Não podemos compreender o aparecimento de inovações e o aparecimento de espécies se a seleção não for a força motriz. Este é o problema da redundância genética. O biólogo evolutivo alemão Diethard Tautz sugeriu que a redundância genética pode existir porque o facto de se desligar o gene provoca a própria redundância. Argumenta que, embora o gene redundante em questão tenha uma função, esta não pode ser analisada em knockouts porque, assim que o gene é interrompido, outro gene com uma função semelhante toma o lugar do gene interrompido. Mas é evidente que mesmo ele não consegue compreender a redundância genética sem a magia da seleção de Darwin:

> "Os genes podem também evoluir através de uma seleção muito fraca, o que significa que as suas verdadeiras funções não podem ser investigadas nas experiências laboratoriais habituais. Este problema é comparável ao princípio da

incerteza de Heisenberg na física. [...] É possível formular uma relação análoga para a biologia, prevendo no extremo que a compreensão da função completa de um gene pode exigir experiências numa escala evolutiva envolvendo toda a população efectiva de uma dada espécie." [24]

O princípio da incerteza de Tautz afirma que não podemos saber a função dos genes redundantes em ratos, a não ser que façamos experiências que incluam *todos os* cruzamentos de ratos na Terra. É duvidoso que isso permita conhecer melhor a função dos genes redundantes. Ao longo dos anos, foram criadas centenas de ratos e ratazanas de laboratório, cada um com uma caraterística específica devido a extensos programas de consanguinidade. O conteúdo genómico dos animais de laboratório consanguíneos pode diferir em mais de dez por cento entre as diferentes estirpes. Por exemplo, o tamanho dos genomas de diferentes estirpes de ratos de laboratório isoladas reprodutivamente varia entre 2,7 e 3,3 mil milhões de nucleótidos. Em comparação com as estirpes consanguíneas de laboratório, a qualidade e a quantidade do património genético de uma população natural de ratos "selvagens" é extremamente rica. Os genes inactivados ou perdidos não são apenas típicos das estirpes de laboratório consanguíneas, mas também observámos "knockouts" sem fenótipo na natureza. Pensemos nos "knockouts" naturais. A redundância genética é também uma caraterística dos genomas dos ratos selvagens, que são, por definição, de raça pura e muito mais robustos do que os seus homólogos de laboratório. A robustez *é* o resultado da redundância genética [14]. Tautz tem o direito de especular sobre o resultado de experiências irrealistas, mas como é que ele resolve a redundância genética como um paradoxo darwiniano óbvio? Ele não salva a hipótese de seleção, exceto que reformula o problema numa forma matemática. Os knockouts sem fenótipo relatados são provavelmente apenas a ponta do famoso icebergue. Tal como referido na Nature, apenas alguns organismos knockout em que não foi possível detetar qualquer fenótipo chegaram a ver a luz do dia:

> "Não se ouve falar de muitos destes resultados [nocautes sem fenótipo]. Os knockouts sem fenótipo são resultados negativos e, como tal, normalmente não são publicados em revistas científicas porque não são dignos de notícia. Para resolver este problema, a revista *Molecular and Cellular Biology* tem, desde 1999, uma secção sobre ratos knockout e outros ratos mutantes que parecem completamente normais." [23]

Os genomas estão cheios de elementos genéticos funcionais que não foram restringidos no decurso da evolução. As experiências continuarão a produzir knockouts que não têm fenótipo. Os knockouts sem fenótipo podem não ser uma sensação, mas aumentaram certamente o nosso conhecimento: Mostram-nos que a hipótese da seleção não pode explicar a origem da informação genética.

Porque é que os genes das bactérias são tão diferentes dos genes homólogos - genes com a mesma função - dos organismos superiores? E porque é que os genes dos mamíferos são quase idênticos?[38] Estas são perguntas frequentes e, a acreditar nos darwinistas, são esperadas pela teoria da evolução. Espécies distantes têm um ancestral comum mais distante no tempo do que espécies próximas. Portanto, os genes homólogos em primos distantes tiveram mais tempo para acumular mutações. "*A filogenia recapitula o que sabemos sobre a evolução*", é o credo. A filogenia molecular é considerada o melhor

---

[38] As grandes diferenças entre os genes dos organismos superiores e dos microrganismos (até 50 %) podem ter razões imunológicas. Quanto mais estranha é uma proteína, melhor é reconhecida como estranha. As bactérias também têm sequências CpG únicas que não se encontram nos animais superiores e que são especificamente reconhecidas pelo sistema imunitário.

argumento a favor da descendência comum de Darwin. Agora, à medida que o nosso conhecimento biomolecular aumenta, o argumento está a ser desafiado como nunca antes. No Capítulo 9, que escrevi em 2004, apresentei várias árvores genéticas que não recapitulam as filogenias conhecidas da descendência evolutiva. As coisas não melhoraram nos últimos quatro anos. Se fizermos uma pesquisa no Google (acedido em 2008) sobre *genómica comparativa* e *o inesperado*, obtemos mais de 60.000 resultados; a maioria são publicações científicas. Isto mostra que a ancestralidade comum provavelmente não compete com as observações que fazemos nos genomas. Escolhi um estudo sobre a histona desacetilase (HDAC) porque ilustra muito bem o problema:

> "A filogenia das HDACs do clado 4 parece, em muitos aspectos, estar em desacordo com a filogenia das espécies em que estas proteínas ocorrem. [...] Identificámos [...] um grupo monofilético de nove *proteínas animais que apresentam maior semelhança com as proteínas eubacterianas* do que com as de outros animais [...]. *De forma surpreendente, a HDAC de classe 4 encontrada nestes animais teleósteos está apenas distantemente relacionada com a encontrada noutro peixe teleósteo* [...] e está mais estreitamente relacionada com proteínas eubacterianas [...]. Do mesmo modo, *uma* [...] *encontrada em Locusta migratoria [um inseto] está mais estreitamente relacionada com as de eubactérias do que com as de outros insectos* [...]. [Também encontrámos HDACs de classe 4 em *duas algas verdes*, [...] que são mais semelhantes aos HDACs de classe 4 das eubactérias do que aos de outros Viridiplantae, [...]. Também descobrimos que *existe um grupo monofilético que inclui proteínas de espécies eucarióticas muito distantes* [...]. *A alga verde*
> *A sequência de Viridiplantae é* [...] *mais relacionada com as das diatomáceas, que são evolutivamente muito distantes, do que com as de qualquer outra Viridiplantae.* Finalmente, encontrámos um *grupo monofilético* [...] *com o cnidário Nematostella vectensis e* [...] *duas eubactérias distantemente relacionadas* [...]" [25; ênfase adicionada]

As árvores de genes não recapitulam a ancestralidade comum de Darwin. Pelo contrário, se tomarmos o gene HDAC como o gene de partida para determinar uma árvore filogenética, a árvore cruzaria repetidamente a linha de descendência. Os darwinistas têm de recorrer a hipóteses ad hoc como a *transferência horizontal de genes, duplicações apagadas* ou *homoplasia* para "explicar" tais aberrações, mas a resistência científica está a crescer. As árvores genéticas aberrantes mostram simplesmente que a hipótese da descendência comum de Darwin está errada. Em 2007, foi publicado um artigo muito revelador numa importante revista científica. Algumas citações:

> "Assim, a Árvore da Vida foi a escada que ajudou a comunidade a escalar o muro da aceitação e compreensão do processo evolutivo. Mas agora que já a subimos, já não precisamos dessa escada. Agarrarmo-nos a esta escada de padrões é um obstáculo desnecessário à compreensão do processo (que vem antes do padrão), tanto ontologicamente como na nossa conceção mais terra a terra de como a evolução ocorreu."
> "Os únicos conjuntos de dados a partir dos quais poderíamos construir uma hierarquia universal incluindo os procariotas, as sequências de genes, muitas vezes não coincidem e só raramente se pode provar que coincidem.
> "A ideia de que um padrão de árvore é o produto de uma indução que é óbvia para qualquer observador inteligente é refutada pela maior parte da história inicial da sistemática, na qual esquemas bastante diferentes pareciam inteiramente

defensáveis."

"Uma estrutura hierárquica pode sempre ser imposta a esses conjuntos de dados ou extraída deles se os algoritmos forem concebidos para o efeito. [26]

As sequências de genes raramente coincidem para recapitular a árvore da vida de Darwin. Os padrões da árvore são o produto de uma indução inteligente e o resultado dos algoritmos matemáticos utilizados. A árvore da vida de Darwin, a ancestralidade comum de Darwin não existe. [th]Darwin plantou a árvore da vida nas mentes dos naturalistas do século XIX e tem-na espalhado como um meme desde então. Deve-se notar que este artigo não propõe o abandono da descendência comum ou a sua substituição por qualquer outro mecanismo. Abandonar a descendência comum de Darwin é o mesmo que abandonar a teoria da evolução. Não há alternativa naturalista à descendência comum e é por isso que ela prevalecerá. As observações sobre as árvores de genes resumidas nas citações acima, bem como os elementos genéticos funcionais únicos sem história evolutiva, como os genes de microRNA específicos do ser humano, são suficientes para refutar completamente a descendência comum. Quando as previsões da teoria evolutiva não se confirmam, esta é normalmente salva da falsificação pela adição de hipóteses ad hoc que a tornam compatível com os factos. Desta forma, uma teoria que foi originalmente concebida como verdadeira ciência degenera num dogma pseudocientífico. Estamos no início de uma nova era em que modelos duvidosos estão a ser introduzidos para salvar o dogma darwiniano. Estes modelos são puramente matemáticos, muitas vezes irrealistas e sem previsões verificáveis. Devem ser tratados com grande cautela. Em matemática, existe a chamada *atitude cética,* que afirma que os resultados matemáticos não podem ser transferidos para a realidade "assim mesmo". Os teóricos da evolução devem aprender a distinguir entre os seus modelos matemáticos, os pressupostos darwinistas e a realidade biológica. O facto é que a teoria darwiniana não é capaz de explicar cientificamente as observações que fazemos do genoma. Se uma teoria não consegue explicar as observações e se uma teoria não prevê corretamente, a teoria está errada. Os cientistas devem ser honestos quanto a este facto. Se Darwin estava errado, então que assim seja. A nova biologia precisa de novos conceitos fundamentais.

Parte 2

Darwin revisitado

"Não se deve invocar Deus quando se trata de realidades em que ele já não precisa de intervir. O indivíduo

Pierre Grasse

Capítulo 12
O genoma polivalente

Ernst Mayr considerou a *Origem das Espécies* de Darwin como "um longo argumento" para explicar a existência da vida orgânica através da descendência com modificação por seleção natural. De acordo com o modelo de Darwin, a origem de novas espécies era simplesmente uma questão de seleção de variações dentro das espécies. As hipóteses de origem de Darwin puseram fim à visão tradicional de que todos os organismos foram criados por um ato de vontade divina. Na melhor das hipóteses, o papel de um criador limitar-se-ia a iniciar a vida através da criação de uma única célula ou de algumas células, que, com o tempo, evoluíram para todos os belos e intrincados seres orgânicos que já viveram na Terra. Hoje, 150 anos mais tarde, mesmo o melhor cenário foi abandonado; não há criação e não há criador. A criação e o criador foram substituídos pela filosofia naturalista. Num processo imaginário chamado abiogénese, as moléculas aperfeiçoaram-se e tornaram-se o primeiro organismo de vida livre e reprodutor, que depois evoluiu para micróbios, macacos e seres humanos, num processo conhecido como evolução darwiniana. Tanto a abiogénese como a evolução darwiniana são processos completamente hipotéticos, mas não guiados, que são necessários para manter uma visão materialista do mundo. A história naturalista darwiniana das origens tornou-se o ponto de vista científico oficial, está presente em todos os manuais de biologia e é promovida pelos meios de comunicação social como um facto científico. Muitos acreditam que a história darwiniana é verdadeira. Como é que um milhão de cientistas pode estar errado? Para outros, o materialismo de Darwin é a pedra angular sobre a qual podem construir o seu sistema de crenças ateu. O que quero dizer é: as hipóteses de Darwin para explicar a origem das espécies não podem ser explicadas pelas novas ciências biológicas. Quando se trata de explicar a origem das redundâncias biológicas, a seleção natural é irrelevante e inútil. Do ponto de vista científico, isto deveria bastar para refutar a magia da seleção de Darwin. Além disso, a biologia molecular condenou o conceito de Darwin de descendência comum, e a única maneira de o salvar é um controverso fluxo horizontal de genes.

Os dados biológicos actuais mostram que as espécies não evoluíram num processo de acumulação gradual de mutações benéficas selecionáveis. A nova biologia mostra que os genes surgem e desaparecem inesperadamente. Encontram-se novas classes de genes nos seres humanos, ao passo que estão completamente ausentes nos primatas. Não há etapas intermédias, não há história, não há sinais de uma origem. As inovações estão simplesmente lá, como se tivessem caído do céu. Esta observação faz lembrar uma caraterística típica do registo fóssil: o aparecimento súbito e a extinção de novas espécies. As espécies aparecem no registo fóssil, permanecem inalteradas durante algum tempo e são subitamente substituídas por novas espécies. Este facto observado torna muito, muito improvável um processo gradual. É claro que se pode argumentar que foram efetivamente encontradas formas de transição. Diz-se que o *Archaeopteryx* é uma forma de transição entre as aves e os dinossauros. No entanto, um olhar mais atento revela que os seis ou sete fósseis de *Archaeopteryx* conhecidos pela ciência são todos *Archaeopteryx*. Se a evolução é supostamente gradual, por que ninguém relatou a transição de estágios intermediários entre os dinossauros e o *Archaeopteryx*? Os seis fósseis de Archaeopteryx encontrados são uma amostra aleatória do registo fóssil e *provam* a estagnação dos organismos. Eles provam que a evolução não é um processo gradual. Qualquer observador objetivo deve reconhecer que as lacunas no registo fóssil são reais. Há cento e cinquenta anos, Darwin argumentou que o registo fóssil era incompleto e, portanto, as lacunas eram de esperar. Mas desde que ele apresentou a sua hipótese de origem, nem uma única lacuna foi satisfatoriamente colmatada. A história de vida típica de uma espécie inclui a sua origem geologicamente direta. As novas espécies aparecem no registo fóssil quando já são completamente diferentes da espécie-mãe. Os traços caraterísticos já estão presentes nos primeiros fósseis e não se desenvolvem no decurso da história de vida da espécie. Quando uma espécie surge, normalmente não sofre mais alterações evolutivas até se extinguir ou se dividir em espécies filhas [1]. Em 1972, os paleontólogos Niles Eldredge e Stephen J. Gould desenvolveram um modelo evolutivo baseado nos seus dados sobre trilobites e caracóis fósseis que inclui os dois padrões básicos da história da vida: Estase e especiação geográfica. Eles propuseram que as espécies não evoluem gradualmente para novas espécies. Em vez disso, as novas espécies surgem através de uma súbita cisão das espécies parentais, seguida de uma rápida especiação de um ou de ambos os fragmentos. Esta teoria ficou conhecida como *equilíbrio pontuado* e foi uma tentativa de preencher as lacunas no registo fóssil.

> "Mas estas lacunas [no registo fóssil] são reais e são criadas pelo processo evolutivo. E estes dois problemas - a estase e a criação de lacunas entre espécies pelo próprio processo de especiação - juntaram-se no postulado teórico conhecido como equilíbrio pontuado, parte da segunda grande corrente de investigação evolutiva que se desenvolveu na década de 1960." [2]

O aparecimento não gradual de novidades no registo fóssil deveria ser suficiente para lançar dúvidas sobre a acumulação gradual de variações selecionáveis de Darwin. A explosão cambriana, por vezes referida como o "big bang biológico", deixou-nos com 50 padrões biológicos diferentes, 13 dos quais se extinguiram ao longo do tempo. Os 50 padrões nem sequer têm uma história evolutiva rudimentar. O big bang biológico não gradual reflecte-se agora nos genomas - um big bang genómico. Todos os organismos eucariotas têm aproximadamente o mesmo número de genes: cerca de 20.000. De onde veio subitamente a informação genética? À luz dos novos dados biológicos, a teoria da evolução gradual de Darwin tornou-se cientificamente insustentável. Normalmente, quando são feitas observações divergentes, uma teoria é adaptada aos novos factos. Às vezes, porém, novas observações derrubam uma teoria completa. A observação de uma evolução não gradual é um desses casos. A redundância genética é uma dessas observações. A ancestralidade invulgar é uma dessas observações. Estas observações nunca podem ser reconciliadas com a teoria darwiniana porque falsificam as hipóteses em que a teoria se baseia. stPor mais que distorçamos os factos, as análises genómicas do século XXI mostraram que há muitos elementos genéticos que não têm qualquer efeito fenotípico detetável, embora alguns deles tenham sido até "evolutivamente conservados". As observações de que os genes redundantes não estão associados a duplicações de genes e não mudam mais depressa do que os genes essenciais, bem como o facto de existirem genes específicos de espécies que não têm antepassados genéticos, põem sem dúvida em causa o darwinismo. Por mais que os darwinistas tentem conciliar as árvores genéticas com as árvores de descendência "conhecidas", a ancestralidade invulgar é um fenómeno comum. A teoria darwinista não tem salvação. Para muitos, esta conclusão pode parecer ridícula: mais uma tentativa ridícula de colocar o criacionismo de volta nos trilhos. No entanto, eu sou mais sério, e uma vez que percebo que atualmente não temos uma teoria funcional que descreva a origem das espécies, precisamos urgentemente de uma nova teoria. Uma teoria cientificamente refutada deve ser substituída por uma teoria que aborde e resolva os problemas que condenaram a antiga teoria. Esta nova teoria pode ser encontrada na Origem de Darwin.

No tempo de Darwin, os conceitos de hereditariedade, raças, etnias e espécies eram completamente incompreensíveis e, ainda hoje, estão longe de ser compreendidos. Darwin não estava satisfeito com as teorias estabelecidas pelos seus contemporâneos. Em particular, a ideia de raças do Coronel Hamilton Smith era um espinho para ele:

> "Sei que o Coronel Hamilton Smith, que escreveu sobre este assunto, acredita que as várias raças de cavalos descendem de várias espécies originais, uma das quais, a dun, era listrada; e que as aparências acima descritas são todas devidas a cruzamentos antigos com a raça dun. Mas eu não estou de todo satisfeito com esta teoria, e teria receio de a aplicar a raças tão diferentes como o pesado cavalo de carroça belga, os póneis Welch, os Cobs, a esguia raça Kattywar, etc., que vivem nas partes mais remotas do mundo." [3]

Darwin rejeitou a sugestão do Coronel Hamilton Smith de que as diferentes raças eram o resultado de vários actos independentes de criação. Em vez disso, Darwin partiu do princípio de que todas as raças de cavalos e animais semelhantes aos cavalos, como os burros e as zebras, estão ligados por uma ascendência comum e que a seleção natural ou artificial produziu diferentes raças e variedades. O ponto de vista de Darwin é muito mais explicativo e é apoiado sobretudo por experiências de criação com organismos que se reproduzem sexualmente:

> "Atrevo-me a olhar para trás milhares e milhares de gerações e vejo um animal listrado como uma zebra, mas talvez de constituição muito diferente, o progenitor comum do nosso cavalo doméstico, descendente ou não de uma ou mais tribos selvagens, o asno, o hemionus, o quagga e a zebra." [4]

Darwin prossegue com uma passagem que considero de grande importância:

> "Aqueles que acreditam que cada espécie de cavalo foi criada independentemente, suponho que defenderão que cada espécie foi criada com uma tendência, tanto na natureza como na domesticação, para variar dessa maneira particular, de modo que muitas vezes é listrada como outras espécies do género; e que cada espécie foi criada com uma forte tendência, quando cruzada com espécies que vivem em partes distantes do mundo, para produzir híbridos semelhantes nas suas riscas, não aos seus próprios pais, mas a outras espécies do género." [4]

Não há dúvida de que o cavalo, o burro, o quagga e a zebra tiveram origem no mesmo genoma. Todas as "espécies de cavalos" podem ser explicadas como descendentes de um único genoma primordial. Darwin está a descrever aqui um conceito muito semelhante ao que eu chamo um *genoma polivalente* - um genoma com uma tendência intrínseca para gerar variação. Os genomas polivalentes estão repletos de redundâncias genéticas e de mecanismos para redistribuir elementos genéticos pré-existentes e permitir uma rápida adaptação. Os genomas polivalentes explicam onde e como surge a variação. Utilizando genomas polivalentes pluripotentes, podemos compreender a rápida colonização de novos nichos e até o aparecimento de novas espécies. O genoma polivalente original da criatura original semelhante ao cavalo deu origem a várias espécies diferentes através de *radiação adaptativa*. Com base na hipótese do genoma polivalente, podemos compreender muitas, se não todas, as observações "evolutivas" que fazemos atualmente dos organismos vivos.

Os sapos-cururus (*Bufo marinus*) são anfíbios nativos das florestas tropicais da América Central e do Sul. Foram introduzidos na Austrália em 1935, e por uma razão muito boa. ᵗʰNo início do século XX, a maior parte da Austrália era ainda uma terra indígena (quase) intocada. Intocada pela civilização ocidental, a Austrália tinha uma flora e fauna únicas, mas isso estava prestes a mudar. A maior parte do continente tinha-se revelado demasiado seca para a agricultura, com exceção da parte oriental do continente, onde chovia o suficiente para se poderem cultivar. Os legumes e os cereais prosperavam ali, tal como a cana-de-açúcar. A cana-de-açúcar provou ser uma das culturas mais produtivas e o seu cultivo proporcionava um bom meio de subsistência. No entanto, havia uma pequena desvantagem: insectos famintos. As larvas (larvas) do escaravelho francês da cana e do escaravelho cinzento da cana comem as raízes da cana-de-açúcar e matam as plantas. O Gabinete Australiano de Estações Experimentais de Açúcar importou cerca de 100 sapos do Havai para a Estação Experimental de Meringa, perto de Cairns. Os sapos multiplicaram-se rapidamente e, em julho de 1935, mais de 3.000 foram libertados nas plantações de cana-de-açúcar do norte de Queensland. Na altura, alguns naturalistas e cientistas alertaram para os perigos de libertar sapos-cururus na natureza na Austrália, principalmente porque os sapos-cururus são animais venenosos. Atrás das suas orelhas encontram-se as chamadas glândulas parótidas, que podem fazer com que as suas cabeças pareçam inchadas. Estas glândulas servem de defesa contra os predadores, uma vez que produzem uma substância leitosa e venenosa. Após a ingestão de um sapo de cana, surgem sintomas de envenenamento como salivação abundante, tremores, vómitos, respiração superficial e colapso dos membros posteriores. A morte pode ocorrer em 15 minutos devido a paragem cardíaca. Desde a introdução do sapo de cana, muitos dos animais nativos da Austrália foram mortos pela ingestão de sapos de cana - incluindo goannas, crocodilos de água doce, dingos e quolls ocidentais. Não é de admirar que a maioria dos animais evite o contacto com sapos de cana. Nos últimos anos, algumas aves nativas, como os currawongs *(Strepera graculina)*, aprenderam a apreciar o novo invasor. Para evitar as glândulas venenosas, os currawongs adaptados viram primeiro o sapo de cana de cabeça para baixo antes de o rasgarem para o consumirem - o dorso e a carne não são venenosos. As serpentes australianas também fizeram as suas vítimas. A cobra-tigre, a cobra-preta-de-barriga-vermelha e a víbora da morte diminuíram drasticamente em número após a invasão dos alienígenas altamente venenosos. Felizmente, os tempos estão agora a mudar para pelo menos duas espécies de serpentes [5]. As serpentes são predadores com mandíbulas limitadas, e a sua capacidade de se envenenarem comendo um sapo depende do tamanho da sua cabeça em relação à sua massa corporal. As cobras pequenas com cabeças grandes comem sapos grandes e morrem quase instantaneamente por terem ingerido demasiado veneno. Não produzem descendência, mas contribuem para a geração seguinte. As cobras grandes com cabeças pequenas comem sapos pequenos e têm menos probabilidades de serem mortas pelo veneno do sapo, simplesmente porque os sapos pequenos contêm menos veneno. Num ambiente em que os sapos venenosos constituem uma proporção significativa das presas potenciais, as cobras grandes com cabeças pequenas têm uma vantagem reprodutiva. Duas espécies de serpentes australianas desenvolveram cabeças mais pequenas e corpos mais compridos em resposta a uma condição ambiental nova mas persistente. A mudança relativa no tamanho do corpo é altamente adaptativa e, setenta anos após a introdução do sapo da cana, apenas as cobras com cabeças pequenas sobrevivem.

Não é espantoso que a morfologia das serpentes tenha mudado tão rapidamente? Se considerarmos que as serpentes têm um tempo de geração de dois a três anos, as mudanças ocorreram em apenas 20 a 25 gerações. Em termos evolutivos, é um período de tempo muito, muito curto. Porque é que duas cobras australianas se adaptaram tão rapidamente a um ambiente em mudança, enquanto muitas outras espécies de cobras se extinguiram?

A evolução não pode produzir uma nova proteína em 25 gerações; 25 gerações não são nem de longe suficientes para acumular o número necessário de mutações (pontuais). A *"evolução"* observada deve ser devida a outra coisa, algo que já estava presente nos genomas das cobras antes da introdução dos sapos-cururus. Proponho que duas espécies de cobras têm uma propensão inata - um traço, se preferir - para variar o tamanho relativo do seu corpo; as cobras que não têm esta propensão não podem responder com fenótipos adaptativos rápidos e extinguir-se-ão. Proponho que isto se deve ao facto de os pormenores da morfologia, como o tamanho da cabeça ou do bico, serem determinados por elementos genéticos redundantes do genoma polivalente. E suspeito que os mecanismos subjacentes são semelhantes aos já descritos. No Capítulo 3, descobrimos que os fenótipos adaptativos em bactérias podem ser facilmente gerados por elementos transponíveis. Foi demonstrado que as unidades repetitivas de ADN nos genes são adequadas para afinar a produção de patas de cão; o número de unidades repetitivas determina se se desenvolvem patas com cinco ou seis dedos. O tamanho do bico de uma ave, a forma da cabeça de uma cobra, a maioria dos pormenores morfológicos, sugiro, são gerados por elementos genéticos já presentes no genoma. As novas proteínas não evoluem em apenas 20-25 gerações. No entanto, as unidades de ADN pré-existentes que influenciam a expressão genética, os programas morfológicos e a função das proteínas reguladoras que determinam os traços fenotípicos poderiam facilmente ter duplicado, triplicado ou multiplicado e dispersado pelo genoma nesse período de tempo. As sequências repetitivas podem também recombinar-se facilmente a partir do genoma num único evento; 25 gerações seriam suficientes para gerar milhares de experiências. [39]O aspeto de um organismo pode ser determinado por um programa morfológico, os tamanhos relativos do corpo, do bico, dos membros, das garras e das patas são determinados por elementos de ADN transponíveis. Por esta razão, os genomas polivalentes são extremamente adequados para gerar variação. Duas espécies de serpentes australianas tiveram a sorte de não ter perdido a genética necessária para produzir fenótipos adaptativos e, como isso garantiu a existência de serpentes de corpo pequeno na descendência, as serpentes sobreviveram como espécie. Eventualmente, todas as cobras terão uma morfologia adaptada; eventualmente, todas as cobras adaptadas continuarão a ser cobras. As serpentes que não têm esta capacidade inata de produzir fenótipos adaptados extinguir-se-ão.

As serpentes australianas mostram que os genomas devem estar preparados para a mudança, a fim de se adaptarem a um ambiente em rápida mutação. Esta é uma regra geral da vida. No reino animal, os pica-paus existem em quase todas as variedades, centenas de espécies destas aves resistentes foram descritas até agora e não é improvável que mais sejam descobertas algures num canto remoto de uma floresta tropical remota. Em contrapartida, existe apenas uma espécie de ornitorrinco *(Ornithorhynchus anatinus)*, um organismo extraordinário que vive nas margens dos rios das florestas do interior da Austrália e da Tasmânia, e que não tem qualquer relação entre si. Os escaravelhos existem em milhares ou mesmo milhões de espécies, ao passo que o aardvark *(Orycteropus afer)* é um só. Os patos existem em quase todas as cores e formas, mas só há uma espécie de ave petrolífera *(Steatornis caripensis),* uma ave bizarra da América do Sul que utiliza a ecolocalização para se orientar nas grutas escuras que utiliza como poleiro e para apanhar frutos sem ter de aterrar. Por que razão existem centenas de espécies de peixes ciclídeos no Lago Vitória, em África?

---

[39] O capítulo 13 defende que os elementos genéticos redundantes podem contribuir para a geração de variação.

Com a descoberta de tantos elementos genéticos redundantes no genoma, torna-se mais fácil compreender que os organismos podem aparecer como classes alargadas enquanto outros sobrevivem por si próprios. A maior parte dos genomas dos organismos superiores não codificam proteínas e foram rotulados como ADN lixo. Não é diretamente necessário para a sobrevivência imediata dos organismos e pode constituir a maior parte do genoma humano. A natureza dispensável deste material genético deve-se ao facto de esses elementos genéticos não serem necessários para a reprodução. A lei *"usar ou perder"* da biologia estabelece que nada é preservado na biologia a menos que contribua diretamente para o sucesso reprodutivo da geração seguinte. Os genes essenciais podem, portanto, ser entendidos como genes que são um pré-requisito para o sucesso reprodutivo. A perda de genes essenciais não é necessariamente incompatível com a vida, mas leva a uma redução da aptidão do organismo, de modo que ele produz menos descendentes. A mutação de genes essenciais significa imediatamente uma desvantagem reprodutiva para o organismo. Os genes essenciais são indispensáveis para a preservação da espécie. No entanto, a maior parte do material genético parece ser supérfluo, DNA lixo inútil. Não creio que o DNA lixo tenha sido sempre lixo inútil. Algum do lixo no ADN pode ter tido funções que não estavam sujeitas a restrições de seleção rigorosas, por exemplo, módulos de especiação. Os módulos de especiação tinham a capacidade de gerar novas espécies através de rearranjos genómicos, e é fácil reconhecer que são redundantes. A perda da capacidade de criar novas espécies não poria em causa o sucesso reprodutivo do indivíduo e não poria em perigo a sobrevivência da espécie a longo prazo. A eliminação de mutações em elementos genéticos necessários à formação de novas espécies, ou mesmo a perda total desses elementos, não poria em causa a reprodução da espécie. Talvez a perda de tal *"embelezamento"* genético tenha até dado ao organismo uma vantagem reprodutiva, o que poderia ter levado a uma rápida disseminação dos módulos de especiação inactivados nas populações reprodutoras. A perda dos módulos de especiação seria equivalente à perda da capacidade de formar novas espécies. É também muito improvável que tais elementos de ADN sejam absolutamente necessários para o sucesso reprodutivo e, por conseguinte, tais elementos podem ser classificados como redundâncias genéticas. As mutações podem acumular-se nestas regiões porque não estão sujeitas a restrições de seleção. Os elementos de ADN de especiação perdem-se facilmente sem afetar a aptidão do portador. Com o tempo, os rearranjos tornam-se cada vez menos numerosos e, eventualmente, os organismos perderão completamente a capacidade de formar novas espécies. A tendência para formar novas espécies é uma caraterística redundante! A perda de elementos de DNA necessários para formar novas espécies explica por que alguns biólogos evolucionistas acreditam que a evolução das espécies parou há milhões de anos [11].

A contribuição de um organismo para a geração seguinte só pode ser garantida se este for capaz de se adaptar rapidamente a um ambiente em mudança. Se não for capaz de enfrentar os desafios imediatos, simplesmente não se reproduzirá e não deixará descendentes. Esta foi uma das descobertas mais importantes de Luria e Delbruck. Na década de 1940, dois microbiologistas, Salvador Luria e Max Delbruck, realizaram uma série de experiências para provar que as mutações não estão relacionadas com o ambiente [12]. Para o efeito, cultivaram estirpes de *Escherichia coli*, que expuseram a uma pressão de seleção letal - o vírus bacteriano T1. Como este vírus mata imediatamente as células não resistentes, apenas as bactérias com uma mutação específica pré-existente que confere imunidade sobrevivem. Luria e Delbruck analisaram o número e a distribuição das bactérias sobreviventes e chegaram à conclusão de que as mutações correspondentes surgiram por acaso e já estavam presentes antes da aplicação da pressão selectiva. As experiências de Luria e Delbruck provaram que uma certa forma de variação - nomeadamente as mutações que causavam resistência ao vírus T1 - não era causada pelo ambiente. Pelo contrário, a resistência estava presente desde o início, caso contrário nenhuma das bactérias teria sobrevivido à exposição letal. Luria e Delbruck mostraram que as adaptações genómicas que dão origem a novos fenótipos estão constantemente a ser geradas e já estão presentes na população. Os organismos têm de esperar até que ocorram mutações aleatórias para gerar novos traços adaptativos? Não, os organismos num ambiente em mudança e desafiante não podem simplesmente dar-se ao luxo de esperar. As alterações ambientais ocorrem rapidamente e, para sobreviver, o organismo tem de ter a resposta adequada pronta, em passos rápidos e únicos ou em vários passos ao mesmo tempo. Esperar até que ocorram mutações aleatórias, que podem (ou não) conferir uma vantagem de seleção, não faria muito sentido. Os organismos que seguem a estratégia de esperar para ver serão dizimados muito antes de se aproximarem de um fenótipo adaptativo. Para mudar de forma significativa, o genoma deve estar preparado para se adaptar a um ambiente em mudança. O genoma deve conter mecanismos que permitam ao organismo recorrer a variações genéticas pré-existentes e crípticas que lhe proporcionem uma estratégia de sobrevivência em tempos de mudança ambiental. Uma variação que, uma vez estabelecida, se torna geneticamente hereditária. E, de facto, existem agora provas iniciais na nova biologia da existência de tal mecanismo.

Para que os microrganismos sobrevivam e se adaptem rapidamente a um ambiente em mudança, são necessárias alterações genéticas que conduzam a caraterísticas adaptativas. As redundâncias encontradas nos genomas bacterianos podem constituir um mecanismo para esse efeito. A bactéria *E. coli*, por exemplo, tem várias sequências de ADN aparentemente redundantes no operão trpC - o conjunto dos programas genéticos que permitem ao organismo sintetizar o aminoácido triptofano - que são alternadas por codões de paragem. Porque é que isto acontece? A minha hipótese é que a bactéria pode gerar variações através da recombinação destes elementos de ADN pré-existentes, de modo a que possam ser formadas proteínas ligeiramente diferentes, variando a posição dos novos códons de paragem. Este sistema inato de leitura leva à variação e aumenta as hipóteses de reprodução da espécie quando o ambiente muda. Haverá sempre uma bactéria com os rearranjos adequados nesta parte do genoma e que contribuirá para a geração seguinte. A maior parte da variação nas populações de (micro)organismos deve-se a um mecanismo inato que remodela o genoma polivalente. Os elementos genéticos já estão presentes e apenas é necessária a recombinação ou o rearranjo para libertar novas caraterísticas. O aparecimento súbito de novas caraterísticas tem sido frequentemente observado nos microrganismos e reflecte a informação pré-existente escondida nos seus genomas. A "evolução" bacteriana é pré-programada!

O termo *prião* foi proposto pelo vencedor do Prémio Nobel Stanley B. Pruisner para identificar um novo tipo de partículas infecciosas patogénicas (agentes *infecciosos proteicos*, abreviadamente designados por *priões*). Estas partículas difeririam dos agentes patogénicos conhecidos pelo facto de não poderem ser inactivadas pela maioria dos métodos que destroem os ácidos nucleicos (ARN e ADN). Os priões são resistentes a estes tratamentos porque, ao contrário dos vírus e das bactérias, não contêm ARN ou ADN. Os priões são proteínas, mas proteínas mal dobradas. Normalmente, as proteínas podem alternar entre muitas formas funcionalmente diferentes (conformações) e mantê-las de forma estável. As alterações na conformação das proteínas controlam a maioria dos processos biológicos. No entanto, os priões adoptaram uma conformação que serve de modelo para a dobragem de proteínas, desencadeando assim uma reação em cadeia de dobragem de proteínas. As conformações distorcidas e auto-replicantes das proteínas podem causar doenças cerebrais degenerativas conhecidas como encefalopatias espongiformes. Nos seres humanos, os priões são responsáveis pela doença de Creutzfeldt-Jakob e pela doença de Kuru - uma doença neurodegenerativa que afectava principalmente os antigos nativos canibais da Nova Guiné e era transmitida através do consumo de cérebros infectados. A doença das vacas loucas, a encefalite espongiforme bovina (BSE), é provavelmente o exemplo mais conhecido de uma doença transmitida por priões nos bovinos e tem atraído uma atenção considerável devido às suas caraterísticas perturbadoras de transmissão dos bovinos aos seres humanos através da cadeia alimentar. O papel biológico dos priões ainda não é claro, mas nos mamíferos podem desempenhar funções importantes na aprendizagem adaptativa das redes neuronais [13].

Os priões também se encontram na levedura. Neste caso, parecem ter a função de libertar informação genética previamente escondida num único passo, que é depois transmitida da mãe para a descendência. Susan Lindquist e os seus colaboradores demonstraram que o prião da levedura de padeiro [PSI-positivo] é uma conformação alternativa de uma proteína endógena - cientificamente denominada Sup35 - que ajuda a terminar a produção de proteínas. Normalmente, a Sup35 ajuda a maquinaria celular de produção de proteínas a reconhecer os sinais de paragem do transcrito de ARN, de modo a saber onde parar a síntese de proteínas. A forma priónica da Sup35 - [PSIpositiva] - reduz a precisão com que a maquinaria celular lê estes sinais de paragem, permitindo que a maquinaria de formação de proteínas entre em regiões previamente não utilizadas do genoma da levedura. Duas conformações de uma proteína reguladora, Sup35 e a sua forma priónica, guardam duas regiões espacial e funcionalmente separadas do genoma polivalente da levedura. Alterações subtis na fidelidade da terminação da tradução mediada pelo prião conduzem a uma variedade de fenótipos hereditários que têm frequentemente uma vantagem reprodutiva. O prião oferece a oportunidade de descobrir a variação genética críptica que já estava presente no genoma do organismo. E é assim que funciona:

> "Nas células [da levedura] *Saccharomyces cerevisiae* [psi-negativas], o fator de terminação da tradução Sup35 trabalha em conjunto com o Sup45 para reconhecer os codões de paragem e terminar a tradução. As células portadoras de um codão de paragem prematuro no seu gene ADE1 não produzem Ade 1 funcional e acumulam um metabolito vermelho. Em contrapartida, nas células [PSI-positivas], a maior parte da proteína Sup35 está sequestrada em fibras de priões auto-replicantes e não pode participar na terminação da tradução. Consequentemente, alguns ribossomas lêem o códão de paragem e é produzido o Ade 1 funcional. As células [Psi-positivas] formam assim colónias brancas e podem crescer num meio deficiente em adenina. O ensaio da colónia vermelha/branca é conveniente e amplamente utilizado, mas também pode suprimir um amplo espetro de outras mutações do códão de paragem." [13]

Isto mostra que o genoma da levedura de panificação contém informação genómica críptica que não é normalmente expressa porque a sinalização de paragem prematura mantém esta informação inativa. Em caso de stress ambiental, a "dobragem incorrecta" da Sup35 gera o prião, que liberta a parte críptica - aparentemente redundante - do genoma polivalente. A dobragem de proteínas parece desempenhar um papel importante e inesperado na transformação do genótipo em fenótipos. Na levedura, a informação para os fenótipos adaptativos já está presente no genoma e pode ser recuperada quando necessário. Trata-se de uma espécie de programa de emergência. O que é observado como uma mudança evolutiva rápida deve-se a um mecanismo bioquímico pré-existente e à expressão de elementos de ADN pré-existentes. Os mecanismos de evasão críptica asseguram a plasticidade genética e a adaptabilidade para que o organismo, enquanto espécie, não se extinga imediatamente quando confrontado com situações difíceis. Os cientistas que desconhecem estas funções crípticas do genoma podem propor uma espécie de cenário darwiniano, mas o facto é que os programas já estão presentes no genoma. Nada evoluiu.

Alguns microrganismos podem mesmo ter mais do que um genoma. As amebas são microrganismos unicelulares que pertencem aos protoctistas, um grupo de microrganismos que possuem células nucleadas. *Dictyostelium discoideum* é uma ameba com duas faces. Normalmente, *o Dictyostelium* é uma ameba, mas por vezes também se apresenta como um bolor viscoso. *O Dixy*, como é por vezes chamado, é um predador. O Dixy caça bactérias e isso coloca-o no centro das atenções. Na maioria das vezes, o Dixy existe como um organismo unicelular. Como o Dixy é fácil de cultivar e se multiplica rapidamente, é ideal para estudos biológicos sobre organismos nucleados. Em condições óptimas, Dixy divide-se aproximadamente a cada quatro horas. Em 24 horas, 64 células filhas podem ser produzidas, e milhões de descendentes podem ser esperados dentro de uma semana. No laboratório, a Dixy reproduz-se assexuadamente por divisão celular e tem um genoma haploide, ou seja, apenas um conjunto de cromossomas. As Dixies selvagens fazem algo que as suas primas de laboratório quase nunca fazem: reproduzem-se sexualmente. Para isso, as amebas haplóides unicelulares fundem as suas membranas e formam uma célula gigante, o chamado macrocisto. No macrocisto, as cadeias de ADN cruzam-se e trocam partes do seu genoma. O macrocisto forma então membranas e surgem novas amebas haplóides. À medida que se afastam uma da outra, os genomas das amebas envolvidas são completamente baralhados. Por outras palavras, elas tiveram relações sexuais. Quando a comida é abundante, a Dixy vive a sua vida unicelular, assexuada e continua a dividir-se alegremente. No entanto, quando os tempos são maus e os recursos se tornam escassos, a Dixy começa a excretar um produto semelhante a um nucleótido.

molécula, conhecida como AMP cíclico, que "cheira" de forma muito sedutora e é libertada para atrair parceiros. Para centenas de milhares de Dixies, é o sinal para se juntarem e formarem um agregado multicelular, que surpreendentemente se assemelha a uma pequena *"lesma"* viscosa. O Dixie transforma-se num organismo multicelular em que até se dá a diferenciação celular! Forma um talo em forma de fio, o *estélio*, do qual saem gotículas de muco com esporos haplóides. Como esporos transportados pelo ar, *o Dixy* é agora capaz de viajar para locais com mais recursos, onde muitas bactérias estão à espera de serem comidas.

A sequência completa do genoma *de Dixy* foi elucidada e sabemos a ordem exacta de todos os 35 milhões de blocos de construção do ADN. Verificou-se que o genoma contém cerca de dez mil genes codificadores de proteínas. O mais espantoso é que dois mil deles são necessários para que a fase multicelular possa escapar de áreas inóspitas sem comida. Dois mil genes são considerados material genético adicional, necessário apenas para a reprodução sexual. Mesmo que o organismo perdesse todos os elementos de DNA necessários para o estágio multicelular, ele ainda seria capaz de produzir descendentes através da reprodução assexuada. O genoma completo para uma forma de vida multicelular e sexual é supérfluo! Convém sublinhar mais uma vez que quanto mais componentes tiver um programa genético (como a reprodução sexuada), mais facilmente se perderá se as condições de seleção não forem suficientemente rigorosas. Se um organismo pode reproduzir-se sem o programa genético mais complexo, como é que um tal *"embelezamento"* pode evoluir em primeiro lugar? Os precursores de Dixy, que se reproduzem assexuadamente, estavam simplesmente a sair-se bem. Quando a comida era abundante, o Dixy reproduzia-se através de células em brotamento, e quando não havia comida, simplesmente desligava o seu metabolismo e esperava por tempos melhores. Provavelmente estava à espera que os dois mil genes extra fossem libertados no mundo. Os dois genomas do *Dictyostelium* mostram que uma teoria gradual da evolução - como a proposta pelos darwinistas - simplesmente não pode ser verdadeira. Os genes para a reprodução sexual de Dixy não podem ter sido adquiridos individualmente, e a seleção natural não pode ser responsabilizada pela sua existência. Mais uma vez, o papel da seleção é manter todos os elementos de ADN no genoma estáveis para que o tipo selvagem possa ser mantido e salvaguardado. Os indivíduos que perderem um ou mais elementos de ADN essenciais para a estrutura do corpo multicelular e para a reprodução sexual não poderão fugir para sítios mais felizes quando os alimentos se esgotarem. Ficarão para sempre presos ao modo de vida unicelular sem sexo. Pode haver muitas linhagens de laboratório com reprodução assexuada que não possuem os genes para construir o estágio multicelular e sexual, e isso explica por que é tão difícil produzir *Dictyostelium* com reprodução sexual em laboratório. A lei da conservação da biologia ("use-it-or-lose-it") é omnipresente. Lynn Margulis argumentou que organismos como o *Dictyostelium* são a prova da sua ideia de evolução simbiótica [14]. Ela argumenta que um ameboide precursor de Dixy poderia ter pegado todos os dois mil genes adicionais ou talvez até mais num único evento, provavelmente como um genoma microbiano completo. Concordo com ela que a evolução não pode ser um processo gradual. A incorporação de milhares de elementos de DNA funcionais pré-existentes, "evolução simbiótica", só pode ocorrer instantaneamente e não requer éons de tempo. *O genoma do Dictyostelium* contém informação biológica para a reprodução sexual e assexual. O sistema sexual é composto por milhares de elementos genéticos que não são diretamente necessários para o sucesso reprodutivo - porque o Dixy também se pode reproduzir assexuadamente. Como podemos incorporar a seleção natural aqui? As redundâncias dissolvem-se facilmente e, quando se dissolvem, não põem em causa o sucesso reprodutivo do organismo. As observações sobre o *Dictiostelium* e a levedura de padeiro mostram que estes organismos têm muito mais elementos genéticos funcionais do que o esperado.

Os dados sugerem que as espécies originais, os antepassados das espécies modernas, estavam equipadas com elementos genéticos necessários para conquistar e colonizar todos os cantos da Terra. Os elementos não eram necessariamente necessários em todos os sítios ao mesmo tempo. Certos ambientes requerem certos genes. Alguns genes podem ter sido de grande valor nos trópicos, enquanto outros foram úteis em latitudes mais temperadas. Os organismos individuais em ambientes áridos enfrentam desafios diferentes dos indivíduos em zonas húmidas. No entanto, ambos os ambientes podem ser colonizados pelas mesmas espécies. Para conseguir uma rápida colonização de todos os cantos da Terra, a vida pode ter sido concebida como um genoma altamente adaptável, flexível e polivalente, com genes para todas as funções possíveis: Genes para uma rápida adaptação a altitudes elevadas e baixas, genes úteis em água salgada e doce, genes para preencher todas as fendas e fissuras do planeta. Se assim for, talvez ainda hoje possamos encontrar provas dos genomas polivalentes altamente adaptáveis. Podemos, de facto, ser capazes de encontrar vestígios e provas de um genoma original polivalente nos genomas das espécies modernas. Se os grupos de espécies ou subespécies que observamos atualmente descendem de múltiplos genomas pluripotentes polivalentes, podemos esperar encontrar o conteúdo genómico original disperso entre estas espécies. É de esperar que os genomas dos descendentes do mesmo genoma polivalente tenham perdido independentemente elementos genéticos redundantes. Poderíamos esperar encontrar genomas empobrecidos e que populações reprodutivamente isoladas em diferentes latitudes diferissem muito em termos do seu conteúdo genómico. Poderíamos até ser capazes de reunir o conteúdo genómico do genoma original polivalente destas espécies, somando simplesmente todos os elementos genéticos únicos presentes em toda a população. Por outras palavras, todo o "pool genético" é um reflexo do conteúdo original do genoma polivalente. Para provar a existência de um genoma polivalente disperso (ou em desintegração), é necessário analisar e comparar uma enorme quantidade de dados genéticos. E não entre espécies diferentes, mas dentro de uma única espécie. Estes dados estão atualmente a ser gerados pela nova biologia e os primeiros resultados já foram publicados.

Em 2007, a revista Science publicou um estudo sobre o genoma da *Arabidopsis thaliana*, a erva daninha da orelha de rato. O estudo é particularmente interessante porque apresenta os genomas de 19 plantas individuais de uma única espécie, recolhidas em 19 populações diferentes, desde regiões subárcticas até aos trópicos. O resultado desta análise meticulosa mostrou que...

> "... Em média, cada 180º bloco de construção do ADN é variável. E cerca de quatro por cento do genoma de referência ou tem um aspeto completamente diferente nas formas selvagens ou não pode ser encontrado de todo. Quase um décimo de cada gene estava tão defeituoso que já não conseguia cumprir a sua função normal!
>
> Resultados como estes levantam questões fundamentais. Por um lado, relativizam o valor dos genomas modelo sequenciados até à data. *"O genoma de uma espécie não existe"*, diz Weigel. E acrescenta: "A constatação de que o ADN
>
> A constatação de que a sequência de um único indivíduo não é, de modo algum, suficiente para compreender o *potencial genético* de uma espécie está também a impulsionar os actuais esforços no domínio da genética humana".
>
> No entanto, é surpreendente que a Arabidopsis tenha um *genoma* tão *plástico*. Ao contrário do genoma dos humanos ou de muitas plantas cultivadas, como o milho, o da Arabidopsis é muito simplificado e o seu tamanho é inferior a um vigésimo do dos humanos ou do milho - embora tenha aproximadamente o mesmo número de genes. Em contraste com estes outros genomas, existem apenas algumas repetições ou sequências de preenchimento aparentemente irrelevantes. "O facto de, mesmo num genoma mínimo, *um décimo de cada gene ser supérfluo* foi uma *grande surpresa*", admite Weigel. [15] *[sublinhado nosso]*.

A *"grande surpresa"* é, obviamente, apenas uma grande surpresa no que respeita ao paradigma darwinista. Relativamente a um genoma pluripotente e polivalente, os dados não são de todo surpreendentes. De facto, são exatamente o que seria de esperar! Encontramos diferenças genéticas dramáticas entre os 19 stocks isolados de *Arabidopsis*. Observamos perdas genéticas e encontramos inovações genéticas. Enquanto a dispensabilidade dos genes devido à redundância genética é fácil de compreender, as inovações observadas são muito mais difíceis de imaginar. A menos que aceitemos que todas as inovações observadas *não* são inovações de todo, mas ferramentas genéticas *conservadas* que reflectem as condições ambientais. De facto, *"o genoma de uma espécie não existe"*, porque o que observamos hoje são genomas remodelados e adaptados, todos descendentes de um único genoma original da Arabidopsis que continha todas as ferramentas genéticas que encontramos espalhadas pela população. Os genomas modernos da Arabidopsis parecem ser descendentes de genomas muito maiores, com um excesso de elementos genéticos - sequências codificantes e não codificantes (repetitivas) - que se perdem, reorganizam ou duplicam facilmente. Os *"genes dispensáveis"* acima descritos podem ser entendidos como redundâncias genéticas que estavam originalmente presentes no baranoma e que, ao longo do tempo, se foram degradando lenta mas progressivamente nos 19 indivíduos, porque o ambiente não os expôs às condições que os preservariam. O estudo sugere fortemente que as populações de plantas isoladas surgiram através da perda de redundância genética, duplicação e rearranjo de elementos genéticos. A dispensabilidade de 10% dos genes *da Arabidopsis* teria sido previsível, uma vez que a maioria dos genes ainda presentes nos genomas individuais são redundantes [16]. Os genomas polivalentes têm um excesso de elementos genéticos - sequências codificantes e não-codificantes (repetitivas) - que podem ser facilmente perdidos, trocados ou duplicados. Os *"genes dispensáveis"* acima descritos podem ser entendidos como redundâncias genéticas que, lenta mas progressivamente, decaem em indivíduos que não os sujeitam à lei *"usar ou perder"* da vida. Os genes redundantes não podem permanecer no genoma para sempre porque a seleção, que é uma força conservadora, não actua para os preservar. A dispensabilidade de dez por cento dos genes *da Arabidopsis* é uma prova clara de um genoma polivalente. O estudo mostrou que as plantas individuais evoluíram por *radiação adaptativa* e todas têm um genoma individual moldado por duplicação, rearranjo e perda de redundância. Se conhecêssemos a taxa de perda genética, poderíamos até estimar o tempo necessário para formar os 19 indivíduos do genoma polivalente original.

Redundância genética, genes dispensáveis e genomas em desintegração são as inovações científicas que a nova biologia nos revela. Como é que devemos compreender tudo isto? A teoria darwiniana parte do princípio de que a vida orgânica evoluiu de simples micróbios unicelulares para a complexidade multicelular através de uma acumulação gradual de informação biológica, tendo como força motriz a seleção natural. A biologia mostra que não existe uma acumulação gradual de informação. A biologia começou com um big bang. Descobrimos que as esponjas, as plantas e os seres humanos têm aproximadamente o mesmo conteúdo genético e que o número de genes não parece estar relacionado com organismos "simples" ou "complexos". Não podemos compreender a biologia atual com base nas teorias de Darwin. Os organismos complexos que observamos atualmente não evoluíram a partir de um único ou de alguns organismos simples, como Darwin sugeriu. Os organismos simples nunca existiram. A forma de compreender a variação e a especiação é através da decomposição e reorganização dos genomas originais polivalentes com um excesso de elementos genéticos. O genoma polivalente continha todos os mecanismos necessários para responder e adaptar-se rapidamente a um ambiente em mudança. Forneceu-lhes as ferramentas para invadir rapidamente muitos nichos diferentes. Os genomas polivalentes foram ideais para a rápida colonização de todos os limites e periferias do mundo. O genoma polivalente é um genoma virado para o futuro, comparável a um canivete suíço multifuncional. O canivete suíço contém muitas funções que não são imediatamente necessárias num determinado ambiente, mas algumas delas são extremamente práticas nas montanhas, outras na floresta, outras ainda destinam-se a abrir garrafas e latas ou como ferramenta para fazer fogo. Para além de várias facas, também pode conter uma serra, uma lupa, uma pinça, uma tesoura, um berbequim, uma chave inglesa, um abre-latas e uma chave de fendas.

Consoante o local onde se encontra, necessitará de funções diferentes. Dependendo do local onde o organismo vive, também precisa de diferentes funções (ou seja, genes codificadores de proteínas) do genoma. O ambiente determina qual a parte do genoma que está sob restrição selectiva, e apenas essa parte funcional será mantida. [40]Por outras palavras, também aqui a lei da conservação (usar ou perder) determina a diferenciação do genoma pluripotente. Um grande e omnipotente criador com um plano para conceber organismos que habitassem todas as áreas da Terra, de este a oeste, de norte a sul, não seria sensato se concebesse o organismo como um especialista fixo tropical ou ártico. Em vez disso, o criador teria equipado os organismos com ferramentas que são úteis tanto em ambientes quentes como frios. Por exemplo, seria de esperar encontrar mais do que um sistema de fixação de carbono: um para baixas latitudes e outro para altas latitudes. Poderíamos esperar encontrar um sistema que funcione de forma óptima em regiões tropicais com temperaturas elevadas, mas também sistemas que funcionem em regiões árcticas com temperaturas moderadas. Nas plantas, existem de facto dois fotossistemas para a fixação do carbono. São as chamadas plantas C3 e C4. A temperatura óptima para a fixação do carbono nas plantas C3 é de 15-20 graus Celsius, enquanto as plantas C4 têm uma temperatura óptima de 30-40 graus Celsius [17].

Atualmente, muitas plantas são plantas C3 ou C4, mas também encontramos plantas que têm tanto C3 como C4. Há provas claras de redundância entre os dois fotossistemas, uma vez que muitas plantas têm um dos dois sistemas em funcionamento, C3 ou C4, bem como restos do outro sistema. No açafrão-da-terra moderno (*Flaveria spp.*), por exemplo, não só vemos fotossistemas C3, C4 ou a combinação de fotossistemas C3 e C4 em funcionamento, como também observamos restos de C3 em plantas C4 e vice-versa [18]. A presença de resíduos de um dos sistemas é considerada evidência de redundância ambiental e indica um baranoma contendo ambos os fotossistemas (Figura 12.1). Os dois fotossistemas "carregados na frente" proporcionam uma invasão rápida tanto em altitudes elevadas como em baixas altitudes e em ambientes quentes e frios. Nos trópicos, o sistema C4, que é ótimo a altas temperaturas, estaria ativo, enquanto o sistema C3 seria redundante. Aqui, o sistema quente estaria sob pressão ambiental constante e seria conservado. A acumulação de mutações debilitantes nos elementos genéticos provocaria a rápida degradação dos sistemas frios. Um programa genético desenvolvido para nichos tropicais não faz sentido em regiões árcticas e vice-versa. É o ambiente ou o habitat do organismo que determina se os elementos genéticos são úteis ou não. De acordo com a hipótese do baranoma, o habitat determina a redundância genética. Não existe qualquer razão biológica para assumir que a redundância não utilizada devido ao habitat deva ser conservada. A lei da conservação natural diz que os genes não utilizados degradam-se rapidamente.

Utilizando a hipótese do genoma polivalente, podemos começar a compreender como é que os lagos interiores de África foram colonizados por centenas de espécies de ciclídeos em poucos milhares de anos. Podemos também compreender a origem de dezenas de espécies de pica-paus, corvos, tentilhões, patos e veados. E começamos a compreender como é que as asas dos insectos-pau evoluíram muitas vezes [19]. [41]Até compreendemos porque é que as morfologias do crânio dos Neandertais, do Homo erectus e dos humanos australianos modernos são tão semelhantes [20]. A razão para isto é que os programas genéticos envolvidos não têm de evoluir gradualmente a partir do zero. Nem têm de ser

---

[40] Ao contrário das funções não utilizadas de um canivete suíço, que não se desgastam, as funções biológicas não utilizadas desgastam-se devido à falta de "coerção selectiva".

[41] A principal diferença reside no tamanho e não na morfologia.

selecionados. Os programas necessários para estes fenótipos já existem! São uma parte críptica ou adormecida do genoma polivalente e só precisam de ser activados. Os neandertais, o Homo erectus e os humanos australianos modernos são tão semelhantes porque todos descendem de um único genoma polivalente.

Se Darwin tivesse apenas um conhecimento rudimentar dos genomas polivalentes, a sua conclusão primária teria sido semelhante à que proponho: descendência comum limitada por radiação adaptativa a partir de genomas polivalentes. Os limites da ancestralidade comum são determinados pelos elementos do genoma polivalente. As variedades naturais de organismos que se reproduzem sexualmente podem surgir através do sucesso reprodutivo diferencial, mas a reversão para "tipos selvagens" ocorre assim que as restrições de seleção são removidas e a hibridação entre populações tem lugar. A hibridação é basicamente nada mais do que a reversão para um genoma polivalente mais original. O tipo selvagem é o organismo mais estável ("robusto") devido à redundância genética. [42]A reversão ao tipo selvagem já era um princípio bem conhecido no tempo de Darwin, que Blyth relatou no seu ensaio de 1835. Darwin, no entanto, rejeitou o óbvio e inventou a sua própria biologia naturalista:

> "Admitir este ponto de vista [de um genoma polivalente altamente flexível, mas robusto] é, parece-me, descartar um real por um irreal, ou pelo menos por uma causa desconhecida. Faz uma mera zombaria e ilusão das obras de Deus; eu quase acreditaria, com os cosmogonistas antigos e ignorantes, que as conchas fósseis nunca viveram, mas foram criadas em pedra para zombar das conchas que agora vivem na costa do mar". [4].

Darwin rejeitou o genoma polivalente por motivos teológicos ou, na melhor das hipóteses, filosóficos. Porque é que um genoma polivalente, flexível e altamente adaptável, presente numa criatura primitiva, semelhante a um cavalo, tornaria a obra de Deus uma mera zombaria e fraude? Um genoma pluripotente com uma propensão intrínseca para responder rapidamente a situações de mudança explica elegantemente "as adaptações dos seres orgânicos uns aos outros e às suas condições físicas". Os organismos que não conseguem adaptar-se ou, por outras palavras, os organismos que perdem a sua "evolutibilidade" extinguir-se-ão inevitavelmente. Não é difícil imaginar que os seres vivos originais foram concebidos para serem flexíveis e adaptáveis. Muito mais difícil foi descobrir a causa dessa flexibilidade, da plasticidade dos genomas.

---

[42] Ver capítulo 1

elementos genéticos indutores de variação
ou
O paradoxo do vírus de ARN resolvido

Para se defenderem de insectos e parasitas invasores, os organismos superiores dispõem de um mecanismo sofisticado que provoca variações no sistema de defesa imunológico. Um certo tipo de células imunitárias, conhecidas como células B, produzem proteínas de defesa chamadas imunoglobulinas. As imunoglobulinas são muito pegajosas, ligam-se aos intrusos como marcadores biológicos e rotulam-nos como "estranhos". Outras células do sistema imunitário sabem agora que têm de se livrar do intruso e é iniciada uma cascata de destruição. Para que haja um marcador disponível para cada possível invasor estranho, milhões de células B têm o seu próprio gene altamente específico para a produção de imunoglobulinas. O espaço de armazenamento de informação biológica no genoma é limitado, por isso, como é possível existirem milhões de genes? Bem, não há. Os genes das imunoglobulinas são compostos por várias sequências de ADN pré-existentes que podem ser montadas independentemente umas das outras. A parte da imunoglobulina que é responsável pelo reconhecimento de *substâncias "estranhas"* contém vários domínios que são altamente variáveis. Cada célula B individual forma um gene de imunoglobulina único, selecionando entre várias sequências curtas de ADN pré-existentes. Verificamos também que as gerações posteriores de imunoglobulinas são mais específicas do que as gerações anteriores, no sentido em que se ligam mais fortemente aos microrganismos invasores. A afinidade de ligação a um invasor é sinónimo de reconhecimento desse invasor. E quanto melhor o sistema imunitário for capaz de reconhecer um invasor, melhor o poderá eliminar. O aumento da especificidade deve-se a mutações somáticas que foram deliberadamente introduzidas nos genes das imunoglobulinas. Existe um mecanismo no genoma das células B que pode desencadear rapidamente mutações nos genes das imunoglobulinas. Este mecanismo garante que o padrão de reconhecimento fornecido pelos genes se torna cada vez mais específico para o invasor. Esta capacidade de reconhecer e combater todos os potenciais microrganismos é caraterística do sistema imunitário dos organismos superiores, incluindo o ser humano. Os genomas contêm toda a informação biológica necessária para efetuar mudanças a partir do seu interior. É necessário um genoma flexível para combater eficazmente as doenças e as infecções parasitárias. As células B não esperam por mutações aleatórias, mas geram elas próprias mutações ativamente. No capítulo anterior, expliquei que os organismos estão equipados com genomas pluripotentes flexíveis, altamente adaptáveis e polivalentes. Os organismos foram capazes de conquistar o mundo através da *radiação adaptativa de* genomas pluripotentes polivalentes. Mas como é que os genomas libertam informação? Será que os organismos têm de esperar que ocorram mutações selecionáveis para invadirem e ocuparem rapidamente novos nichos ecológicos? Ou estão equipados com mecanismos que produzem rapidamente mutações, semelhantes à variação produzida pelas células B? Voltemos à obra de Darwin *A Origem das Espécies*, onde podemos encontrar algumas pistas. Darwin escreveu extensivamente sobre variação, particularmente sobre a variação dos padrões das penas dos pombos:

> "Alguns factos relativos à coloração dos pombos merecem atenção. O pombo-das-rochas é azul-ardósia e tem a garupa branca (na subespécie indiana, *C. intermedia* de Strickland, é azulada); a cauda tem uma barra terminal escura, sendo as bases das penas exteriores orladas de branco no exterior; as asas têm

duas barras pretas; algumas raças semi-domésticas e algumas raças aparentemente verdadeiramente selvagens têm asas com pied preto para além das duas barras pretas. Estas diferentes caraterísticas não ocorrem conjuntamente em nenhuma outra espécie de toda a família. Em todas as raças domésticas, as aves bem criadas têm, por vezes, todas as caraterísticas acima perfeitamente desenvolvidas, até ao contorno branco das penas exteriores da cauda. Se cruzarmos duas aves de duas raças diferentes, nenhuma das quais é azul ou tem qualquer uma das caraterísticas acima referidas, a descendência dos híbridos é muito facilmente capaz de adquirir subitamente essas caraterísticas; por exemplo, cruzei alguns fantails uniformemente brancos com alguns barbets uniformemente pretos, e eles produziram aves castanhas e manchadas de preto; Cruzei-os de novo, e um neto de um fantail branco puro e de um barbudo preto puro era de uma cor azul tão bonita, com o traseiro branco, uma dupla barra preta nas asas e penas da cauda com cerdas e franjas brancas, como qualquer pombo das rochas selvagem! Podemos compreender estes factos de acordo com o conhecido princípio do regresso às caraterísticas originais, se todas as raças de pombos domésticos descendem do pombo-das-rochas." [1]

Darwin afirma - e com razão - que todas as raças de pombos domésticos descendem do pombo-da-rocha. Ele até sabe, como mostrado acima, como reproduzir o pombo-da-rocha a partir de várias raças de pombos diferentes de acordo com um padrão de reprodução. Darwin descreve um *algoritmo de reprodução* de pombos para obter o antepassado de todos os pombos! Mas será que ele também descreve um algoritmo para criar perus a partir de pombos? Não, Darwin não conhece tal algoritmo. Se ele tivesse encontrado um algoritmo para reproduzir patos ou pegas a partir de genomas de pombos, teria tido uma prova sólida para a sua tese da origem das espécies através da preservação de grupos étnicos favorecidos. Nas suas experiências de reprodução, descobriu *"o princípio do regresso aos antepassados"*, mas, contrariamente à sabedoria darwinista convencional, isto é também *a falsificação da* sua tese da *origem das espécies*. A observação de que os pombos produzem pombos e nada mais do que pombos não é exatamente a evidência necessária para provar a ancestralidade comum de todas as aves. Muito pelo contrário! As experiências de reprodução de Darwin mostraram que um pombo é um pombo e continua a ser um pombo. As caraterísticas e os traços de cada espécie de pombo podem ser muito diferentes, mas Darwin começou e terminou sempre com os pombos. As experiências de reprodução sempre demonstraram que não se criam novas e diferentes espécies de aves por seleção artificial. Mesmo Darwin argumenta que não há dúvida de que todas as espécies de patos e coelhos descendem do pato selvagem comum e do coelho comum [2]. A partir da variação observada por Darwin em populações selvagens e domesticadas, não se segue que coelhos e patos tenham um hipotético ancestral comum num passado distante e difuso. Darwin observou uma variação inata, inata, que já estava presente nos genomas dos pombos e que só precisava de ser activada ou expressa. A partir do extrato acima, podemos até ter uma ideia de como funciona. Um algoritmo genético para a produção de penas (um programa de penas) faz parte do genoma do pombo e está presente em cada uma das células. O programa das penas está presente em milhares de milhões de células do pombo, mas *não* é ativado em todas as células. As penas só estão presentes onde o programa está ativado. O programa das penas é silenciado nas células onde normalmente não deveria funcionar. A ativação do programa das penas nas células erradas é frequentemente incompatível com a vida, mas por vezes pode produzir pombos com penas (invertidas) nas patas. O programa pode ser suprimido e ativado por um mecanismo que actua no genoma do pombo. Se as penas aparecem nos pés ou na cabeça, e se têm um aspeto normal ou invertido, é apenas uma questão de ativação e regulação do programa de penas. Mas Darwin não sabia nada sobre programas genómicos silenciosos ou como estes se podiam tornar activos. Ele não sabia nada sobre regulação de genes e interruptores moleculares. Darwin não sabia nada sobre genes e genomas.

A ideia em que Darwin estava a trabalhar há mais de duas décadas era a de como as mudanças orgânicas (ou seja, a variação) nas populações poderiam explicar o aparecimento de novas espécies. Espécies estáveis e imutáveis não eram o que Darwin tinha em mente. Ele estava a pensar em leis e princípios associados ao processo de variação e acreditava que os poderia descobrir através do estudo do aparecimento de novas raças. Com base nos seus conhecimentos sobre criação de pombos e raças de cavalos, Darwin descreve algumas das suas ideias sobre as "leis da variação" no Capítulo V de *A Origem*:

> *"Diferentes espécies apresentam variações análogas, e uma variedade de uma espécie assume frequentemente algumas caraterísticas de uma espécie relacionada ou reverte para algumas caraterísticas de um antepassado primitivo.* Estas afirmações são melhor compreendidas se observarmos os nossos grupos étnicos nativos. As raças mais distintas de pombos, nos países mais distantes entre si, apresentam sub-variedades com penas invertidas na cabeça e penas nos pés, caracteres não possuídos pelo pombo-das-rochas aborígene; estas são então variações análogas em duas ou mais raças distintas." [3]

Darwin descreve que podem ocorrer exatamente as mesmas caraterísticas em diferentes raças de pombos e, mais importante, que essas caraterísticas ocorrem *independentemente umas das outras* nos *"países mais distantes"*. Se várias raças apresentam as mesmas caraterísticas independentemente umas das outras, é pouco provável que tal se deva ao acaso. Pelo contrário, os genomas dos pombos podem ativar ou suprimir o mesmo programa de penas independentemente uns dos outros. Como resultado, diferentes raças "em países muito distantes" adquirem as mesmas caraterísticas. Uma e outra vez, os mesmos traços aparecem em populações separadas de organismos como resultado de mutações "de dentro". Os criadores de animais gostam de padrões exuberantes e raridades; é exatamente isso que procuram e selecionam. Os traços divergentes que são normalmente sujeitos a uma forte seleção negativa, como as penas invertidas do pombo, podem facilmente tornar-se visíveis quando a pressão de seleção é libertada, ou seja, quando os organismos são criados e alimentados no ambiente protetor do cativeiro. Darwin referiu-se ao fenómeno da aquisição independente das mesmas caraterísticas como *variação análoga*. Trata-se de um fenómeno comum, bem conhecido dos criadores, e Darwin pode facilmente encontrar outros exemplos de variação análoga:

> "A presença frequente de catorze ou mesmo dezasseis penas na cauda do pombo pouter pode ser considerada como uma variação que representa a estrutura normal de um outro grupo étnico, o pombo fantail. Presumo que ninguém duvida que todas estas variações análogas se devem ao facto de as diferentes raças de pombos terem herdado de um progenitor comum a mesma constituição e tendência para a variação quando expostas a influências desconhecidas semelhantes. No reino vegetal, temos um caso de variação análoga nos caules alargados, ou raízes, como são vulgarmente chamados, do nabo sueco e da Ruta baga, plantas que são classificadas por alguns botânicos como variedades que surgiram por cultivo a partir de um progenitor comum: Se não for esse o caso, então trata-se de uma variação análoga em duas espécies ditas distintas; e a estas

pode acrescentar-se uma terceira, nomeadamente o nabo comum. Na visão comum de que cada espécie foi criada independentemente, devemos atribuir esta semelhança nos caules alargados destas três plantas, não à *causa vera* da comunidade de descendência, e a consequente tendência para variar da mesma maneira, mas a três actos de criação separados mas intimamente ligados." [3]

Surgem variações correspondentes no genoma. Caraterísticas anteriormente silenciosas - crípticas - podem ser activadas por rearranjos e/ou transposição de elementos de ADN. O mecanismo molecular subjacente não pode ser puramente aleatório. Caso contrário, Darwin e outros criadores não mencionariam que as mesmas caraterísticas ocorrem independentemente umas das outras. Uma tradução mais contemporânea de variação análoga seria *variação não aleatória*, e implica algum tipo de mecanismo. No excerto acima, Darwin também descreve o que ele chamou de *reversão*. Com isso, ele se referia a traços que estão presentes nos ancestrais, desaparecem nos descendentes da primeira geração e reaparecem nas gerações posteriores. Darwin reconheceu que devem existir leis de hereditariedade desconhecidas, mas continuou a falar da *"partilha de sangue"*. As reversões são facilmente explicadas por caraterísticas presentes em cromossomas separados, e a herança de tais caraterísticas é melhor compreendida utilizando as leis da herança de Gregor Mendel. Com a sua descoberta das leis genéticas subjacentes à herança de caraterísticas relacionadas com a segregação cromossómica, uma caraterística da reprodução sexual, Mendel deu-nos uma teoria quântica da herança. Descobriu que as caraterísticas são sempre herdadas em proporções bem definidas e previsíveis e não surgem e desaparecem simplesmente. [43]As reversões de Darwin são caraterísticas que reaparecem em gerações posteriores devido à herança dos mesmos genes ("alelos") de ambos os progenitores. Darwin não conhecia as leis da herança de Mendel, nem sabia como a variação surge nos genomas.

No entanto, Darwin descreveu no seu livro de 1859 que a variação na descendência é uma regra da biologia. O que Darwin descreveu em espécies isoladas, quer raças domesticadas quer aves insulares, foi o resultado de um surto de especiação rica a partir de genomas polivalentes. As raças de pombos eram os fenótipos de um genoma polivalente reorganizado para pombos. Os tentilhões das Galápagos, com os seus diferentes bicos e tamanhos de corpo, foram os fenótipos de um genoma polivalente reorganizado para os tentilhões. De onde vem a variação que observamos nas populações de tentilhões das Galápagos? Darwin estava ciente da profunda falta de conhecimento sobre a origem da variação e não descartou mecanismos ou leis que impulsionam a variação biológica:

"Até agora, tenho falado por vezes como se as variações que ocorrem tão frequentemente e em tantas formas nas criaturas orgânicas sob domesticação, e em menor grau naquelas em estado de natureza, fossem devidas ao acaso. Esta é, evidentemente, uma expressão inteiramente incorrecta, mas serve para reconhecer claramente a nossa ignorância da causa de cada variação individual." [4]

Desde os tempos de Darwin, quase todos os cantos da célula viva foram explorados e o nosso conhecimento biológico expandiu-se grandemente. Graças a uma vasta biblioteca de dados gerada pelos novos projectos biológicos, temos a resposta a muitas questões biológicas que escaparam a Darwin. Podemos também ter a resposta para *"a causa de cada variação"*, mesmo que não estejamos (ainda) conscientes disso. Isto não se deve ao facto de estar escondida entre milhares de milhões de outros livros e ser difícil de

---

[43] Muitos traços recessivos que aparecem e desaparecem na descendência e são herdados de acordo com o princípio mendeliano podem ser entendidos como genes redundantes inactivados.

encontrar. Não, é por causa do paradigma darwiniano. O(s) mecanismo(s) que impulsiona(m) a variação biológica foi elucidado, mas ainda não foi reconhecido como tal.

Uma das descobertas da nova biologia foi o facto de o ADN da maioria dos organismos, se não de todos, conter elementos genéticos saltadores. A sabedoria convencional é que estes elementos são os restos de antigas invasões de vírus de ARN. Os vírus de ARN são uma classe de vírus que utilizam moléculas de ARN para armazenar informação. Alguns deles, como o vírus da gripe e o VIH, representam uma ameaça crescente para a saúde humana. Serão as invasões virais responsáveis por toda a maravilhosa e intrincada complexidade da vida orgânica? Será que um vírus é um criador? Muito provavelmente não. Por que razão deveríamos gastar milhares de milhões de dólares em investigação para estudar a forma de combater os vírus? Será que a ciência dominante está errada? Há uma boa razão para esta suposição: *o paradoxo do vírus de ARN*. Foi proposto que estes vírus de ARN têm uma longa história evolutiva que ocorreu com ou talvez mesmo antes das primeiras formas de vida celular [5]. As análises de genética molecular mostraram que os genomas, incluindo os dos seres humanos e dos primatas, estão intercalados com *retrovírus endógenos* (ERV), que são atualmente explicados como restos de antigas invasões de vírus ARN. A origem dos vírus de ARN pode ser estimada a partir de genes homólogos encontrados tanto em ERVs como em famílias modernas de vírus de ARN. Usando as melhores estimativas para as taxas de mudança evolutiva, usando a substituição de letras de ADN e assumindo um relógio molecular preciso [6, 7], as famílias de vírus de ARN encontradas atualmente *"podem ter tido origem muito recentemente, provavelmente não há mais de 50.000 anos"* [8]. Estes dados sugerem que os vírus de ARN actuais podem ter evoluído muito mais recentemente do que a nossa própria espécie. A observação de que os vírus de ARN evoluíram recentemente e a presença de ERVs genómicos apresentam um aparente paradoxo que precisa de ser resolvido. Para resolver este paradoxo, devemos abandonar a noção generalizada de que os ERVs são remanescentes de antigas invasões virais de ARN.

A solução para o paradoxo do vírus de ARN só pode ser encontrada através de perguntas. Em primeiro lugar, temos de nos perguntar o que é que os cientistas querem dizer quando se referem a elementos genéticos como *retrovírus endógenos*. Também precisamos de perguntar como se comportam e que funções têm, se é que têm alguma. Os VRE têm sido amplamente estudados em microrganismos como a levedura de padeiro (*Saccharomices cerivisiae*) e a bactéria intestinal comum *Escherichia coli*. A maior parte do nosso conhecimento sobre os mecanismos de transposição dos VRE provém destes dois organismos. Na levedura, o ERV conhecido como *Ty* é flanqueado por longas repetições terminais e especifica dois genes, *gag* e *pol*, que são semelhantes aos genes dos vírus de ARN de funcionamento livre. Esta é a principal razão pela qual os cientistas acreditam que os vírus de ARN e os VRE estão evolutivamente relacionados. As longas repetições terminais permitem que o VRE se insira no ADN do hospedeiro. A transposição e integração é um processo fortemente regulado e parece ser específico do alvo ou do sítio [9, 10]. Durante a transposição de um VRE, a RNA polimerase II do hospedeiro produz um modelo de RNA que é poliadenilado para se tornar RNA mensageiro. Os mRNAs gag e pol são traduzidos e clivados em várias proteínas individuais. O gene gag especifica uma poliproteína que é clivada em três proteínas que formam uma estrutura semelhante a uma cápside que envolve o ARN do VRE. Isto levanta a questão: Porque é que um capsídeo está envolvido? É de notar que as moléculas de ARN de cadeia simples são polímeros de nucleótidos muito pegajosos, e o capsídeo pode impedir que o ERV fique preso nos sítios errados. O capsídeo também pode ser necessário para guiar o VRE para os locais corretos no genoma. A poliproteína pol é clivada por quatro enzimas: Protease, transcriptase reversa, RNase e integrase. A protease cliva as poliproteínas em proteínas individuais e, em seguida, o ARN e as proteínas são embalados numa partícula semelhante a um retrovírus. A transcriptase reversa forma uma molécula de ADN de cadeia simples a partir do modelo de ARN do VRE, enquanto a RNase remove o ARN. O ADN é então circularizado e a cadeia de ADN complementar é sintetizada para produzir uma cópia circular de cadeia dupla do VRE, que é depois integrada no ADN genómico do hospedeiro num novo local pela atividade da integrase. Este intrincado mecanismo de transposição parece ser irredutivelmente complexo, uma vez que todos os VRE e vírus ARN utilizam os mesmos componentes genéticos ou componentes semelhantes. É uma indicação clara de conceção (inteligente).

Que função podem ter os VRE, se é que têm alguma? De acordo com a opinião prevalecente, os ERVs foram integrados no genoma como infecções virais durante muito tempo. Atualmente, os ERVs não são particularmente úteis. Limitam-se a saltitar pelo genoma como elementos genéticos egoístas que não têm qualquer função específica. O seu principal objetivo é desorganizar o genoma. No entanto, há muito tempo atrás, os vírus de ARN podem ter contribuído significativamente para a evolução; ajudaram a moldar os genomas. É difícil imaginar que esta história seja verdadeira, e não apenas por causa do paradoxo do vírus de ARN. Os vírus modernos não se integram normalmente no ADN das células germinativas, ou seja, os genes de um vírus de ARN não se tornam normalmente parte do genoma do hospedeiro infetado. Se nos cingirmos ao princípio da uniformidade, podemos argumentar: "O que não acontece hoje não aconteceu há muito tempo". Para responder à questão acima colocada, precisamos primeiro de saber mais sobre algumas caraterísticas biológicas de um elemento genético de salto menos complicado, o chamado elemento de sequência de inserção (*elemento IS*). Os elementos IS são transposões de ADN que são abundantes nos genomas das bactérias e partilham uma caraterística importante com os ERV: a transposição. As mudanças no genoma ocorrem com tanta frequência nas bactérias que dificilmente se pode falar de uma ordem específica dos genes. O baralhamento de elementos genéticos pré-existentes pode libertar imediatamente informação críptica como resultado de efeitos de posição. A baralhação parece ser um mecanismo importante para gerar variação. Mas qual é o mecanismo de baralhamento do genoma? [44]A resposta a esta pergunta vem inesperadamente de experiências evolutivas em que foi determinada a diversidade genética ("mudança evolutiva") entre populações reprodutoras de *E. coli*, que foram descritas anteriormente. Durante a experiência de reprodução, que decorreu durante quase vinte anos, observou-se que o número e a localização dos elementos IS ("sequência de inserção") mudaram drasticamente nas populações em evolução, enquanto as mutações pontuais não eram frequentes [11]. Após dez mil gerações de bactérias, as alterações genómicas eram principalmente devidas à duplicação e transposição de elementos IS. Assim, uma conclusão simples seria que os elementos genéticos saltadores, como os elementos IS, servem para gerar intencionalmente variação - variação que pode ser benéfica para o organismo. Em 2004, Lenski, um dos co-autores dos estudos, demonstrou que os elementos IS geram, de facto, mutações que aumentam a aptidão física [12]. Na bactéria *E.* coli, os elementos IS activam operões catabólicos crípticos - ou silenciosos -, um conjunto de programas genéticos para a digestão dos alimentos. Foi relatado que a

---

[44] Ver capítulo 4.

transposição de elementos IS permite ultrapassar situações de stress reprodutivo através da ativação de operões crípticos, permitindo que o organismo mude para outra fonte de alimento. Os elementos IS fazem-no de forma regulada, transpondo-se mais rapidamente em células famintas do que em células em crescimento. Em pelo menos um caso, os elementos IS activaram um operão críptico durante a inanição apenas quando o substrato para esse operão estava presente no ambiente [13]. É evidente que, nas experiências de Lenski, os elementos transponíveis não se desenvolveram de um dia para o outro. Pelo contrário, os elementos IS estavam presentes no genoma da estirpe original. Durante as duas décadas de reprodução, os elementos IS duplicaram-se e saltaram de um sítio para outro. Tiveram muitas oportunidades para deslocar genes e sequências reguladoras, e muito tempo para se integrarem em genes ou simplesmente redireccionarem os padrões reguladores da expressão genética. Os microrganismos podem, portanto, causar variação simplesmente reorganizando os genes e trazendo genes antigos para novos contextos. Variação através de efeitos de posição! Variação que pode ser herdada e propagada ao longo do tempo. Não é exagero afirmar que os novos fenótipos são determinados por elementos genéticos saltantes que são pré-determinados pelo genoma da bactéria.

A transposição de elementos IS é geralmente caracterizada por saltos locais, ou seja, as novas inserções ocorrem geralmente na vizinhança da inserção anterior e podem ser mais ou menos aleatórias, ou seja, o local de integração não depende da sequência. As bactérias têm um número limitado de genes e podem dividir-se quase indefinidamente. Por conseguinte, a inserção dependente da sequência e a regulação rigorosa da transposição podem não ser necessárias para a reestruturação dos genomas bacterianos desencadeada por elementos IS; numa população de milhares de milhões de microrganismos, todos os rearranjos cromossómicos possíveis podem ocorrer devido a processos estocásticos. Nos organismos superiores, a ordem dos genes nos cromossomas é mais importante, mas não há razão para excluir a possibilidade de os elementos genéticos saltadores influenciarem a expressão dos programas genéticos através de efeitos posicionais. Tal como as bactérias, os genomas de todos os organismos superiores contêm várias classes diferentes de elementos transponíveis. Nos mamíferos encontramos ERVs, LINEs e SINEs, nos insectos elementos Copia, Gypsy e P e nas plantas *transposões* como os elementos cin e mu (ver: Figura 13.1). O que estes elementos têm em comum com os elementos IS das bactérias é o facto de serem capazes de saltar no genoma. Esses genes saltadores, como às vezes são chamados, poderiam, portanto, representar uma classe de elementos genéticos que intencionalmente geram variação. Os genes saltadores são *elementos genéticos indutores de variação* (VIGEs). Os VIGEs podem ser responsáveis por uma vasta gama de variações e adaptações que observamos nos organismos. Os VIGEs podem mesmo ser responsáveis por eventos de especiação observados devido à sua capacidade de recombinar cromossomas. A transposição genómica dos VIGEs não é apenas um processo aleatório. Tal como se observou para os elementos Ty na levedura, a integração e a transposição dos VIGEs podem ter sido originalmente específicas do local ou da sequência. É de notar que os VIGEs são considerados elementos genéticos redundantes e que o controlo da translocação pode ter diminuído ao longo do tempo.

Os elementos genéticos móveis constituem uma proporção considerável do genoma eucariótico e são capazes de se integrar no genoma num novo local dentro da sua célula de origem. Por exemplo, várias classes de elementos genéticos móveis constituem mais de um terço do genoma humano.

Os retrovírus endógenos humanos (ERVs), tal como os ERVs da levedura, são primeiro transcritos para uma molécula de ARN como se fossem verdadeiros genes codificantes.

O ARN é então convertido num híbrido ARN-ADN de cadeia dupla pela ação da *transcriptase reversa*, uma enzima especificada pelo próprio retrotransposão. A molécula híbrida é então reinserida no genoma numa localização completamente diferente. O resultado deste mecanismo de copy-paste são duas cópias idênticas em locais diferentes do genoma. Foram encontradas mais de 300 000 sequências no genoma humano que podem ser classificadas como VRE, o que representa cerca de 8 % do ADN humano total [14].

Os retrotransposões terminais longos (retrotransposões LTR) são transcritos em ARN e, em seguida, transcritos de forma inversa num híbrido ARN-ADN e reinseridos no genoma. Os LTR e os retrovírus são muito semelhantes em termos de estrutura. Ambos contêm os genes gag e pol que codificam o envelope da partícula viral (GAG), a transcriptase reversa (RT), a ribonuclease H (RH) e a integrase (IN). Estes genes fornecem proteínas para a conversão do ARN em ADN complementar e facilitam a inserção no genoma. Exemplos de retrotransposões LTR são os retrovírus endógenos humanos (HERV). Em contraste com os retrovírus de ARN, os retrotransposões LTR não possuem proteínas de envelope que facilitem o movimento entre células.

Os retrotransposões não LTR, tais como os Long Interspersed Elements (LINEs), são longos trechos (4.000-6.000 nucleótidos) de moléculas de ARN transcritas reversamente. Os LINEs têm duas estruturas de leitura aberta: uma codifica uma endonuclease e uma transcriptase reversa, a outra uma proteína de ligação a ácidos nucleicos. Existem cerca de 900.000 LINEs no genoma humano, ou seja, cerca de 21% de todo o ADN humano. As LINEs encontram-se no genoma humano em números de cópias muito elevados (até 250.000) [15].

Os elementos curtos intercalados (SINEs) são outra classe de VIGEs que podem utilizar um intermediário de ARN para a transposição. Os SINEs não especificam a sua própria transcriptase reversa, pelo que são, por definição, *retroposões*. Podem ser mobilizados para transposição utilizando a atividade enzimática das LINEs. Cerca de um milhão de SINEs constituem mais 11% do genoma humano. Encontram-se em todos os organismos superiores, incluindo plantas, insectos e mamíferos. Os SINEs mais comuns nos seres humanos são os *elementos Alu*. Os elementos Alu consistem geralmente em cerca de 300 nucleótidos que se repetem em unidades de apenas três nucleótidos. Alguns elementos Alu adquiriram secundariamente os genes de que necessitam para saltar pelo genoma, provavelmente através de recombinação com LINEs. Outros simplesmente se duplicam ou se apagam através de cruzamentos desiguais durante a divisão celular. Existem mais de um milhão de cópias de elementos Alu no genoma humano, muitas vezes dispersos entre si, especialmente nas secções não codificantes. No entanto, muitos elementos do tipo Alu também foram encontrados nos intrões dos genes; outros foram observados entre genes na parte responsável pela regulação dos genes e outros ainda estão localizados na parte codificadora dos genes. Desta forma, os SINEs influenciam a expressão dos genes e conduzem a variações. Os elementos Alu são frequentemente mediadores de cruzamento desigual, recombinação homóloga e duplicação [16].

As sequências de tripletos repetitivos (RTS) nas regiões codificadoras das proteínas são uma classe de VIGEs que não podem transpor ativamente. As RTS são normalmente uma parte integrante da região codificadora das proteínas. As RTS podem, por exemplo, ser formadas por um trato de glicina (GGC), prolina (CCG) ou alanina (GCC). Normalmente, os RTS formam um laço no ARN mensageiro que fornece um local de acoplamento para moléculas de chaperona ou proteínas envolvidas na tradução do ARNm. Os RTS podem aumentar ou diminuir de comprimento através do deslizamento das polimerases do ADN durante a replicação do ADN.

Agora que redefinimos os VRE como uma classe específica de VIGEs que estavam presentes nos genomas desde o dia em que foram criados, não é difícil perceber como é que os vírus de ARN evoluíram. Os vírus de ARN evoluíram a partir dos VIGEs. Os ERVs, LINES e SINES são os antepassados genéticos dos vírus de ARN. Os darwinistas estão errados quando propagam os VRE como restos de invasões de vírus de ARN; é o contrário. Na minha opinião, este ponto de vista é apoiado por várias observações recentes. Os vírus de ARN contêm elementos genéticos funcionais que os ajudam a replicar-se como um parasita molecular. Regra geral, um vírus de ARN contém apenas um punhado de genes. O vírus da imunodeficiência humana (VIH), o agente causador da SIDA, contém apenas oito ou nove genes. De onde é que estes genes vêm? Do mundo do ARN? Do espaço exterior? A resposta mais plausível é que os vírus de ARN receberam os seus genes dos seus hospedeiros. O vírus do sarcoma de Rus, capaz de provocar tumores, tem apenas quatro genes: *gag, pol, env* e *src*. Além disso, o vírus é flanqueado por uma série de sequências repetidas que facilitam a integração e promovem a replicação. *Gag, pol* e *env* são genes que se encontram frequentemente nos VRE. O *gene src* do *vírus do sarcoma de Rus* é um *gene src* modificado derivado do hospedeiro que normalmente funciona como uma tirosina quinase - um regulador molecular que pode ser ligado e *desligado* para controlar a proliferação celular. No vírus, o regulador foi modificado de modo a poder ser apenas ligado e desligado, desencadeando uma proliferação celular descontrolada. O gene src não é necessário para a sobrevivência do RSV. Podem ser isoladas partículas de RSV que apenas possuem os genes gag, *pol* e env. Estas têm um ciclo de vida completamente normal, mas não causam tumores no seu hospedeiro. É evidente que o vírus absorveu *o src* do seu hospedeiro. Portanto, todo o vetor pode também ter origem no hospedeiro. Os VIGEs podem facilmente absorver genes ou partes de genes como resultado de uma leitura aleatória da polimerase II. Este facto aumenta o conteúdo genético do VIGE, uma vez que o gene localizado junto ao VIGE também é incorporado. A excisão incorrecta de VIGEs também pode acrescentar informação genética. Por exemplo, imagine-se o HERV-K, um retrovírus endógeno específico do ser humano que já adquiriu um gene de envelope e se transpõe para uma localização no genoma onde se situa junto ao gene src. Se uma parte do gene src estiver ligada aos genes do HERV-K durante a transposição seguinte, a molécula resultante já é um *vírus do sarcoma de Rus* totalmente desenvolvido (ver: Figura 13.2). É possível demonstrar que a maioria dos vírus de ARN é composta por informação genética diretamente relacionada com a dos seus hospedeiros. As membranas externas dos vírus da gripe, por exemplo, são constituídas por moléculas de hemaglutinina e neuraminidase. A neuraminidase é uma proteína que também se encontra nos genomas dos organismos "hospedeiros" superiores, onde tem a função de modificar os glicopeptídeos e os oligossacáridos. Nos seres humanos, a falta de neuraminidase conduz a doenças neurodegenerativas de armazenamento lisossómico: Sialidose e galactosialidose [17]. Mesmo os chamados genes órfãos, ou seja, genes que só ocorrem em vírus, encontram-se normalmente no genoma do hospedeiro. E onde? Nos VIGEs!

Para se tornar um vetor de transporte entre organismos, basta ter as ferramentas certas para entrar e escapar à célula hospedeira. O VIH, por exemplo, adquiriu parte do gene do sistema de defesa do hospedeiro (o núcleo gpl20) que se liga ao recetor humano da beta-quimiocina CCR5 [18]. Estas observações tornam plausível que todos os vírus ARN tenham origem nos genomas das células vivas através da recombinação de elementos do

ADN do hospedeiro (genes, promotores, potenciadores). [45]De vez em quando, essa recombinação infeliz produz um replicador molecular descontrolado - é o nascimento de um novo vírus. Quando o vírus se liberta do genoma e encontra uma forma de reentrar nas células, a partícula torna-se um agente infecioso de pleno direito. Há muito que se sabe que as bactérias utilizam genes adquiridos a partir de bacteriófagos - vírus bacterianos que inserem temporária ou permanentemente o seu ADN no genoma do seu hospedeiro - para obterem uma vantagem reprodutiva num determinado ambiente. De facto, décadas de trabalho mostraram que os genes profágicos (o vírus integrado) são responsáveis pela produção das toxinas primárias associadas a doenças como a difteria, a escarlatina, a intoxicação alimentar, o botulismo e a cólera. As doenças são fenómenos secundários favorecidos pela entropia. A evolução dos vírus é geralmente considerada pelos virologistas como recombinação, como mistura de vírus já existentes, como reorganização e recombinação de genes [19]. Nas bactérias, os vírus poderiam, portanto, ter-se recombinado a partir de plasmídeos portadores de genes de sobrevivência e/ou de elementos genéticos transponíveis, como os elementos IS.

Chegámos agora a um ponto em que podemos responder a uma questão biológica fundamental. Como é que os genomas dos organismos geram rapidamente variações, por exemplo, para se adaptarem a um ambiente em mudança? Onde se localiza a variação? Sabemos que a herança de caraterísticas é determinada pelos genes, longos trechos de ADN que são transmitidos de geração em geração. Os genes são normalmente constituídos por uma parte codificante e uma parte reguladora não codificante. A parte codificante do gene determina o resultado funcional, enquanto a parte não codificante contém interruptores e unidades reguladoras que determinam quando, onde e quanto do resultado funcional deve ser produzido. As mutações pontuais na parte codificadora são predominantemente ruído genético neutro ou ligeiramente prejudicial que se acumula no genoma, enquanto as mutações pontuais na parte reguladora das unidades de ADN podem causar variações na quantidade de output. Mas de onde é que vêm os narizes grandes, pequenos e médios? Porque é que algumas pessoas são altas, outras baixas, gordas ou magras? A resposta pode ser: VIGEs. Os VIGEs tornam explícitos os programas morfogenéticos. Pode acontecer que os organismos originais estivessem equipados com baranomas que tivessem a capacidade de induzir variações a partir do seu interior. Esta visão radical implica que o baranoma humano poderia ter contido apenas um único algoritmo morfogenético para a formação do nariz. Mas o programa estava implícito. O programa foi concebido de modo a que o VIGE pudesse ser facilmente integrado no programa e tornar-se parte dele, tornando o programa explícito. A maior parte das variações hereditárias que observamos na população humana pode ser devida a VIGEs - elementos que influenciam os programas morfogenéticos e outros programas dos baranomas. É de notar que uma grande parte das sequências genómicas são adaptadores redundantes, espaçadores, duplicadores, etc., que podem ser removidos do genoma sem grande impacto no sucesso reprodutivo (fitness). Nas bactérias, os VIGEs são conhecidos como elementos IS, nas plantas como transposões e nos animais como ERVs, LINEs, SINEs e microssatélites. Estes elementos são particularmente bons na indução de variações genómicas. O número de cópias dos VIGE e a sua posição no genoma determinam a expressão dos genes e o fenótipo do organismo. Por isso, estes elementos

---

[45] Considerando a natureza não aleatória das alterações genéticas e dos eventos de recombinação, é bem possível que vírus semelhantes surjam de indivíduos diferentes ou mesmo de espécies diferentes mas relacionadas. Contrariamente ao pressuposto evolutivo, o VIH e o SIV podem ter uma origem independente.

transponíveis e repetitivos deveriam ser rebaptizados de acordo com a sua função: *elementos genéticos indutores de variação*. Os VIGEs explicam as variações que Darwin chamou de *"aleatórias"*. No próximo capítulo, entrarei em pormenores sobre algumas classes específicas de VIGEs e explicarei porque é que os genomas modernos estão literalmente cheios de VIGEs. Com a constatação de que os vírus de ARN evoluíram a partir de VIGEs, o paradoxo dos vírus de ARN fica resolvido. Esta solução será um espinho no lado de muitos cientistas tradicionais, porque se postula que os VIGEs são elementos a montante de genomas polivalentes e esta ideia implica uma origem recente de toda a vida.

VIGEs e funções

De acordo com o paradigma evolutivo, os retrovírus endógenos (VRE) são os restos egoístas de antigos vírus de ARN que invadiram as células dos organismos há milhões de anos e que agora apenas libertam o genoma para se replicarem. Este pensamento *egocêntrico* ainda domina a opinião pública, mas os biólogos bem informados sabem que esta visão está a mudar rapidamente. Cada vez mais se pensa que os vírus de ARN antigos e os seus remanescentes desempenharam (e ainda desempenham) um papel significativo na evolução das proteínas, na estrutura dos genes e na regulação da transcrição. Tal como referido no Capítulo 13, os VRE podem ser os executores da variação genética e podem ser considerados como elementos genéticos indutores de variação (VIGEs) especificamente concebidos, responsáveis pela variação nos organismos superiores. Os VIGEs induzem variação através de duplicação, transposição e podem mesmo remodelar a organização dos cromossomas. A hipótese VIGE poderia fornecer um quadro para compreender a origem das doenças e explicar eventos de especiação rápida através da troca facilitada de cromossomas.

A ideia de que os elementos genéticos móveis são elementos genéticos funcionais envolvidos na criação de variações não é nova. Barbara McClintock, que descobriu os primeiros elementos genéticos móveis no milho, foi também a primeira a reconhecer a verdadeira natureza desses elementos genéticos saltadores. Em 1956, propôs que os transposões (como lhes chamou) actuam como interruptores moleculares que podem ajudar a determinar quando os genes próximos são ligados e desligados. A sua principal descoberta foi que todos os sistemas vivos têm mecanismos para reestruturar e reparar os cromossomas. Quando se descobriu que mais de metade do genoma humano é constituído por (restos de) elementos móveis, as ideias de McClintock foram revitalizadas e desenvolvidas por Roy Britten e Eric Davidson [1]. Só recentemente começámos a compreender o poder dos VIGEs como reguladores e interruptores genéticos. Uma equipa de investigadores liderada por Haussler forneceu provas diretas de que um elemento curto de nucleótidos intercalados (SINE), mesmo quando aterra a alguma distância de um gene, pode desempenhar um papel regulador com fortes funções reguladoras na sua nova localização [2].

> "Haussler e os seus colegas estudaram então um exemplo particular - uma cópia do elemento ultraconservado localizado perto de um gene chamado Islet 1 (ISL1). O ISL1 produz uma proteína que ajuda a controlar o crescimento e a diferenciação dos neurónios motores. No laboratório de Edward Rubin, na Universidade da Califórnia, em Berkeley, o investigador de pós-doutoramento Nadav Ahituv combinou a versão humana da sequência LF-SINE com um gene "repórter" que produziria uma proteína facilmente reconhecível se o LF-SINE funcionasse como um interruptor. Em seguida, injectou o ADN resultante nos núcleos de óvulos de ratinhos fertilizados. Onze dias depois, analisou os embriões de ratinho para determinar se e onde o gene repórter estava ligado. O resultado foi claro, o gene estava ativo nos sistemas nervosos em desenvolvimento dos embriões, o que seria de esperar se a cópia LF-SINE regulasse a atividade do ISL1". [3]

Este excerto mostra que algumas funções dos SINEs podem ser facilmente descobertas porque afectam diretamente a expressão de um determinado gene. A maioria das funções dos SINEs pode não ser tão fácil de reconhecer como descrito acima. Isto porque podem integrar-se em partes do genoma onde não existem genes (desertos de genes), ou podem influenciar subtilmente a expressão de programas morfogenéticos. Os padrões de expressão dos genes determinam em grande medida o comportamento das células e a morfologia dos organismos. Os VIGEs integrados nesses programas genéticos alteram os padrões de expressão dos genes e conduzem a um comportamento e morfologia celulares diferentes. No entanto, ainda não é claro se o efeito final no fenótipo do organismo pode ser previsto. Isto deve-se principalmente ao facto de ainda não sabermos como são os algoritmos morfogenéticos. É claro que os biólogos têm argumentado que a evolução e o desenvolvimento são determinados pelos genes homeobox (HOX), mas os genes HOX são meros executores de programas de desenvolvimento (ou morfogenéticos) e não os próprios programas.

Num outro estudo do mesmo grupo, foram analisadas milhares de sequências curtas e idênticas de ADN espalhadas pelo genoma humano. Muitas destas sequências estavam localizadas em *desertos de genes* - regiões do genoma onde os cromossomas não contêm genes codificadores de proteínas reconhecíveis. Estes desertos de genes estão tão repletos de elementos de ADN reguladores que foram recentemente rebaptizados de *selvas reguladoras*. Mas o que é que eles regulam? A resposta pode ser: A morfogénese. A maioria dos elementos curtos de ADN está localizada perto de genes que desempenham um papel crucial nas primeiras semanas após a conceção de um organismo. Os elementos ajudam a orquestrar uma coreografia intrincada em que os genes de desenvolvimento são ligados e desligados à medida que o organismo concebe o seu plano corporal. Estes elementos podem fornecer uma espécie de roteiro para a construção do animal. O mecanismo exato de como essas sequências podem funcionar como um plano para a construção de um animal não é totalmente claro, mas os elementos de ADN eram particularmente abundantes perto de genes que ajudam as células a manterem-se unidas. Isto é importante nas fases iniciais da vida de um organismo, uma vez que estes genes ajudam as células a migrar para o sítio certo e a formarem órgãos e tecidos com a forma correta. As 10.402 sequências curtas de ADN que Bejerano analisou provêm de elementos genéticos transponíveis - retroposões que se duplicam e saltam pelo genoma. Claramente, os elementos genéticos transponíveis não são aquilo com que foram confundidos: Criadores de caos. De facto, a ideia de que os elementos transponíveis são apenas coisas más está a mudar rapidamente. Numa entrevista ao Science Daily, Bejerano afirma:

> "Costumávamos pensar que eles estavam apenas a fazer travessuras. Aqui está um caso em que eles são realmente úteis." [4]

O genoma está literalmente repleto de milhares e milhares de elementos transponíveis. Diz-se que "os retrovírus antigos, que introduziram partes do seu ADN no genoma dos primatas há milhões de anos, preservaram com sucesso o seu próprio património genético" [5]. É difícil imaginar que todos eles tenham uma função, mas a sua presença poderia certamente determinar ou afinar o desempenho de genes próximos. Desta forma, poderiam dar origem a variações subtis - mas novas. No passado, Bejerano e Haussler já tinham identificado um punhado de transposões que actuavam como elementos reguladores, mas não era claro até que ponto este fenómeno era generalizado. O estudo de 2007 mostrou que poderia ser um fenómeno geral.

> "Mostrámos agora que os transposões podem ser um veículo importante para inovações evolutivas". [4]

Embora as novas descobertas biológicas mostrem que os elementos transponíveis actuam como reguladores da produção de genes em muitos casos, não são veículos importantes para a evolução dos micróbios para os seres humanos. A transposição de elementos genéticos saltadores pode certamente influenciar os padrões de expressão dos genes, mas não significa que produzam nova informação genética. Tendo em conta os dados biológicos, parece plausível que os elementos transponíveis estejam presentes no genoma para *produzir intencionalmente variação biológica*. Os elementos transponíveis podem, portanto, ser chamados de *elementos genéticos indutores de variação* (VIGEs). E ao deixarem cópias, asseguram que a nova variação é hereditária. Os elementos transponíveis nas selvas reguladoras não geram nova informação biológica, mas induzem variação nos algoritmos genéticos e podem estar na base da rápida radiação adaptativa de genomas pluripotentes não comprometidos. As selvas reguladoras podem representar um reservatório ativo de VIGEs que levam os genes existentes a novos ambientes reguladores.

Atividade regulada dos VIGEs

Se os VIGEs foram concebidos como elementos especiais para causar intencionalmente variação, é de esperar que a sua atividade seja altamente regulada e controlada. Há cada vez mais provas de que é efetivamente esse o caso. O cromossoma da estirpe K12 de *E. coli* contém três operões crípticos, programas genéticos lineares que codificam o metabolismo de três açúcares alternativos: um para a celobiose, um para a arbutina e um para a salicina. A organização destes operões corresponde a um operão bacteriano normal induzido por um substrato, mas são anormais na medida em que são crípticos (silenciosos) em estirpes de tipo selvagem. Mesmo na presença de açúcares alternativos, os operões não são activados, o que sugere que as bactérias não utilizam prontamente açúcares alternativos. Os operões crípticos não utilizados são programas genéticos redundantes que são ignorados pela seleção natural:

> "Uma vez que os genes crípticos não são expressos para dar uma contribuição positiva para a aptidão do organismo, é de esperar que acabem por se perder através da acumulação de mutações inactivadoras. [...] Seria, portanto, de esperar que os genes crípticos fossem raros nas populações naturais. No entanto, não é esse o caso. Mais de 90% dos isolados naturais de E. coli possuem genes crípticos para a utilização de açúcares beta-glucósidos. [Estes operões crípticos podem ser activados por elementos IS e permitem à E. coli utilizar açúcares beta-glucósidos como única fonte de carbono e energia". [6]

O extrato mostra que os operões são mantidos inactivos por proteínas repressoras, localizadas no ADN do operão e que se defendem das nanomáquinas responsáveis pela expressão genética. Os operões só estão activos nas bactérias que não possuem um gene funcional que codifique os repressores. A interrupção do gene repressor liberta os programas crípticos. É aqui que os VIGEs entram em ação. A transposição e integração de um elemento IS nos elementos silenciadores é o evento de mutação que ativa o operão críptico. Normalmente, a falta de uma fonte adequada de carbono e energia desencadeia a transposição de elementos IS. A transposição de elementos IS parece ser regulada pela fome, e a integração no gene repressor não é completamente aleatória. Por exemplo, a posição 472 do gene ebgR no operão ebg de *E. coli* é um ponto de acesso para a integração de elementos IS, mas apenas em condições de inanição. Os VIGEs podem, portanto, ser integrados em posições precisamente definidas no genoma através de um mecanismo específico do local.

Na mosca da fruta, alguns retrotransposões não-LTR integram-se em sítios muito específicos, enquanto outros se integram de forma mais ou menos aleatória. A especificidade é determinada pelas endonucleases, enzimas que cortam o ADN [7]. Se assumirmos que os VIGEs fazem parte do desenho do genoma, temos de assumir que a sua transposição e atividade podem ser controladas e reguladas. Para evitar efeitos deletérios no hospedeiro e no retrotransposão, pode assumir-se que a atividade das VIGEs é regulada tanto pelo retrotransposão como por factores codificados pelo hospedeiro. De facto, o mecanismo de transposição parece ser determinado pela espécie em que actuam. Estudos recentes mostraram que o elemento transponível conhecido como *integrador NLR* transporta geralmente alguns nucleótidos extra no final da sequência no peixe-zebra, mas não nas células humanas [8]. Esta observação poderia argumentar a favor do envolvimento de uma maquinaria proteica específica do hospedeiro necessária para a transposição - mais um argumento a favor do desenvolvimento de VIGEs.

Do ponto de vista da conceção, é de esperar que a atividade dos VIGEs seja um processo rigorosamente controlado. Isto porque os genomas em que actuam também fornecem factores de controlo: os factores de restrição retrovirais. Os factores de restrição são proteínas com a capacidade de se ligarem à proteína do capsídeo retroviral e de a degradarem especificamente. Foram identificados vários factores de restrição, incluindo Fv1, Trim5alpha e Trim5-CypA [9]. Estes factores têm a propriedade comum de conterem sequências que promovem a auto-associação: podem auto-organizar-se. Este facto e a observação de que os factores de restrição são codificados por genes não relacionados são provas claras a favor de uma evolução orientada. Os factores de restrição retrovirais desempenham um papel importante na imunidade inata contra os vírus de ARN invasores. Por exemplo, o Trim-5alpha liga-se diretamente ao núcleo do capsídeo retroviral que chega e visa a sua degradação ou destruição prematura [10]. Além disso, alguns VIGEs integrados apresentam desvios na árvore evolutiva, indicando um mecanismo de integração/corte específico da sequência. Por exemplo, *Alu HS6* estava presente em humanos, gorilas e orangotangos, mas não em chimpanzés (ver Figura 1). Esta observação altamente peculiar levou os investigadores a considerar a possibilidade de uma excisão específica deste elemento Alu do genoma do chimpanzé [11]. A excisão precisa requer uma integração precisa.

Biólogos sintéticos da Universidade Johns Hopkins em Baltimore, Maryland, construíram de raiz um retrotransposão baseado no LINE 1 - um elemento genético que pode saltar no genoma do rato. O retrotransposão foi concebido para ser um "saltador" muito mais eficaz do que os retrotransposões naturais e insere-se em muitos mais locais do genoma [12,13]. Porque é que nem todas as LINEs saltam tão eficazmente? A resposta a esta questão reside no facto de o cientista que construiu a LINE sintética ter alterado os locais de regulação da transposição. Os elementos LINE1 nativos são relativamente inactivos em ratos quando são introduzidos no genoma do rato como transgenes. O elemento sintético baseado em LINE1 ORFeus, que contém duas ORFs sinónimas recodificadas em comparação com o L1 do rato, é muito mais ativo. Isto indica que a integração e a excisão de elementos LINE1 nativos são controladas e reguladas por mecanismos ainda desconhecidos.

Os VIGEs são considerados elementos genéticos redundantes que podem ser simplesmente removidos do genoma sem afetar a aptidão. Desde que os VIGEs não perturbem funções genómicas críticas e não prejudiquem o sucesso reprodutivo do portador, são seletivamente neutros. Por conseguinte, os próprios VIGEs, bem como os mecanismos pelos quais são integrados, podem ser facilmente atrofiados e degradados pela acumulação de mutações debilitantes. O controlo da integração e da atividade que observamos atualmente pode ser menos apertado do que o inicialmente previsto. O controlo originalmente bem ajustado da excisão e da transposição pode ter-se deteriorado ao longo do tempo, deixando elementos mais ou menos livres que podem causar estragos se forem integrados no local errado. É fácil compreender que as endonucleases, por exemplo, se tenham tornado menos específicas devido às mutações. Este ponto de vista poderia também explicar o facto de os VIGEs serem frequentemente encontrados em ligação com doenças hereditárias. Desde que a atividade e a integração dos VIGE não interfiram demasiado com a aptidão dos organismos em que actuam, podem copiar e colar livremente no genoma. De facto, foram observados VIGEs inactivadores em genes que não são diretamente necessários para a reprodução. O gene GULO, que é considerado um gene redundante em populações com elevada ingestão de vitamina C, foi atingido várias vezes por VIGEs, o que pode ter contribuído para a pseudogenização do GULO em humanos [14]. Ao longo do tempo, as VIGEs podem ter tido um efeito cada vez mais prejudicial no genoma do hospedeiro. Isto deve-se ao facto de a informação que regula a integração e a atividade dos VIGEs estar sujeita a mutações. Alguns VIGEs têm sido associados à suscetibilidade ou resistência a doenças. Na asma, verificou-se que o aumento da suscetibilidade está associado à instabilidade do ADN microssatélite, um termo utilizado para descrever diferenças no número de cópias em sequências de ADN repetitivas [15]. A psoríase também tem sido associada à expressão de HERV [16]. Deve ser claro que os VIGEs desregulados e não controlados causam danos quando integram e interrompem partes funcionais dos genes.

Do ponto de vista da conceção, as transposições de VIGE durante a meiose, o processo que leva à formação de gâmetas, fariam sentido. A atividade controlada dos VIGEs durante a meiose poderia ser responsável pela variação que pode ser transmitida à descendência. Embora haja pouca informação disponível, foi demonstrado em fungos [17] e plantas [18] que os VIGEs se tornam activos durante a meiose e até têm mecanismos que suprimem efeitos secundários deletérios, como mutações pontuais deletérias [17]. Isto mostra que os elementos transponíveis funcionam para induzir a variação genética e dar às populações a flexibilidade necessária para se adaptarem com sucesso aos desafios ambientais. Nos chimpanzés, por exemplo, foi documentado que grandes blocos de ADN repetitivo montado, que se demonstrou funcionarem como retrotransposões, induzem e prolongam a fase de bouquet na prófase meiótica e influenciam a formação de quiasmas [19]. Isto pode parecer bastante grandioso, mas significa simplesmente que estes elementos genéticos repetitivos facilitam a troca de cromossomas irmãos durante a formação de células reprodutivas - espermatozóides e ovócitos. Os VIGEs em mamíferos, particularmente as sequências Alu, podem desencadear a recombinação e duplicação genéticas e contribuir para rearranjos cromossómicos, podendo ser responsáveis pela maior parte da variação observada nos seres humanos [20]. O padrão de metilação das sequências Alu pode determinar a atividade e/ou servir como marcadores para o imprinting genómico ou para a manutenção de diferenças na meiose masculina e feminina [21].

VIGEs e a família humana

Se unidades de repetição triplas curtas estiverem presentes na parte codificante de um gene, isto pode até ter consequências funcionais. Há evidências de que unidades de repetição no gene Runx2 formaram o focinho curvo do bull terrier em poucas gerações [22]. Da mesma forma, a formação de cinco ou seis dedos dos pés em ratos e cães é determinada por uma unidade de repetição no gene Alx4 [23]. Estes novos fenótipos podem desenvolver-se quase de um dia para o outro, ou seja, no espaço de uma geração. A repetição de tripletos de codificação, que podem ser adicionados ou perdidos, fornece outro mecanismo para gerar variação - instantânea. É de notar que este mecanismo conduz a alterações genéticas reversíveis, uma vez que uma unidade repetitiva perdida pode ser facilmente adicionada de novo através da duplicação de uma unidade já existente e vice-versa. Por conseguinte, o mecanismo RTS pode explicar as alterações sazonais no tamanho do bico observadas nos tentilhões das Galápagos, os fenótipos adaptativos nas cobras australianas e a "evolução" das espécies de ciclídeos nos lagos africanos.

Se aceitarmos a ideia de VIGEs criados intencionalmente, podemos também assumir que estes elementos desempenharam um papel importante na determinação da diversidade dos fenótipos humanos. Por outras palavras, as etnias humanas são o resultado da atividade dos VIGEs! Os biólogos costumavam assumir que todos os nossos genomas tinham a mesma estrutura básica - o mesmo número de genes, mais ou menos na mesma ordem, com algumas pequenas diferenças na ordem das bases de ADN. Atualmente, as tecnologias de comparação de genomas humanos inteiros mostram que este quadro está longe de estar completo. Michael Wigler, do Cold Spring Harbor Laboratory, forneceu a primeira prova de que os genomas humanos são surpreendentemente variáveis. O seu grupo demonstrou diferenças notáveis no número de cópias de genes codificadores de proteínas [24]. Aparentemente, algumas pessoas têm mais cópias de certos genes, enquanto outras têm menos. No entanto, os polimorfismos do número de cópias (CNPs) em grande escala (cerca de 100 kilobases ou mais) também contribuem significativamente para a variação genómica entre indivíduos [25]. Além disso, as pessoas não só transportam diferentes números de cópias de partes do nosso ADN, como também têm diferentes números de deleções, inserções e outros rearranjos importantes nos seus genomas.

Em 2005, Evan Eichler, da Universidade de Washington, em Seattle, registou 297 locais no genoma onde diferentes indivíduos têm diferentes formas de alterações estruturais importantes. Nestes sítios, por exemplo, alguns têm uma deleção maior ou uma centena de bases de ADN adicionais. As diferenças entre indivíduos não se encontram nos genes codificadores de proteínas, sendo antes explicadas por diferenças estruturais entre os genomas individuais [26]. A partir destes e de outros estudos, sabemos agora que cada um de nós partilha apenas cerca de 99% do seu ADN com todas as outras pessoas na Terra [27]. As diferenças devem-se a sequências repetitivas que facilmente duplicam ou eliminam partes do genoma. Descobrimos assim outra classe de VIGEs. As sequências repetitivas altamente variáveis também explicam por que razão os métodos de rastreio genético são hoje tão fiáveis: Reconhecem as diferenças no número de cópias e são, por isso, capazes de distinguir entre o ADN do pai e do filho. Sim, pais e filhos diferem aparentemente ao nível dos VIGEs!

Uma comparação entre asiáticos e caucasianos mostrou que 25 por cento de mais de 4000 genes codificadores de proteínas tinham padrões de expressão significativamente diferentes. Alguns níveis de expressão de genes diferiam até por um fator de dois [28]. Os investigadores comentaram que estes resultados "apoiam a ideia [...] de que existem traços geneticamente determinados que estão agrupados em diferentes grupos étnicos". Alguns genes simplesmente não são expressos ou simplesmente não estão presentes nos genomas. Por exemplo, o gene *UGT2B17* é apagado mais frequentemente nos asiáticos do que nos caucasianos e a taxa de expressão média foi mais de 20 vezes superior nos caucasianos do que nos asiáticos. Como é que se podem explicar diferenças tão grandes? É claro que os polimorfismos de nucleótido único (SNP, ou seja, mutações pontuais) nas sequências reguladoras podem influenciar os padrões de regulação dos genes. No entanto, não era claro "se os SNP regulam eles próprios a expressão genética ou se co-migram com outro ADN que é o regulador". Podemos também assumir que os VIGEs são responsáveis pelas diferenças que observámos entre as populações humanas, por exemplo em continentes diferentes.

O cromossoma 2 humano parece ser o produto da fusão de dois cromossomas que encontramos nos chimpanzés como os cromossomas 12 e 13 (ver Figura 14.1). Por isso, alguns darwinistas consideram o cromossoma 2 humano como a prova definitiva da ancestralidade comum com os chimpanzés. *Sabemos* que uma fusão de dois cromossomas precursores teria produzido o cromossoma humano 2 com dois centrómeros. Atualmente, o cromossoma 2 humano tem apenas um centrómero, pelo que deve haver provas moleculares da existência de vestígios do outro. Em 1982, Yunis e Prakash examinaram o local de fusão do cromossoma 2 utilizando uma técnica conhecida como hibridização in situ por fluorescência (FISH) e relataram *evidências* do centrómero esperado [29]. Em 1991, outro estudo também encontrou *provas* da existência do centrómero [30]. Em 2005, após a sequenciação completa do cromossoma humano 2, seria de esperar que houvesse provas completas da existência do centrómero ancestral. No entanto, mesmo após uma investigação intensiva, apenas existem *provas* a favor do centrómero. Se os sinais do centrómero já foram observados em 1982, porque é que não podem ser detectados na análise da sequência de 2005? Aparentemente, o local sofreu uma mutação tão rápida que já não é reconhecível como centrómero:

> "Durante a formação do cromossoma humano 2, um dos dois centrómeros foi inactivado (2q21, que corresponde ao centrómero do cromossoma 13), e a estrutura centromérica deteriorou-se rapidamente". [31]

Porque é que se deterioraria rapidamente? Porque é que esta região se deterioraria mais rapidamente do que a região neutra? Uma investigação mais detalhada em 2005 revelou que a região interpretada como o centrómero ancestral consiste em sequências presentes em dez outros cromossomas humanos (1, 7, 9, 10, 13, 14, 15, 18, 21 e 22), bem como numa variedade de outros elementos genéticos repetidos que estavam presentes antes da fusão [31]. As sequências que são interpretadas como "centrómeros antigos" são meramente sequências repetitivas e poderiam, de facto, ser classificadas como VIGEs (desreguladas).

Os projectos genómicos do chimpanzé e do ser humano mostraram que a fusão não resultou na perda de genes codificadores de proteínas. Em vez disso, o locus humano contém cerca de 150.000 pares de bases adicionais que não estão presentes nos cromossomas 12 e 13 do chimpanzé (agora também conhecidos como 2A e 2B). Este facto é notável, porque porque é que uma fusão levaria a mais ADN? Seria de esperar o contrário: A fusão teria deixado o produto da fusão com menos ADN, uma vez que a perda de sequências de ADN é fácil de explicar. O facto de os humanos terem uma sequência intermédia única de 150-kb sugere que esta pode ter sido intencionalmente planeada (ou: desenhada) no genoma humano. Também se pode sugerir que a sequência de ADN de 150-kb que delineia o local de fusão serve como um tipo especial de VIGE, uma sequência de alinhamento que junta os cromossomas e facilita a fusão nos humanos. Outra observação notável é o facto de encontrarmos um gene inactivado da cobalamina sintetase na região de fusão [32]. A cobalamina sintetase é uma proteína que, na sua forma ativa, tem a capacidade de sintetizar a vitamina B12, um cofator crucial na biossíntese de nucleótidos, os blocos de construção das moléculas de ADN e ARN. Uma deficiência durante a gravidez e/ou na primeira infância conduz a graves defeitos neurológicos, uma vez que o desenvolvimento cerebral é afetado. A hipótese darwiniana é que o gene da cobalamina sintetase foi doado por bactérias há muito tempo e subsequentemente inactivado. Atualmente, os seres humanos dependem dos microrganismos do intestino grosso e da ingestão de alimentos (uma proporção significativa provém da carne e dos produtos lácteos) para o seu fornecimento de vitamina B12. É também de salientar que os seres humanos têm várias cópias de genes semelhantes à cobalamina sintetase inactivada em diferentes locais do genoma, enquanto os chimpanzés têm apenas um gene da cobalamina sintetase inactivada. O facto de a fusão ter ocorrido após a separação dos humanos e dos chimpanzés é demonstrado pelo facto de a fusão ocorrer apenas nos humanos:

> "Uma vez que o cromossoma fundido só ocorre em humanos e é fixo, a fusão deve ter ocorrido após a separação entre humanos e chimpanzés, mas antes de os humanos modernos se espalharem pelo mundo, ou seja, há 6 a 1 milhão de anos."
> [32]

Olhando para os novos dados biológicos, a fusão de dois cromossomas humanos pode ter sido o resultado de um rearranjo complicado ou da ativação de elementos genéticos repetitivos, e um dos efeitos secundários pode ter sido a inativação do gene da cobalamina sintetase e a sua dispersão pelo genoma. A inativação do gene pode ter reduzido a longevidade humana de uma forma semelhante à inativação do gene GULO, que é crítico para a síntese da vitamina C [14]. A desativação do gene da cobalamina sintetase pode também ser a razão pela qual os humanos tiveram de comer carne. A compreensão das propriedades moleculares do cromossoma 2 humano deixa de ser um problema se partirmos do princípio de que o genoma humano polivalente, tal como o dos grandes símios, estava originalmente organizado em 48 cromossomas. Dois deles fundiram-se para formar o cromossoma 2, e este novo cromossoma foi fixado em toda a população humana quando a humanidade passou por um grave estrangulamento [33]. Como já foi referido, a fusão pode ter sido facilitada por VIGEs que alinharam os cromossomas.

O mundo virou de cabeça para baixo

A proteína p53 é um fator de transcrição dos mamíferos que actua como interrutor principal para a divisão celular ou para a apoptose (morte celular programada), que é por vezes necessária em células gravemente danificadas que podem tornar-se tumores. Há muito que os cientistas se interrogam como é que o p53 adquiriu a capacidade de ativar e desativar mais de 1200 genes relacionados com a divisão celular, a reparação do ADN e a morte celular programada. Sem o sistema de controlo p53, não existiriam organismos: toda a vida teria perecido sob a forma de tumores maciços.

Biólogos da Universidade da Califórnia afirmam agora que os retrovírus antigos contribuíram para que o p53 se tornasse um importante regulador do gene mestre nos primatas [34]. Um vírus de ARN invadiu o genoma do nosso antepassado comum, saltou para centenas de novas localizações no genoma humano e espalhou numerosas cópias de sequências de ADN repetitivas que permitiram que o p53 regulasse muitos outros genes, segundo a hipótese da equipa. Estudos como este fizeram com que os darwinistas mudassem de opinião sobre os elementos genéticos saltadores. Por outras palavras, um ERV que salta aleatoriamente equipou o genoma humano com uma maquinaria de tomada de decisões cuidadosamente regulada. Esta ideia é mais do que plausível. Os darwinistas tendem a confundir as coisas. O que realmente aconteceu no genoma humano foi uma leitura da polimerase II num VIGE que estava junto a um gene que já continha um sítio de ligação para o p53. Ou o VIGE foi indevidamente excisado, levando consigo um pedaço de um gene flanqueador que contém o sítio de ligação do p53. Depois, o VIGE alterado foi amplificado, transposto, amplificado, e assim por diante. Isto explica esta família de transposões. Uma história semelhante pode ser contada para o gene da sincitina, que codifica uma proteína na placenta dos mamíferos que ajuda o ovo fertilizado a implantar-se na parede uterina. Uma vez que a sincitina também foi encontrada num elemento transponível [35], os mamíferos poderiam teoricamente ter recebido o gene de um vírus de ARN que infectou um antepassado mamífero há milhões de anos. No entanto, é mais provável que a sincitina tenha sido capturada por um VIGE.

Nas bactérias, observa-se frequentemente que os genes que conferem uma determinada propriedade vantajosa são transferidos através de plasmídeos. Os plasmídeos contêm frequentemente genes para vias metabólicas alternativas ou genes que conferem resistência a antibióticos e replicam-se independentemente do genoma do hospedeiro. Os plasmídeos podem ser facilmente trocados entre microrganismos através de um processo de absorção de ADN denominado transformação (ou transferência horizontal de genes). A absorção de plasmídeos é regulada e controlada e depende da sequência de ADN. O resultado das transformações do ADN é a rápida adaptação, por exemplo, aos antibióticos. Do mesmo modo, os vírus replicam-se independentemente do ADN genómico, deixam muitas cópias e são facilmente transferidos de um organismo para outro. Os vírus não são plasmídeos, embora alguns vírus em organismos superiores tenham uma função semelhante à dos plasmídeos nas bactérias: adaptação rápida a ambientes em mudança. Foi observado que um vírus pode efetivamente transmitir um fenótipo adaptativo. O vírus encontrado num fungo (*Curvularia protuberate)* pode induzir resistência ao calor na erva tropical do pânico (*Dichanthelium lanuginosum),* permitindo que ambos os organismos cresçam a altas temperaturas do solo no Parque Nacional de Yellowstone. Este facto mostra que os "vírus" continuam a oferecer estratégias de adaptação rápida.

> "Os isolados de fungos que foram curados do vírus são incapazes de transmitir tolerância ao calor, mas a tolerância ao calor é restaurada quando o vírus é reintroduzido. O fungo infetado com o vírus transfere a tolerância ao calor não só para o seu hospedeiro monocotiledóneo nativo, mas também para um hospedeiro eudicotiledóneo, sugerindo que o mecanismo subjacente envolve mecanismos conservados entre estes dois grupos de plantas." [36]

Nas moscas da fruta, a pigmentação das asas depende de um gene chamado *amarelo*. O gene está presente no genoma de todas as moscas da fruta, mas em algumas não está ativo. Ao analisar a origem genética das manchas nas asas das moscas da fruta, os investigadores descobriram um mecanismo molecular que explica como podem surgir novos padrões de pigmentação. O segredo parece estar em elementos genéticos específicos que controlam onde as proteínas são utilizadas na construção do corpo do inseto. Os segmentos não codificam proteínas, mas regulam o gene próximo que determina a pigmentação. Estes segmentos de ADN regulador são por isso designados por VIGE. Os investigadores transferiram o segmento de ADN regulador de uma espécie manchada (*Drosophila biarmipes*) para outra espécie que não expressa a mancha (*D. melanogaster)* e ligaram a região reguladora a um gene para uma proteína fluorescente. Descobriram que o gene fluorescente na espécie sem manchas era expresso exatamente nos mesmos padrões que o gene amarelo na espécie com manchas. Comparando várias espécies com manchas e sem manchas, os cientistas descobriram que a mutação de um segmento de ADN regulador levava à expressão do traço manchado. Descobriram que este segmento regulador nas espécies com asas pintadas tem *vários locais de ligação* para uma proteína que ativa o gene *amarelo*. Em espécies sem manchas, não há sítios de ligação múltiplos [37]. O grande número de segmentos de ADN reguladores poderia favorecer um mecanismo de amplificação ou uma integração direcionada da sequência reguladora. Isto explica porque é que o mesmo padrão de pigmentação pode ocorrer independentemente um do outro em espécies distantemente relacionadas (variação análoga de Darwin). A função de vaivém observada nos vírus leva-me a levantar uma questão interessante: Será que os retrovírus endógenos evoluíram originalmente como vectores de transporte para transmitir mensagens do soma para a linha germinativa? Se assim for, isso colocaria a evolução lamarckiana numa perspetiva completamente nova. Os resultados da nova biologia mostram que os cientistas tradicionais podem estar errados na sua crença de que os elementos transponíveis são os restos egoístas de antigas invasões de vírus de ARN. Pelo contrário, os vírus de ARN têm a sua origem em elementos transponíveis que foram concebidos como elementos genéticos indutores de variação. As espécies criadas foram intencionalmente equipadas com múltiplos tipos de elementos transponíveis controlados e regulados para invadir e adaptar-se rapidamente a todos os cantos e fendas da Terra. Devido à natureza redundante dos VIGEs, a sua regulação controlada pode ter-se deteriorado ligeiramente, e alguns deles podem agora simplesmente causar o caos. A hipótese VIGE fornece explicações elegantes para várias observações biológicas que, de outra forma, seriam difíceis de interpretar dentro da estrutura criacionista, incluindo o surgimento de doenças (vírus de ARN) e rearranjos cromossómicos. A hipótese VIGE poderia fornecer um quadro para programas de investigação alargados sobre a conceção inteligente. Algumas questões intrigantes podem já ser colocadas. 1) *Os VIGEs foram intencionalmente concebidos para causar doenças?* É concebível que a transposição e a integração de VIGEs não tenham ocorrido completamente por acaso. A transposição de VIGEs poderia ter sido originalmente concebida como um evento controlado e regulado e ativado por estímulos intrínsecos ou externos. Os estímulos para a transposição de VIGEs poderiam ser libertados durante a meiose, quando as células reprodutoras são produzidas, para gerar variação na descendência. O aparecimento de vírus de ARN a partir de VIGEs poderia ser o resultado de *entropia genética*, uma acumulação de mutações ligeiramente deletérias que desequilibram os mecanismos reguladores finamente afinados. 2) *Porque é que alguns VIGEs estão localizados exatamente no mesmo local em primatas e humanos?* Os baranomas originais devem ter tido um número limitado de VIGEs, que continuamos a encontrar no mesmo sítio em diferentes espécies. Em diferentes baranomas, os VIGEs podem ter sido localizados exatamente nas mesmas posições (a posição T-zero), o que explica porque é que alguns VIGEs, como os ERVs, são encontrados na mesma posição em primatas e humanos. Além disso, a integração dependente da sequência de VIGEs também pode contribuir para o facto de os VIGEs se encontrarem na mesma posição em humanos e primatas. 3) *Como é que os rotíferos bdelóides, um grupo de invertebrados aquáticos que se reproduzem exclusivamente de forma assexuada, formaram rapidamente novas espécies?* A produção assexuada de descendentes, tal como observada nos *bdelóides*, ocorre em mais de metade de todos os filos eucariotas e contribui provavelmente para mudanças adaptativas, tal como demonstrado recentemente tanto em animais como em plantas [38]. *Os bdelóides* derivam possivelmente de baranomas pluripotentes que contêm numerosos transposões e retroelementos de ADN, incluindo retrotransposões LTR activos com estruturas de leitura aberta *do tipo* gag, *pol* e *env* [39]. Estes elementos são capazes de reorganizar os genomas para induzir variações e facilitar a especiação através de rearranjos genómicos. 4) *Será que também observamos restos de vírus de ADN nos genomas dos mamíferos?* Em caso negativo, este facto defende a ideia de que os vírus de ARN evoluíram a partir de VIGEs e implica que os vírus de ADN têm uma origem diferente; são provavelmente bactérias degeneradas, como o vírus Mimi [40]. 5) *Porque é que uma classe de VIGEs foi concebida com informação para capsídeos proteicos?* O capsídeo pode ter sido retirado do genoma do hospedeiro, ou pode ter sido concebido para evitar que as moléculas de ARN permaneçam por perto, ou para desempenhar um papel na procura de locais de integração. Uma ideia muito especulativa poderia ser a de que estes VIGEs servem para transportar informação do soma para a linha germinativa. Deve ser claro que a hipótese VIGE abre a porta à investigação criativa.

Capítulo 15

A origem das espécies

Este livro apresenta argumentos que mostram que as principais hipóteses de Darwin, a "seleção natural" e a "descendência comum", são insustentáveis à luz dos actuais conhecimentos biológicos. A hipótese da seleção é cientificamente insustentável porque os genomas estão cheios de genes funcionais mas redundantes. Estes desempenham, pelo menos, um duplo papel. Em primeiro lugar, actuam como amortecedores genéticos e são responsáveis por fenótipos robustos. Em segundo lugar, os genes redundantes fornecem um potencial genético que pode ser utilizado em populações confrontadas com problemas ambientais. Para o efeito, os organismos dispõem de sistemas genéticos sofisticados, discutidos no capítulo anterior, para gerar intencionalmente variações na descendência. O facto de ser necessária uma disciplina evolutiva para reconciliar as árvores genéticas com as árvores "conhecidas" de descendência evolutiva, bem como a observação de que a transferência horizontal de genes tem de ser invocada a todos os níveis da biologia, demonstra que a teoria evolutiva padrão é incapaz de explicar os dados biológicos de um modo darwiniano. As hipóteses de Darwin não são apenas inadequadas para explicar as novas observações biológicas, elas são ainda piores. As observações que estamos a fazer sobre os genomas são claras falsificadoras da teoria de Darwin. Os dados genómicos mostram que os seres humanos têm novos genes e VIGEs que não se encontram nos chimpanzés ou noutros primatas. Por outras palavras, o genoma humano contém nova informação biológica que nada tem a ver com informação anterior. Esta é a prova de um processo de especiação salino e não gradual que envolve alterações genéticas não aleatórias. Estas observações são também adequadas como falsificadores para refutar completamente a teoria de Darwin. Quando é feita uma observação divergente, a teoria é normalmente ajustada para ter em conta o novo facto. Por vezes, porém, novas observações científicas levam a que uma teoria seja completamente posta de parte. Os argumentos resumidos acima são suficientes para derrubar a teoria padrão da evolução, que se baseia fortemente na hipótese de seleção de Darwin e na descendência comum. Ambos os pilares caíram, estão em ruínas, e a teoria darwiniana já não pode ser salva. Isto pode ser um choque para muitos, porque significa que não temos uma teoria naturalista para descrever a origem das espécies. De facto, essa teoria nunca existiu, porque as hipóteses propostas por Darwin nunca responderam à *questão da origem das espécies.* [th]O que Darwin estava a abordar era a crença do século XIX na *scala universe* ou *grande cadeia do ser*, um resquício da filosofia ocidental medieval que afirmava a imutabilidade dos organismos. A principal caraterística da *grande cadeia* era um sistema hierárquico composto com um grande número de elos, começando pelo mais elementar e terminando na perfeição mais elevada, Deus. Na *grande cadeia*, a natureza estava repleta de um continuum de seres vivos imutáveis, nos quais não havia lugar nem para a extinção nem para o aparecimento de novas espécies. Embora ainda fosse popular na época de Darwin, um criador de cães ou um criador de gado poderia ter-lhe dito que esta filosofia está errada. As espécies não são seres vivos imutáveis; variações e variedades surgem e desaparecem em cada geração. O facto de as espécies terem a capacidade de mudar e de se adaptar foi defendido de forma muito convincente por Darwin. Parabéns a Charles!

O problema é que Darwin postulou um processo evolutivo do micróbio ao homem com base no seu conhecimento limitado dos sistemas biológicos. A nova biologia discutida neste livro mostra que a vida é completamente diferente da "massa de protoplasma" de Darwin, que facilmente se transformaria em todos os tipos de seres vivos. A nova biologia demonstrou que os genomas presentes nas células dos organismos são portadores de informação altamente sintonizados. É problemático explicar a origem da informação de uma forma naturalista, porque a única fonte de informação que conhecemos é a inteligência. A ciência não pode lidar com a origem da informação sem fazer referência à inteligência. Se os investigadores do SETI (Search for Extraterrestrial Intelligence) recebessem uma sequência de números primos, interpretá-la-iam como um sinal de extraterrestres *inteligentes*. Quando os arqueólogos descobrem uma tábua com sinais gravados, sabem que ela contém informações provenientes de seres humanos *inteligentes*. Na comunidade científica, *informação é sinónimo de inteligência*. Os genomas estão repletos de informação biológica, informação sobre como construir organismos que se reproduzem. Se *informação é igual a inteligência* para os investigadores do SETI e para os arqueólogos, então o mesmo se aplica aos biólogos. Quem afirmar o contrário deve estar a fazê-lo por razões filosóficas e não científicas.

A nova biologia demonstrou que a informação para a produção de nanomáquinas proteicas está armazenada nos genomas sob a forma de códigos. [46]E todos os organismos, dos micróbios aos seres humanos, utilizam o mesmo código. A constatação de que parece existir um único código genético universal foi saudada pela comunidade darwinista como prova de descendência comum. Na minha opinião, este facto foi "prematuramente" celebrado como prova positiva da descendência comum darwiniana, porque o código genético presente em todos os organismos parece ser o *melhor código* entre milhões de códigos possíveis [1]. O código genético universal não é apenas uma coleção de coincidências; pelo contrário, é uma obra-prima de conceção de amortecimento de erros. Se tivesse de conceber um código genético a partir do zero e tivesse à sua disposição todo o conhecimento científico atualmente disponível sobre biologia molecular, bioquímica e biofísica, acabaria por obter exatamente o mesmo código que é atualmente utilizado por todos os organismos. É espantoso! Uma vez que este código é utilizado por todos os organismos vivos, não há razão para acreditar que o código alguma vez tenha sido diferente ou que tenha evoluído gradualmente. A ciência tem demonstrado que a biologia é o resultado de um projeto inteligente e não o resultado de mecanismos naturalistas não guiados. Este capítulo apresenta uma teoria completa que reconhece o design inteligente e explica todas as observações biológicas sem referência às hipóteses de Darwin. Explica a biologia sem a necessidade de seleção natural ou de descendência comum. Chamei a esta teoria uma *teoria geral e universal da variação biológica* (GUToB). A GUToB parte do princípio de que os organismos não são entidades estáticas, mas que evoluíram a partir de genomas pluripotentes e polivalentes. Estes genomas pluripotentes foram equipados desde o início com uma variedade de ferramentas genéticas e têm uma tendência intrínseca para provocar alterações genéticas a partir do seu interior, a fim de se adaptarem rapidamente a uma variedade de requisitos ambientais. Além disso, a GUToB pressupõe que as alterações genéticas não são aleatórias, uma vez que são mediadas por elementos de ADN de carga frontal. É de salientar que a GUToB *não exclui* as mutações aleatórias, mas afirma que as mutações aleatórias são apenas ruído genético neutro e ligeiramente prejudicial que, em última análise, culmina numa fusão genómica [2].

Origem da espécie: Baranome

Ninguém estava lá quando a vida foi criada. Continua a ser um dos grandes mistérios do universo, e cada nova descoberta na nova biologia, que aumenta a sua complexidade, torna a resposta às suas origens mais elusiva do que nunca. Também ninguém estava por

---

[46] Existem alguns códigos ligeiramente dissonantes que podem ser encontrados em todas as áreas da vida, mas todos eles derivam de um código canónico.

perto para observar a origem das espécies. No entanto, podemos ter a certeza de uma coisa: não aconteceu da forma como os darwinistas acreditam. Não foi uma coincidência, e não aconteceu apenas uma vez. A ontogénese - o estudo do desenvolvimento dos organismos a partir de uma única célula - mostrou que todo o reino animal se dividiu em duas espécies drasticamente diferentes para produzir um tubo digestivo aberto em ambas as extremidades. Na *Protostomia*, que constitui a grande maioria das espécies animais, a boca surge a partir do blastóforo, a primeira abertura a desenvolver-se durante a ontogénese. Na *Protostomia*, como o nome indica, esta abertura torna-se a boca. Nos equinodermes e nos cordados, aos quais também pertencemos, o blastóforo está ligado ao futuro ânus, razão pela qual estes dois grupos animais pertencem à *Deuterostomia*. A boca torna-se o ânus. É difícil imaginar diferenças mais fundamentais. Estas diferenças não podem, certamente, ser simplesmente descartadas como insignificantes; pelo contrário, elas apontam para uma origem polifilética da vida. A explosão cambriana, com o seu big bang biológico de cinquenta planos morfogenéticos primordiais, é ainda mais dramática. Qualquer hipótese razoável para a evolução orgânica deve reconhecer a possibilidade de mais do que uma origem. Uma vez que a vida é um milagre, uma dúzia de milagres ou mesmo várias centenas não são nem mais nem menos milagrosos do que um. Por isso, prefiro a ideia de que a vida foi criada sob a forma de centenas de diferentes genomas pluripotentes e polivalentes. Prefiro pensar nos seres orgânicos vivos como genomas polivalentes inteligentemente concebidos que têm a capacidade de adaptação e especificação devido a mecanismos intrínsecos e antecipatórios de variação. A criação de genomas polivalentes deve ter sido um acontecimento muito recente, porque a redundância genética é uma caraterística comum a todos os genomas modernos estudados. Os genes redundantes simplesmente não têm a conservação natural que os mantém estáveis no genoma ao longo de milhões de anos. A hipótese de que os organismos originais estavam equipados com genomas pluripotentes polivalentes altamente flexíveis também poderia explicar as observações que fazemos no registo fóssil. Os organismos complexos, como as trilobites, não evoluíram gradualmente, como seria de esperar de acordo com a teoria darwiniana, mas já estavam completamente desenvolvidos e eram capazes de mudar de forma flexível:

> "Na mesma altura em que ocorreu a maior explosão conhecida de inovação biológica, a explosão cambriana de formas corporais animais, parece que as espécies eram invulgarmente variáveis na sua morfologia. Embora a evidência desse aumento da variabilidade cambriana seja intrigante, ela não é inequívoca. [...] Os resultados de uma nova análise da variabilidade dos trilobitas colocam este padrão numa base empírica muito mais sólida. O autor relata que, durante o auge da inovação no Cambriano, as espécies de trilobites eram de facto invulgarmente variáveis, mais do que em qualquer outro momento da sua história. [...] Nos primeiros intervalos da evolução das trilobitas (o Cambriano Inicial e Médio) o polimorfismo era muito mais comum do que em qualquer período posterior da história das trilobitas. Porque o aumento do polimorfismo
> não se restringia a tipos específicos de caraterísticas, as espécies de trilobites nestes primeiros intervalos eram muito provavelmente excecionalmente variáveis na sua morfologia geral. Além disso, este período de maior polimorfismo coincide com a época em que as trilobites se diversificaram taxonómica e morfologicamente, sugerindo [...] que o aumento da variação pode ter promovido a radiação das trilobites." [3]

Foi sugerido que os genomas do Cambriano "eram menos limitados ou menos susceptíveis de produzir morfologias profundamente novas, enquanto os últimos invocam a relativa escassez de ecossistemas animais primitivos que permitiram que grandes saltos evolutivos se estabelecessem com sucesso". Evidentemente, os genomas das trilobites antigas tinham genomas pluripotentes equipados com genes redundantes e mecanismos de divergência rápida. Tendo em conta os VIGEs, a flexibilidade dos genomas das primeiras trilobites não é difícil de imaginar. Estes dados científicos constituem uma prova quase irrefutável a favor da hipótese do genoma polivalente. Se assumirmos que a ativação e transposição dos VIGEs foi um processo regulado que se deteriorou com o tempo, a radiação das trilobites é inevitável. A radiação adaptativa de genomas pluripotentes polivalentes é inevitável porque os VIGEs foram concebidos como trocadores de cromossomas ou adaptadores genéticos. A radiação adaptativa de genomas polivalentes explica porque é que as espécies de trilobites eram invulgarmente variáveis durante o florescimento do Cambriano. Os trilobitas posteriores, tal como os organismos modernos, perderam a capacidade de se adaptarem rapidamente devido à natureza redundante dos VIGEs. Os organismos que não se conseguem adaptar ou, por outras palavras, os organismos que perdem a sua *capacidade de evoluir* estão condenados à extinção. As VIGEs do genoma polivalente são suficientes para induzir a variação, não sendo necessário introduzir novos elementos genéticos, como os genes codificadores de proteínas, para explicar novos fenótipos. Em cada geração, a atividade VIGE cria novos contextos genéticos que conduzem a novas variações e fenótipos. As VIGEs são uma caraterística intrínseca do genoma polivalente que ainda está presente na maioria dos genomas modernos, e são a fonte de variação e de *radiação adaptativa*. Uma vez que todos os elementos que podem causar variação já estão presentes no genoma, não há necessidade de milhões de anos de evolução darwiniana.

Como podemos determinar se os organismos descendem de um genoma original polivalente? Os darwinistas afirmam que existe um continuum entre os genomas de diferentes espécies, porque todas as espécies modernas são fases de transição, e a questão levantada não tem um interesse particular. Isto pode muito bem ser verdade para os microrganismos. A troca de informação biológica entre bactérias é comum e, para o efeito, estas dispõem de mecanismos sofisticados que facilitam a absorção de ADN estranho do ambiente. Isto justifica o pressuposto básico de que as bactérias estão constantemente a mudar o seu genoma e, por conseguinte, não existem verdadeiras espécies bacterianas. Em contraste, os factos biológicos nos organismos superiores apontam para fronteiras distintas entre genomas; fronteiras que são determinadas por barreiras reprodutivas. Por exemplo, os seres humanos e os chimpanzés têm ambos um cariótipo e um conteúdo genómico muito diferentes, e as espécies não se reproduzem em conjunto. No entanto, a questão não é fácil de responder. Isto porque os genomas tendem a perder informação genética ao longo do tempo. Em particular, observou-se que os genomas de populações de *Arabidopsis* isoladas reprodutivamente
[47]variam drasticamente em termos de conteúdo genético . [48]Por conseguinte, o conteúdo do genoma pode não ser adequado para estabelecer uma ascendência comum a partir de um genoma original polivalente, que doravante designarei por *baranoma* . Uma primeira indicação de que os organismos são descendentes do mesmo baranoma é o facto de ser possível a fertilização entre esses organismos. Para que organismos temos provas de que podem potencialmente reproduzir-se e produzir descendência? A descendência não precisa de ser fértil ou viável à nascença. A formação de zigotos seria uma indicação clara

---

[47] Ver: Página 136.
[48] Baranom vem de *baramin* e *genoma*.

de que estamos a lidar com organismos descendentes do mesmo baranoma. No entanto, a melhor ferramenta atualmente disponível para identificar baranomas são os *genes indicadores*. Os genes indicadores são genes essenciais com uma marcação muito específica. No baranoma humano *(Homo bn)* encontramos efetivamente genes indicadores, como o FOXP2 e o HAR1F. Ambos os genes também se encontram nos primatas, mas nos humanos têm caraterísticas muito específicas que não se encontram nos primatas. Estas caraterísticas específicas são típicas do ser humano. Uma análise comparativa dos genes indicadores em primatas é suficiente para distinguir entre o baranoma humano e o baranoma do chimpanzé *(Pan bn)*, ou para determinar se os ossos antigos pertencem ao baranoma humano. Resultados de investigação recentes mostram que os genes indicadores podem, de facto, ser uma ferramenta promissora para a deteção de baranomas. Depois de analisar o ADN antigo do Neandertal, os traços típicos do FOXP2 humano foram também detectados no ADN do Neandertal [4]. Esta observação constitui uma prova irrefutável de que tanto os humanos modernos como os Neandertais descendem do mesmo baranoma. É necessária mais investigação para desenvolver uma imagem completa dos genes indicadores do baranoma noutros organismos. Considerando que os humanos têm cerca de três dúzias de genes codificadores de proteínas e de ARN únicos, a procura de genes indicadores noutros organismos pode começar imediatamente.

O que continha o Baranome

Os baranomas são portadores de informação. Foram equipados com três classes de elementos de ADN: essenciais, não essenciais e redundantes. Se os elementos essenciais sofrerem mutações que alterem as sequências de aminoácidos, o portador de informação no seu todo fica imediatamente exposto a uma grave desvantagem reprodutiva. No pior dos casos, o mutante é incompatível com a vida e os elementos de ADN essenciais mutados deixarão de estar presentes no património genético da geração seguinte. Os elementos essenciais de ADN são considerados informação biológica que não pode evoluir. Os genes não essenciais são genes que podem sofrer mutações e assim contribuir para variações alélicas. Como produzem fenótipos não letais, contribuem para a variação observada nas populações. A genética mendeliana deve-se em grande parte à variação dos genes não essenciais. As variações nos genes não essenciais são chamadas alelos pelos geneticistas. As caraterísticas mendelianas recessivas podem geralmente ser atribuídas a elementos genéticos não essenciais disfuncionais, especialmente elementos que determinam a expressão de programas de morfogénese, incluindo aqueles que determinam o comprimento e a forma - "a morfometria" - do organismo. Para desencadear o traço recessivo, os alelos interrompidos (ou inactivados) devem ser herdados de ambos os progenitores. Isto porque um gene ativo de tipo selvagem compensa normalmente um gene inactivado. No jargão mendeliano, essa compensação é chamada de *dominância*. A terceira classe de elementos genéticos de carga frontal são os genes que estão na base da redundância genética. Eles formam uma classe especial de genes não essenciais e só recentemente foram descobertos. Isto deve-se ao facto de a sua existência não poder ser deduzida a partir de experiências genéticas: Não contribuem para um fenótipo detetável. A caraterística especial é que os genes redundantes podem desaparecer completamente do genoma sem afetar o sucesso reprodutivo. O facto de os elementos genéticos redundantes constituírem uma grande parte do genoma de todos os organismos tornou-se claro quando os biólogos interessados na função dos genes desenvolveram estratégias de eliminação de genes; com a notável descoberta de que muitas eliminações não mostram qualquer fenótipo. A redundância genética é uma propriedade intrínseca dos baranomas pluripotentes. É de notar que o ambiente desempenha um papel crucial para determinar se um algoritmo genético é redundante, não essencial ou essencial. A via de síntese da vitamina C, por exemplo, tornou-se uma redundância genética nutricional e foi inactivada no homem [5], em quatro primatas [5], em porquinhos-da-índia [6] e em morcegos frugívoros [7] devido a mutações debilitantes. O gene GULO, que codifica a enzima que catalisa o passo final na biossíntese da vitamina C, pode tornar-se redundante em organismos com uma ingestão elevada de vitamina C. A vitamina C está presente em todos os vegetais e frutas, pelo que os organismos com um estilo de vida vegetariano são susceptíveis de perder o algoritmo para a síntese da vitamina C. Neste caso, o ambiente determina se os genes do genoma polivalente são preservados. Aparentemente, a *lei da conservação natural* dita o curso e a evolução do conteúdo genético dos baranomas. Uma parte redundante importante e particularmente enfatizada dos baranomas é o que eu chamei de *elementos genéticos indutores de variação* (VIGEs). Estes serviram - e ainda servem - para gerar rapidamente variação na descendência. Os genomas modernos de todos os organismos estão literalmente repletos de VIGEs, mas não são reconhecidos como tal. São normalmente designados por restos de retrovírus e incluem retrovírus endógenos (ERVs), elementos nucleotídicos longos intercalados (LINEs), elementos nucleotídicos curtos intercalados (SINEs), transposões, sequências de inserção, etc. As suas propriedades de duplicação e transposição facilitam a variação genómica.

Especiação a partir de baranomas

Como explicado no capítulo anterior, os genomas de todos os organismos superiores estão intercalados com elementos genéticos indutores de variação - VIGEs. A variação em populações que se reproduzem deve-se principalmente aos *efeitos posicionais* dos VIGEs. Isto deve-se ao facto de a presença de VIGEs nos genes codificadores de proteínas ou na sua proximidade determinar a atividade do gene em questão e, consequentemente, a produção de proteínas. Uma diferença na produção de proteínas é uma variação. Além disso, os VIGEs que actuam como "permutadores de cromossomas" podem também constituir a base para a compreensão das barreiras reprodutivas. Uma barreira reprodutiva entre organismos é, de facto, um outro termo para "especiação", a formação de novas espécies. Entende-se aqui espécie no sentido do conceito de espécie de Ernst Mayr, que inclui *o isolamento reprodutivo intrínseco* [8]. De facto, o mecanismo de troca de genes nos baranomas pluripotentes originais também permitiu o isolamento reprodutivo intrínseco. Se quisermos compreender como é que as VIGEs de permuta de cromossomas estão envolvidas na especiação, temos de começar por analisar alguns pormenores da reprodução sexual. Em todas as células de organismos que se reproduzem sexualmente, os cromossomas estão presentes como pares homólogos. Os seres humanos, por exemplo, têm quarenta e seis cromossomas, que podem ser divididos em dois conjuntos de vinte e três cromossomas homólogos. Um conjunto é herdado do pai e o outro da mãe. A disposição cromossómica dos cromossomas homólogos é tal que estes se encaixam facilmente. Os cromossomas homólogos dos pais reconhecem-se uns aos outros e podem combinar-se facilmente para formar pares. Este alinhamento é necessário para a formação de células germinativas durante a meiose, quando os dois conjuntos de cromossomas parentais são reduzidos a um conjunto. Diferenças no padrão cromossómico impediriam o emparelhamento dos cromossomas parentais na fase da meiose, o que poderia muito bem levar à esterilidade do híbrido. Por outras palavras, a incapacidade de os cromossomas parentais se alinharem durante a meiose representa uma barreira reprodutiva intrínseca. Os rearranjos cromossómicos podem ser uma das formas mais comuns de isolamento reprodutivo, permitindo uma rápida radiação adaptativa dos baranomas sem isolamento geográfico ou seleção natural. Assim, a atividade das VIGEs de troca de cromossomas pode ter criado barreiras reprodutivas e facilitado a especiação. Se é verdade que a disposição dos cromossomas determina se os organismos se podem reproduzir, a especiação pode, teoricamente, ser revertida através de ajustes cromossómicos. Por outras palavras: Deveríamos ser capazes de produzir descendência viável de duas espécies reprodutivamente isoladas simplesmente reorganizando os seus cromossomas. Isto pode parecer uma hipótese não testável, mas a evidência experimental mostra que é de facto possível tornar espécies diferentes - reprodutivamente isoladas - "não específicas" através de rearranjos cromossómicos. Utilizando a definição de espécie de Mayr, as leveduras do género *Saccharomyces* compreendem seis espécies bem definidas, incluindo a mais conhecida como levedura de Baker [9]. As leveduras *do género Saccharomyces* acasalam facilmente umas com as outras, sugerindo que descendem de um único baranoma (ver: Figura 15.1), mas o acasalamento entre espécies diferentes resulta em híbridos estéreis. Três das seis espécies são caracterizadas por um rearranjo genómico específico conhecido como *translocação cromossómica recíproca*. A translocação cromossómica recíproca ocorre quando os braços de dois cromossomas diferentes são trocados. A análise das seis espécies revelou que as translocações entre cromossomas não se correlacionavam com a filogenia baseada em sequências do grupo, um resultado que foi interpretado como "as translocações não conduzem ao processo de especiação". No entanto, um estudo realizado pelo Institute of Food Research em Norwich (Reino Unido) mostrou que os rearranjos cromossómicos em *Saccharomyces* causam, de facto, o isolamento reprodutivo entre estes organismos [9]. Nas experiências relatadas, o genoma de *Saccharomyces cerevisiae*, a conhecida levedura de padeiro, foi alterado de modo a ficar colinear com o de *Saccharomyces mikatae*. Normalmente, *a S. mikatae* difere da levedura de Baker por uma ou duas translocações. Os resultados mostraram que as estirpes artificialmente modificadas com colinearidade genómica imposta permitem a geração de híbridos que produzem uma grande proporção de esporos viáveis. Foram também obtidos esporos viáveis em cruzamentos entre tipos selvagens de levedura de Baker e a espécie naturalmente colinear *Saccharomyces paradoxus*, mas não em cruzamentos entre espécies com cromossomas não colineares.

Esta é a prova empírica de que uma barreira reprodutiva entre espécies pode ser removida simplesmente reconfigurando os seus cromossomas. A nova biologia mostra que, embora as seis espécies de levedura *Saccharomyces* descendam todas de um único baranoma, é o seu *cariótipo* individual que determina se podem cruzar-se e deixar descendentes. Os geneticistas utilizam o termo cariótipo para descrever o número total e a configuração de todo o conjunto de cromossomas de um organismo. O facto de o cariótipo ser um determinante importante do isolamento reprodutivo também é observado nos veados. Oito espécies de veados asiáticos do género *Muntiacus* habitam uma área que vai desde as altas montanhas dos Himalaias até às florestas de planície do Laos e do Camboja. O seu cariótipo é muito variável; o número de cromossomas varia de apenas três a vinte e três pares. As espécies de javali mostram que os indivíduos que diferem significativamente pela reestruturação cromossómica de material genético idêntico são invariavelmente estéreis. A esterilidade dos híbridos de lagarto-do-mar deve-se unicamente ao facto de os cromossomas não poderem coincidir. Por outras palavras, os cromossomas de espécies diferentes simplesmente não conseguem formar pares e a formação de células reprodutoras viáveis é impossível. O cariótipo - o arranjo dos cromossomas - explica o isolamento reprodutivo, e a hipótese do baranoma deixa espaço para eventos de especiação através de radiação adaptativa. Para além das translocações cromossómicas em grande escala, muitos rearranjos genómicos mais pequenos, como a amplificação e a transposição de VIGEs, podem também causar uma barreira reprodutiva. Os VIGEs são, assim, a base para compreender a variação e a especiação nos baranomas (ver Figura 15.2).

Na década de 1970, Neil Todd, então um zoólogo recém-formado na Universidade de Harvard, desenvolveu a *teoria da fissão cariotípica* para correlacionar a aparência física dos cromossomas com a história evolutiva dos mamíferos [10]. Todd postulou a clivagem completa de todos os cromossomas mediocêntricos. De acordo com Todd, a fissão cariotípica como consequência de um *único evento* leva a diferenças dramáticas no número diploide de espécies intimamente relacionadas. Uma diversidade de cariótipos resulta da reunião aleatória dos cromossomas parentais e dos cromossomas homólogos divididos. A descendência imediata do progenitor dividido teria um número de base idêntico de braços cromossómicos funcionais, mas com números de cromossomas diplóides muito diferentes. A análise original de Todd envolveu três grupos de animais. O primeiro grupo era o dos *carnívoros canídeos*, que incluía animais como cães, lobos e raposas; o segundo grupo era o dos ungulados de dedos pares, como ovelhas, vacas, cabras e veados; e o terceiro grupo incluía os macacos e grandes símios do Velho Mundo.

> "Todd via os eventos de fissão cariótica, seguidos pela acumulação de inversões pericêntricas, como a força motriz da especiação. Ele usou o termo Teoria da Fissão Cariotípica para se referir à sua rejeição implícita do gradualismo darwiniano na evolução cromossómica. A fissão cariotípica pode (pelo menos teoricamente) produzir cariótipos drasticamente diferentes em muito menos etapas do que as exigidas pelas explicações concorrentes da evolução cromossómica, quer se baseiem na fissão ou fusão recíproca ou não recíproca dos cromossomas". [11]

A rápida e única reestruturação do genoma de Todd é a teoria mais simples para explicar o cariótipo dos mamíferos e poderia ser uma explicação para a rápida especiação. É claro que a teoria da fissão de Todd foi rejeitada. Não por causa de seu poder explicativo, mas porque ele propôs algo diametralmente oposto ao paradigma darwinista predominante. A tese central de Todd foi descartada como absurda por um dos principais teóricos da evolução cromossómica:

> "A suposição de que todos os cromossomas de um cariótipo passariam por este processo [de clivagem] simultaneamente é equivalente a uma crença em milagres que não tem lugar na ciência". [12]

A principal razão para rejeitar a teoria da fissão cariotípica é o paradigma darwinista dominante, cuja visão completamente naturalista da mudança orgânica não permite a existência de mecanismos moleculares não aleatórios para a fissão simultânea de múltiplos cromossomas. As translocações, fusões e fissões cromossómicas são bem conhecidas, especialmente em doenças genéticas como o cancro, e ocorrem como eventos imprevisíveis e aleatórios. Se a fissão cromossómica só ocorre em circunstâncias invulgares, como pode um cariótipo inteiro mudar num único evento? Perante este cenário, as críticas de White são compreensíveis e as ideias de Todd foram ignoradas durante mais de um quarto de século. Depois, em 1999, Robin Kolnicki revitalizou a teoria da clivagem cariotípica. Os seus argumentos eram em grande parte teóricos, mas cada passo na explicação dos "milagres de Todd" envolvia um mecanismo celular ou molecular conhecido. A *teoria* da *replicação do cinetocoro* de Kolnicki - como ela a chamou - tem vários componentes. Durante a replicação do ADN, imediatamente antes da sinapse meiótica e da segregação das cromátides irmãs, um fator de mutação estimula a formação de um cinetocoro adicional em todos os cromossomas. O cinetocoro é o centro organizador que mantém as cromátides irmãs unidas durante a meiose e é constituído principalmente por sequências repetitivas de ADN. Os novos cinetocoros adicionados não interferem com a distribuição dos cromossomas pelas células filhas durante a meiose, uma vez que os pontos de controlo sensíveis à voltagem funcionam para evitar erros na segregação dos cromossomas. O resultado é uma nova célula com o dobro do número de cromossomas - telocêntricos [13]. A duplicação dos cinetocoros em muitos cromossomas ao mesmo tempo é um evento altamente improvável de ocorrer num modelo naturalista. Simplesmente não acontecerá por acaso. Mas os cromossomas telocêntricos do rinoceronte, do canguru das rochas e de muitas outras espécies são evidências físicas de que os seus genomas foram formados desta forma. Os seus genomas podem conter elementos genéticos específicos envolvidos na duplicação do cinetocoro necessária para a especiação rápida. Será que os genomas indiferenciados já tiveram a capacidade de formar espécies através de mecanismos de saltação? Mecanismos que já não estão activos devido à sua natureza redundante? Que a Terra produziu organismos de acordo com as possibilidades determinadas pelo baranoma? Pode ser que os organismos com cromossomas telocêntricos sejam baranomas terminais diferenciados, incapazes de especiação posterior e destinados a desaparecer. Há muitas evidências genómicas a favor da teoria da fissão cariotípica, mas enquanto não houver um mecanismo naturalista, os evolucionistas convencionais negarão completamente o modo salino da evolução cromossómica. Os cientistas criacionistas, por outro lado, não devem hesitar muito em adotar um modelo de saltação para a mudança genómica. Um baranoma pré-programado poderia ter contido VIGEs com o único propósito de especiação rápida através de transposições cromossómicas direcionadas. As fissões, fusões e duplicações são consideradas alterações genéticas "nocturnas" que são imediatamente transmitidas à descendência. As VIGEs podem ter sido a base do único mecanismo plausível para a fissão cromossómica simultânea de baranomas pluripotentes. A fim de ocupar rapidamente novos nichos, um mecanismo ou capacidade de criar barreiras reprodutivas pode ser inerente aos baranomas. A adaptabilidade, incluindo a capacidade de especiação, deve-se apenas a rearranjos neutros dos cromossomas, e os VIGEs envolvidos podem facilmente tornar-se inactivos devido à acumulação permanente de mutações debilitantes. Como um eco genético antigo, os restos de tais mecanismos envolvendo elementos genéticos redundantes podem ainda ser encontrados nos genomas actuais.

A semi-meiose como mecanismo de especiação rápida

Ao longo dos anos, vários biólogos propuseram mecanismos alternativos para explicar as observações biológicas. Eles propuseram alternativas porque as observações sobre os sistemas vivos não concordam com as hipóteses de Darwin. Para além da *teoria da fissão cariotípica*, há outro mecanismo de particular interesse. Existe desde 1984, mas tal como as ideias de Neil Todd, a *hipótese semiótica* de John Davison tem sido largamente ignorada pelo establishment darwinista. Davison introduziu o "efeito de posição" como uma caraterística importante da mudança genética e um mecanismo citogenético para a especiação. Ele levantou a hipótese de que novas espécies podem surgir instantaneamente através de um rearranjo de cromossomas durante a divisão imperfeita ou incompleta de células reprodutivas durante a meiose [14]. Em 1997, Davison publicou a *"Prescribed Evolutionary Hypothesis"*. Ele escreve:

"Em 1940, Richard B. Goldschmidt [1940] apresentou provas de que o cromossoma, e não o gene, é a unidade de mudança evolutiva. Embora isso não tenha sido aceito pelo establishment evolucionário na época, estudos cariológicos mais recentes apoiam totalmente sua visão. As diferenças demonstráveis mais

importantes que nos distinguem dos nossos parentes mais próximos, os primatas, podem ser vistas na estrutura dos nossos cromossomas. Estes consistem em múltiplas reorganizações de segmentos cromossómicos homólogos sob a forma de translocações, inversões pericêntricas e paracêntricas e uma única fusão, resultando no facto de os humanos terem 46 cromossomas, enquanto os chimpanzés, gorilas e orangs têm 48 cada um (Yunis e Prakash [1982]). É importante notar que não há provas de que a informação específica da espécie tenha sido de alguma forma introduzida no genoma durante essas transformações. Este facto é reforçado pela evidência de que somos quase idênticos aos nossos parentes próximos ao nível do ADN. A explicação mais simples é que a informação estava presente num estado latente e foi simplesmente revelada ou *descomprimida* quando os segmentos cromossómicos foram reorganizados numa nova configuração (Davison [1993]). Por outras palavras, estamos a lidar com o que tem sido descrito como "efeitos de posição", que obviamente não envolvem a introdução de nova informação de fora do genoma. Qualquer mudança nessas expressões genéticas só pode resultar da influência do novo ambiente estrutural. É difícil para mim imaginar como é que a seleção natural poderia de alguma forma influenciar as condições que conduzem a esta remodelação dos cromossomas. Parece ter uma origem puramente endógena, como Berg, Bateson e Grasse sugeriram há muito tempo. Além disso, estudos mais recentes mostram claramente que essa remodelação cromossómica não ocorre ao acaso, como sugere o modelo darwiniano. Embora os aspectos técnicos dos seus estudos estejam para além do âmbito deste artigo, o título do artigo, "Hotspots of mammalian
A "evolução cromossómica" mostra, como os autores demonstram, que há definitivamente pontos favoráveis em que os cromossomas se quebram e recombinam. [15]
É óbvio que os biocientistas sabem que a "evolução" é apenas uma reorganização da informação biológica existente. Então, porque é que esta ideia não é geralmente aceite? Porque o paradigma darwiniano afirma que a vida evolui gradualmente do simples para o complexo. O paradigma é apenas uma filosofia naturalista que "sabe" de antemão a resposta às questões biológicas. No entanto, estudos biológicos extensivos provam que a informação biológica já está presente de antemão e só precisa de ser reorganizada para criar algo novo, o que aponta para uma origem sobrenatural da vida.

Biogeografia

O arquipélago das Galápagos, um pequeno grupo de ilhas vulcânicas a cerca de 950 quilómetros a oeste do Equador, é quase sinónimo de evolução. Diz-se que as espécies de tentilhões e tartarugas caraterísticas de cada uma das ilhas inspiraram as ideias evolutivas de Darwin. Se o arquipélago das Galápagos foi a principal inspiração de Darwin pode ser discutível, mas a sua visita às ilhas foi certamente de grande importância para o desenvolvimento das suas ideias sobre a evolução orgânica. O nome Galápagos deriva de uma antiga palavra espanhola que significa "sela", presumivelmente devido à forma de sela de algumas das tartarugas que habitam algumas das ilhas. As tartarugas são caracterizadas pelo seu pescoço invulgarmente longo. Parecem estar particularmente bem adaptadas para alcançar os frutos dos cactos, uma das poucas fontes de alimento nestas ilhas áridas. Muitas das tartarugas que vivem nas ilhas têm as suas próprias caraterísticas específicas. Por exemplo, as tartarugas de Isabela, Pinta, Pinzon e Espanola têm uma borda frontal elevada nas suas carapaças, o que lhes dá uma forma de sela e lhes permite esticar ainda mais o pescoço. A diversidade biológica nas diferentes ilhas do arquipélago levou Darwin a supor que as espécies individuais descendiam todas de um antepassado comum:

> "A presença de espécies estreitamente relacionadas ou representativas em duas áreas implica, de acordo com a teoria da descendência com modificação, que os mesmos progenitores habitaram anteriormente ambas as áreas; e quase sempre descobrimos que onde muitas espécies estreitamente relacionadas habitam duas áreas, algumas espécies idênticas, comuns a ambas as áreas, ainda existem. Onde quer que haja muitas espécies intimamente relacionadas mas diferentes, há também muitas formas e variedades duvidosas da mesma espécie. É uma regra muito geral que os habitantes de cada área estão relacionados com os habitantes da fonte mais próxima de onde os imigrantes podem ter vindo. Isto é demonstrado pelo facto de quase todas as plantas e animais do Arquipélago das Galápagos, Juan Fernandez e outras ilhas americanas estarem conspicuamente relacionadas com as plantas e animais do continente americano vizinho; e as do Arquipélago de Cabo de Verde e outras ilhas africanas com o continente africano. É preciso admitir que estes factos não encontram explicação na teoria da criação." [16]

A distribuição geográfica de organismos orgânicos relacionados é um argumento convincente a favor da ancestralidade comum e de um processo "evolutivo" e é muito compatível com a hipótese do baranoma. Os baranomas são relativamente instáveis; o seu conteúdo e a sua organização estão sujeitos a alterações constantes devido à perda de redundância e à atividade dos VIGEs. Os primeiros casais de tartarugas que habitaram o arquipélago das Galápagos foram levados pela correnteza. Vieram provavelmente do continente americano e foram arrastados pelas correntes oceânicas em árvores desenraizadas ou em ilhas de vegetação que se desprenderam durante as tempestades tropicais; deve ter sido uma viagem de várias semanas. O primeiro casal a chegar ao arquipélago, uma verdadeira população fundadora, estava destinado a tornar-se o antepassado de todas as tartarugas que alguma vez viveram nas ilhas. Mas há aqui um certo paradoxo. A sabedoria convencional é que as mutações negativas podem tornar-se um problema quando as populações diminuem, como é o caso das espécies em vias de extinção. Esta é uma das razões pelas quais os biólogos da conservação têm tanto medo de populações pequenas. As populações fundadoras são populações muito pequenas e, de acordo com a sabedoria convencional, devem produzir populações fracas ou frágeis que são altamente susceptíveis a doenças e incapazes de ocupar rapidamente novos nichos ou de se adaptar a novos ambientes. Este ponto de vista pode estar errado. A capacidade de evolução - ou de adaptação - dos organismos pode estar relacionada com a presença ou ausência de VIGEs. As populações fundadoras, como as tartarugas das Galápagos, podem ter-se espalhado rapidamente devido à atividade dos VIGEs. No caso das tartarugas, que se reproduzem muito lentamente, pode ser muito difícil obter provas de populações que se dispersam rapidamente, mas foram efectuadas experiências semelhantes em laboratório com a lombriga *Caenorhabditis elegans*. O verme não é muito difícil de manusear e reproduz-se aproximadamente de quatro em quatro dias; um modelo ideal para estudar a evolução em ação. A Dra. Suzanne Estes é uma jovem investigadora que estuda a "evolução" do *C. elegans* em populações pequenas e muito pequenas. A *Science* relata que ela tem um grande interesse em *estrangulamentos* e *populações fundadoras*, com resultados notáveis:

> "Estes descobriu que os conservacionistas têm menos a temer de populações pequenas do que geralmente se supõe. Assim que Estes trouxe as suas populações de vermes de volta a uma grande dimensão populacional, estas recuperaram

rapidamente das mutações prejudiciais acumuladas." [17]

A observação de Estes é absolutamente espantosa. Os estrangulamentos conduzem normalmente a populações pequenas e geneticamente empobrecidas, mas quando a população consegue expandir-se, é capaz de ultrapassar as mutações deletérias. Estes demonstrou que mesmo as populações pequenas podem eliminar eficazmente as mutações deletérias e "manter o seu nível de aptidão global". Pensa-se que este facto se deve à fixação de mutações secundárias que compensam os efeitos das mutações deletérias originais. Mutações secundárias compensatórias? Como é que se compensa a informação genética perdida ou inactivada? A resposta a esta pergunta é VIGEs. Numa população grande, os elementos transponíveis actuam em mais genomas do que em populações pequenas, e há mais genomas remodelados. A variação é induzida a partir do interior. Os VIGEs podem até ser removidos de regiões genómicas, activando partes silenciosas do baranoma. Os antepassados das nove espécies de tartarugas "saddleback" devem ter dado à costa com genomas ainda muito flexíveis. Os VIGEs tornaram-nos flexíveis. Isto permitiu que os seus descendentes se espalhassem e dispersassem por nove pequenas ilhas do arquipélago onde vivem atualmente. Tal como os dois antigos fundadores, migraram de ilha para ilha ao longo dos anos.

Os marsupiais vivos estão restritos à Austrália e à América do Sul, que são consideradas parte do supercontinente Gondwanaland. Os marsupiais da América do Norte, os gambás, são imigrantes recentes do sul. Em contrapartida, os fósseis de marsupiais são originários exclusivamente da Eurásia e da América do Norte, os continentes que formaram o supercontinente Laurasiano. Aparentemente, os marsupiais eram originários do hemisfério norte. A mudança geográfica do norte para o sul ainda não é clara, mas certamente requer uma migração extensa [18]. Mas ainda hoje existem marsupiais no continente eurasiático. [49]A fronteira entre a fauna da Australásia e da Australásia - mais conhecida como a *Linha Wallace* - situa-se entre Bornéu e Sulawesi, duas ilhas da Indonésia que se encontram na placa tectónica da Eurásia. O cuscus urso (*Phalangar ursinus*) e o cuscus anão (*Phalangar sangirensis*) são dois mursipiais que têm o seu habitat natural em Sulawesi, que se situa geograficamente no continente euro-asiático. Os animais não evoluíram aí e nunca houve uma ponte terrestre entre a Eurásia e a Austrália, por isso como é que os marsupiais puderam colonizar a ilha? A única explicação é que os marsupiais nadaram, nadaram ou foram à deriva até Sulawesi. É possível que apenas um único par de Cuscus *(Phalangar bn)* tenha feito a longa viagem até à ilha euro-asiática; dois parceiros com genomas ainda indeterminados, dos quais surgiram duas espécies de Cuscus. A seleção não desempenhou um papel, mas os VIGEs sim.

Propagação e conservação

As bactérias dividem-se quando o alimento é abundante, as plantas libertam pólen ao vento e os pássaros procuram companheiros quando a luz do dia é mais longa. Os cães e os seres humanos procuram companheiros durante todo o ano. O que é que estas criaturas têm em comum? Parece que todos os seres vivos têm um impulso inato - um impulso interior - para se reproduzirem. Têm um instinto, um algoritmo genético que é ativado e lhes diz para se reproduzirem na altura certa. Se não tivessem este impulso, não haveria descendência para formar a geração seguinte. Sem uma geração seguinte, o número de

---

[49] Alfred Russel Wallace foi o primeiro a aperceber-se das súbitas diferenças entre as aves quando viajou de Bali para Lombok, um estreito de apenas 32 quilómetros. Em Bali, as aves eram claramente aparentadas com as de Java, Sumatra e Malásia continental, enquanto as aves de Lombok eram claramente aparentadas com as da Nova Guiné e da Austrália. Aparentemente, as 20 milhas não puderam ser atravessadas por uma única ave durante milhões de anos.

espécies diminuiria rapidamente. A única forma de uma espécie sobreviver ao tempo em número suficiente é deixar descendentes. As espécies têm de se reproduzir, caso contrário extinguir-se-ão. A biologia é sobre sistemas de reprodução e reprodução. A vontade de se reproduzir é a caraterística mais importante dos baranomas. Quando os baranomas se diferenciam, toda a informação supérflua e sem importância é perdida, mas não a vontade de se reproduzir. A perda da vontade inata de se reproduzir seria fatal. Pode acontecer que a reprodução seja o motor da biologia, não a seleção natural. A seleção natural é apenas a diferença entre o número absoluto de descendentes que dois seres que se reproduzem deixam para trás. Richard Dawkins escreve:

> "A seleção natural contribui com informação para o património genético. Em cada geração, a seleção natural remove os genes menos bem sucedidos do património genético, de modo a que o património genético restante represente um subconjunto mais restrito. O estreitamento não ocorre aleatoriamente, mas na direção do melhoramento, onde o melhoramento é definido em termos darwinianos como uma melhoria na capacidade de sobreviver e reproduzir-se." [19]

Por outras palavras: A seleção natural é sinónimo de melhor aptidão - a capacidade de deixar descendência - e a seleção natural produz conjuntos de genes estreitos. Dawkins parece estar ciente do facto de que a magia de Darwin produz especialistas a partir de baranomas indiferenciados através da reprodução diferenciada. Um indivíduo mais apto produzirá mais descendentes na geração seguinte e, uma vez que a aptidão melhorada é uma caraterística hereditária, após um número suficiente de gerações, toda a população será dominada por organismos mais aptos. Estes organismos estão mais bem adaptados ao ambiente porque se reproduzem melhor em resposta ao ambiente. Por exemplo, num ambiente com um elevado nível de antibióticos, as bactérias mais aptas são as que se podem reproduzir na presença de antibióticos. O mesmo acontece com as plantas e os insectos num ambiente com herbicidas e insecticidas, respetivamente. Devido à atividade VIGE, é quase certo que haverá organismos resistentes em qualquer população de organismos suficientemente grande. Haverá sempre organismos com uma camada de pelo isolante mais espessa ou com um armazenamento mais espesso de gordura subcutânea quando o ambiente se torna mais frio. Devido a milhares de anos de atividade VIGE, nenhum genoma individual é idêntico e são de esperar diferenças genéticas subtis em cada programa genético individual. Alguns programas são parcialmente desligados ou perdidos completamente, enquanto outros são duplicados ou tornados mais activos pelos VIGEs integrados. É a isto que chamamos variação biológica.

Numa enorme população de bactérias, haverá sempre algumas que têm a configuração genómica correta para resistir aos efeitos de um determinado antibiótico. Os fenótipos adaptativos não têm de evoluir; já estão presentes na população. Este ponto de vista implica que podemos esperar resistência a antibióticos recentemente introduzidos em bactérias que ficaram presas em camadas de gelo há milhares de anos. O isolamento e a ressuscitação de microrganismos presos num núcleo de gelo com oitenta e três metros de espessura do campo de gelo de Puruogangri, o maior glaciar do planalto tibetano, proporcionaram uma excelente oportunidade para estudar a sensibilidade e a resistência aos antibióticos em organismos que não foram expostos à utilização atual de antibióticos. Foi encontrada resistência a múltiplos fármacos entre os organismos isolados do núcleo de gelo de Puruogangri e os perfis de suscetibilidade não estavam relacionados com a idade da deposição bacteriana. Estes dados mostram que sempre existiram estirpes bacterianas resistentes aos antibióticos modernos e recentemente desenvolvidos. Foram também encontradas bactérias resistentes no gelo profundo da Gronelândia, na Antárctida e noutras regiões de permafrost [22]. A resistência aos antibióticos modernos é uma caraterística comum dos microrganismos antigos, o que prova que a resistência não é um fenómeno recente. A resistência aos antibióticos ocorre simplesmente em todas as populações bacterianas, incluindo aquelas que nunca entraram em contacto com compostos produzidos pelo homem. Em muitos ambientes modernos com elevadas concentrações de antibióticos, como os hospitais ou a indústria avícola, as bactérias resistentes são os melhores ou mesmo os únicos propagadores, e dominam.

Os darwinistas rotularão imediatamente os organismos resistentes como "evolução em ação" e citá-los-ão como "prova inequívoca da seleção darwiniana". No entanto, há uma pequena mas mortal armadilha. O modelo darwiniano de evolução baseia-se no pressuposto de que a origem das espécies tem uma causa externa. Esta causa externa é conhecida como *seleção natural*. No entanto, a variação que observamos nos organismos é causada por elementos genéticos a montante e, como este é um mecanismo intrínseco, não há necessidade de uma causa externa. A seleção natural é reduzida ao que realmente é: um fator conservador que ajuda a manter as partes essenciais do baranoma.

> "Se for este o caso, se a tendência para a variação for predeterminada, se a produção de variações for regulada por uma lei, então o significado da seleção natural é reduzido a zero, como Strakhov tão admiravelmente o expressou já em 1873." [21]

Isto faz lembrar a ontogénese: não existe uma causa externa para o desenvolvimento do indivíduo a partir do zigoto. O desenvolvimento do embrião é apenas uma questão de algoritmos genéticos que são activados em *sequências* precisamente definidas, e é tudo uma genética pré-programada. Os mecanismos genéticos que levam à variação são também automáticos, não sendo necessária qualquer *causa externa* para libertar novos níveis de informação biológica. É o genoma que gera variação ativa e continuamente. Se você acredita que essa variação é necessária para a evolução do micróbio ao homem, então você deve acreditar que a evolução foi pré-programada. A história da ciência mostra que é muito raro que uma hipótese possa ser remendada. A procura do flogisto e do éter foi abandonada porque se percebeu que simplesmente não existiam. Do mesmo modo, a reprodução diferencial ou a "seleção natural" como elemento relevante para a origem das espécies nunca existiu. Os VIGEs são elementos genéticos supérfluos responsáveis pela variação e dão um golpe mortal na hipótese da seleção como força externa que impulsiona a evolução. [th]À luz da biologia moderna, podemos facilmente abandonar a hipótese naturalista de Darwin do século XIX. Darwin integrou o motor da *seleção natural* no seu modelo evolutivo para explicar a conceção óbvia da biologia. Esta foi a contribuição de Darwin para o naturalismo.

A configuração e o conteúdo genético do genoma determinam se os organismos se reproduzem na presença de antibióticos, herbicidas ou insecticidas. Este facto não é difícil de reconhecer. Os organismos que não possuem a informação biológica necessária para degradar o antibiótico ampicilina não se reproduzirão na presença de ampicilina. No entanto, se o genoma codificar uma enzima para degradar a ampicilina, pode acrescentar-se ao ambiente a quantidade de ampicilina que se quiser, haverá sempre um inseto que continuará a reproduzir-se. O resultado é um especialista com múltiplos programas genéticos para a degradação da ampicilina, à custa de informação genética redundante e sem importância. Os baranomas evoluíram como genomas indiferenciados que se especializaram em resposta ao ambiente. Os baranomas foram constante e extensivamente remodelados e sobreviveram ao longo do tempo porque mantiveram a capacidade de se reproduzir. Procuram sempre a simplicidade e a singularidade, caraterísticas que podem ser alcançadas através da perda de informação supérflua e sem importância. A única limitação é o *sucesso reprodutivo*. Os baranomas decompõem-se facilmente em genomas mais pequenos, e a "evolução", tal como a conhecemos, conduz de organismos complexos e robustos a organismos mais simples e frágeis. Não vai do simples para o complexo, como os darwinistas nos querem fazer crer. Desde que uma alteração nos algoritmos genéticos se possa reproduzir com sucesso, continuará a reproduzir-se mesmo que perca toda a informação supérflua e sem importância. Não há nenhuma regra ou lei que proíba a reprodução a não ser que se aceite a perda de informação biológica essencial. Muitos organismos perderam caraterísticas complexas que eram determinadas por algoritmos genéticos complicados e, mesmo assim, conseguiram reproduzir-se com sucesso, não por causa da seleção natural, mas porque os algoritmos perdidos eram inúteis no habitat que habitavam. As aves perdem muitas vezes programas genéticos para o voo, incluindo os relativos ao desenvolvimento das asas, quando habitam ilhas que não são ocupadas por predadores. O rato-toupeira pelado *(Heterocephalus glaber)*, um mamífero que vive em tocas subterrâneas nas pradarias tropicais da África Oriental, perdeu toda uma série de programas. Perdeu o seu pelo protetor, a capacidade de ver e deixou de poder regular a sua temperatura corporal. Além disso, perdeu a capacidade de sentir e reagir à dor. Nos animais domesticados, a reprodução centra-se geralmente numa caraterística específica, o que significa que o resto do genoma é pouco ou nada influenciado de forma selectiva. Os cães e os gatos existem em muitas variedades, mas todos têm genomas altamente degenerados em comparação com os seus primos na natureza. Em todo o lado, o princípio "use-o ou perca-o" dita a configuração dos genomas. A informação biológica não utilizada desaparece simplesmente; a redundância genética causada pelo habitat dissolve-se facilmente porque há falta de pressão de seleção. Obviamente, a seleção natural é conservadora e a informação biológica essencial é preservada pela "seleção natural". O papel conservador da seleção natural era conhecido por Edward Blyth. Reginald C. Punnett também a reconheceu como conservadora:

> "A seleção natural é um fator real no contexto do mimetismo, mas a sua função é manter e superar uma semelhança pré-existente, e não reforçar essa semelhança através da acumulação de pequenas variações, como geralmente se acredita." [22]

Pode um fator conservador estar envolvido no aparecimento das espécies? A resposta é: Não, não pode. A seleção natural é um fator conservador que preserva a informação biológica essencial dos baranomas. Como não existe uma causa externa, o modelo evolutivo de Darwin estava condenado ao fracasso desde o início.

Capítulo 16
A ilusão da descendência comum

Em *A Origem das Espécies*, Darwin argumentou que a variação natural não é necessariamente aleatória. No entanto, ele observou que era razoável tratá-las como aleatórias porque a sua causa e origem eram desconhecidas [1]. Nos seus últimos dias, Darwin começou a acreditar que "o nascimento tanto de espécies como de indivíduos faz parte daquela grande sucessão de eventos que as nossas mentes não estão dispostas a aceitar como o resultado de um acaso cego" [2]. No entanto, a variação nas populações de organismos é apenas uma observação, e é lógica e cientificamente incorreto caraterizar uma observação cuja causa e origem são desconhecidas como "aleatória" ou "acaso cego". Por exemplo, não sabemos a causa e a origem da gravidade, mas sabemos que a gravidade não é aleatória. Também não sabemos a causa e a origem das mutações, mas o consenso atual é que são o resultado de um processo completamente aleatório. Infelizmente, o consenso atual baseia-se numa interpretação errada das experiências de Luria-Delbruck [3]. Estas experiências mostraram que as mutações para a aquisição de resistência ao vírus T1 não foram induzidas pelo ambiente, mas estavam presentes desde o início. [50]É importante notar que as experiências não revelaram a natureza destas mutações. Não forneceram informações sobre o local *onde* as mutações foram introduzidas. Também não mostraram *como* as mutações foram introduzidas nesse local. As experiências também não esclareceram se a resistência se devia a mutações pontuais nos genes ou se resultava de inversões, duplicações e perdas de genes ou se reflectia simplesmente a reorganização do genoma bacteriano. Por outras palavras, o mecanismo molecular subjacente à resistência ao vírus T1 permaneceu completamente obscuro. No entanto, as experiências de Luria-Delbruck foram interpretadas como a prova de que *todas as* mutações são aleatórias. Todas as variações nos organismos são o resultado de mutações aleatórias nas sequências de ADN; as mutações são imprevisíveis, não estão ligadas ao comportamento ou à alimentação, nem às condições sociais ou ambientais. As mutações acontecem simplesmente e são subsequentemente herdadas.

Existe atualmente um consenso de que as mutações numa sequência de ADN são introduzidas aleatoriamente e só ocorrem uma vez. As mutações que ocorrem espontânea e aleatoriamente na linha germinal podem ser herdadas de uma geração para a seguinte e podem ser rastreadas ao longo do tempo. O alinhamento de uma determinada mutação em sequências de ADN provenientes de várias espécies em reprodução pode, por conseguinte, ser considerado uma prova de ancestralidade comum; a mutação ocorreu num antepassado e está agora presente em muitos descendentes devido ao princípio da hereditariedade. Com base no consenso atual, qualquer alinhamento de mutações em sequências de ADN, mesmo entre espécies que não se reproduzem em conjunto, é considerado uma prova molecular de ancestralidade comum. As mutações que não coincidem nas análises filogenéticas são mutações *de* novo que foram introduzidas depois de o organismo se ter dividido em espécies diferentes e são prova da natureza aleatória das mutações. Mas e se, afinal, as mutações não forem assim tão aleatórias? E se as mutações forem moduladas ou influenciadas? De facto, vários geneticistas da nova biologia argumentaram que as mutações não são assim tão aleatórias [4-7]. Argumentam que as posições em que as mutações ocorrem não são as mesmas; algumas posições são mais prováveis do que outras, e a localização em que as mutações ocorrem depende

---

[50] Ver página 131.

frequentemente do contexto molecular. O consenso de que uma sequência de mutações é a derradeira prova molecular para a hipótese de Darwin da descendência comum pode, de repente, deixar de ser essa prova. Em vez disso, o mesmo conjunto de mutações observado em sequências de ADN de diferentes organismos pode simplesmente refletir as caraterísticas biofísicas comuns desses organismos. Como as experiências de Luria-Delbruck mostraram, pode não ser o ambiente externo do organismo que controla as mutações, mas pode muito bem haver outro ambiente que determina onde uma mutação é introduzida - o ambiente do ADN.

A ideia de que as mutações podem não ser um fenómeno puramente aleatório ocorreu-me pela primeira vez quando li um artigo de Schmid e Tautz sobre o gene 1G5 de *Drosophila melanogaster* e *D. simulans* [8]. O gene, que ocorre numa única cópia em ambas as espécies, tem uma função desconhecida mas não é um pseudogene. O gene 1G5 foi de particular interesse para os autores, uma vez que foi o gene que mudou mais rapidamente no seu estudo. A sequência do gene 1G5 compreende 1.081 pares de bases, contendo apenas um pequeno intrão de 61 pares de bases. A maioria dos genes individuais são idênticos e não têm interesse para a análise. Como mostrado na Figura 16.1, Schmid e Tautz encontraram 75 sítios polimórficos em treze populações de *D. melanogaster* e quatro de *D. simulans* num segmento de 864 pares de bases que inclui o intrão. A maioria destas são mutações pontuais, mas também existem mutações indel em *D. simulans*. A análise das mutações revelou que a proporção de sítios variáveis no intrão e no exão é aproximadamente igual. Os autores concluíram que quase nenhuma das posições de aminoácidos é suscetível de estar sob forte pressão de seleção, uma vez que a proporção de sítios polimórficos no intrão é comparável à proporção de sítios polimórficos na região codificadora, e que uma comparação entre sítios fixos e polimórficos entre as duas espécies também não mostra qualquer desvio significativo da hipótese de "evolução neutra" nesta região. Surpreendentemente, os autores ignoraram completamente a intrigante observação de mutações não aleatórias no gene 1G5. Uma discussão mais detalhada pode ser encontrada na legenda da Figura 16.1.

A disposição das mutações nos genes 1G5 não pode ser explicada pela hipótese da seleção darwiniana - os genes comportam-se de forma neutra, e se a seleção natural moldou estes genes, temos de introduzir a seleção neutra. Além disso, as sequências foram obtidas a partir de espécies que vivem em continentes diferentes e que estão, portanto, isoladas do ponto de vista reprodutivo. A conclusão lógica é que as mutações comuns nos genes 1G5 são devidas a um mecanismo biológico ou físico. Por outras palavras, as mutações no gene 1G5 *não* são *mutações aleatórias* que levariam a um alinhamento de mutações em espécies separadas que não se reproduzem juntas. No entanto, o alinhamento não se deve a uma ancestralidade comum, mas a um mecanismo comum. Se não houvesse informação adicional para os genes 1G5, seria mais provável afirmar que *as D. mel-1, -4, -5, -6, -11 e -13* estão muito próximas, uma vez que todas partilham exatamente o mesmo gene e, portanto, têm um antepassado comum muito recente. Da mesma forma, *D. mel-7, -9* e *-12* devem ter um antepassado comum mais recente, uma vez que partilham várias mutações pontuais; pela mesma razão, *D. mel-3* e *-10* devem ter um antepassado comum mais recente. Esta conclusão pode parecer lógica, uma vez que se pensa que as mutações são introduzidas aleatoriamente e que as mutações partilhadas são prova de ancestralidade comum. No entanto, os dados do 1G5 mostram que o alinhamento das mutações também pode ser o resultado de um mecanismo comum ativo nos genomas dos organismos. Os genes 1G5 mostram que as mutações partilhadas em organismos separados e reprodutivamente isolados também podem ser o resultado de um mecanismo não aleatório

- um mecanismo que cria a *ilusão de ancestralidade comum*. Uma questão importante é saber se essas mutações não aleatórias são a regra e não a exceção. Se ocorrerem frequentemente, pode ser impossível distinguir entre descendência comum e um mecanismo comum.

A ilusão de descendência comum é completa, a menos que ocorram deleções aleatórias em pseudogenes de organismos reprodutivamente isolados, por exemplo, no gene GULO dos primatas [9]. O gene GULO especifica a proteína *gulono-lactona oxidase*, que catalisa o passo final na biossíntese do ácido ascórbico - vitamina C. Com algumas excepções, todas as espécies animais são capazes de sintetizar a vitamina C. Todas as famílias de uma subordem de primatas estudada - os *Catarrhini* - são incapazes de sintetizar a sua própria vitamina C, enquanto os animais da outra subordem - os *Platyrrhini* - produzem a vitamina no fígado. No entanto, os seres humanos e os macacos não são os únicos organismos que não têm a capacidade de sintetizar a vitamina C. Todas as espécies de morcegos estudadas *(Chiroptera)* são incapazes de sintetizar a vitamina C [10]. Outro exemplo é o porquinho-da-índia, que parece ser o único não produtor entre os roedores. A perda degenerativa da biossíntese da vitamina C é aparentemente bastante comum. Uma questão interessante é porque é que um pseudogene GULO inactivado deve ser fixado numa população inteira. É difícil imaginar que a inativação da síntese de vitamina C tenha conferido uma vantagem selectiva, pelo que a deriva aleatória e os estrangulamentos são explicações evolutivas possíveis. Sempre me senti fascinado pelo gene GULO. A razão do meu fascínio é o facto de a mutação de deleção que ocorre nos humanos também se encontrar nos chimpanzés, orangotangos e macacos. A deleção é geralmente citada como a prova definitiva de que os humanos e os macacos descendem de um ancestral comum. Como demonstrado na Parte 1, a ancestralidade comum de humanos e macacos pode ser facilmente refutada e a deleção comum deve, portanto, ser interpretada alternativamente. Tendo em conta as descobertas da nova biologia, poderá a deleção comum nos genes dos primatas ser um hotspot entre as espécies? Por outras palavras, será que a deleção na posição 97 no gene GULO dos primatas é o resultado de eventos mutacionais independentes?

A Figura 16.2 mostra a parte relevante do *exão X* (ou seja, dez) do gene GULO em onze organismos, incluindo humanos e primatas. A deleção na posição 97 está marcada com um asterisco. É imediatamente evidente, a partir das outras sequências, que a posição 97 é um hotspot de mutação. Se lermos a posição 97 de baixo para cima, do rato para a cobaia, o resultado é A-C-G-A-C-A-G. Compare-se isto, por exemplo, com os nucleótidos vizinhos nas posições 96 e 98. 96 e 98 são ambos G-G-G-G-G-G-G-G-G e são posições muito seguras e muito estáveis. Em contrapartida, o nucleótido na posição 97 é muito instável. A posição 97 é o chamado *hot spot inter-espécies*, uma posição muito instável numa sequência de ADN que sofre mutações facilmente. Nos seres humanos, chimpanzés, orangotangos e macacos, a posição instável manifesta-se como uma mutação de deleção que cria a ilusão de uma ancestralidade comum. Esta nova compreensão do comportamento das mutações não só mina as provas moleculares convincentes da descendência comum, como também fornece uma alternativa científica às provas moleculares da descendência comum [11].

Está a tornar-se cada vez mais claro que ocorrem duas classes fundamentalmente diferentes de mutações nas sequências de ADN: 1) *aleatórias* e 2) *não aleatórias*. Por *aleatório* quero dizer que as alterações genéticas são exclusivamente o resultado do acaso. Não é possível prever *onde* e *quando* as mutações aleatórias são introduzidas numa sequência de ADN. [51]As mutações aleatórias são o resultado puramente físico dos danos por fricção omnipresentes que acompanham qualquer maquinaria molecular. As mutações *não aleatórias*, por outro lado, são o resultado de mecanismos biofísico-químicos, e a posição em que ocorrem numa cadeia de ADN já não é completamente estocástica. A partir de comparações genéticas em grande escala envolvendo vários indivíduos da mesma espécie, a posição *em que* ocorrem as mutações não aleatórias pode ser estimada com elevada exatidão. Além disso, as análises de sequências que abrangem muitas espécies diferentes mostram onde estão localizados os pontos quentes. Existem pelo menos dois tipos diferentes de mutações não aleatórias. Em primeiro lugar, observamos mutações não aleatórias "veri" (ou "verdadeiras"). As verdadeiras mutações não aleatórias ocorrem exatamente na mesma posição numa sequência de ADN. Não são aleatórias em relação à posição na sequência de ADN e é muito difícil distingui-las das mutações comuns devidas à ancestralidade comum. Em segundo lugar, observamos mutações posicionais "quase" não aleatórias. Este tipo de mutação é quase aleatória no sentido em que a posição *em que* ocorre é fixa, enquanto o nucleótido afetado ocorre aleatoriamente (A, T, C ou G). Nas análises genéticas, as mutações não aleatórias "quase-aleatórias" ajudam a distinguir entre mutações não aleatórias e ancestralidade comum. É importante notar que não podemos prever *quando* é *que* as mutações topológicas não aleatórias irão ocorrer, mas podemos prever a posição *em que* irão ocorrer. As mutações não aleatórias são *hotspots mutacionais*, ou seja, regiões e posições no genoma onde as variações ocorrem com mais frequência do que o esperado por acaso. A segunda classe de mutações não aleatórias é mediada por mecanismos moleculares que induzem variações genéticas semelhantes às mutações geradas nos genes das imunoglobulinas. Esta classe conduz ao rápido aperfeiçoamento de moléculas envolvidas numa *"corrida ao armamento evolutiva"*, em que as condições biológicas exigem adaptações rápidas, por exemplo, na defesa imunológica e nas interações parasita-hospedeiro. Estes mecanismos poderiam explicar a natureza não aleatória das mutações encontradas no gene 1G5 de populações reprodutivamente isoladas de moscas da fruta [8]. Um mecanismo semelhante está ativo nos caracóis cone, onde serve para gerar variações nos genes das toxinas para evitar que os organismos parasitas se tornem resistentes [12]. A frequência de mutações não aleatórias pode ser muito maior do que se supõe, e parece haver pontos frios, pontos quentes, pontos quentes e pontos super quentes para mutações. [52]O resultado de mutações não aleatórias é a ilusão de ancestralidade comum.

A filogenética é a disciplina da biologia evolutiva que trata da comparação de genes e da criação de árvores de descendência. Apresenta a chamada *hierarquia aninhada*. Isto significa que, quando se analisam genes homólogos de diferentes organismos, parece haver grupos dentro de grupos. Por exemplo, os humanos pertencem geralmente aos primatas, que por sua vez pertencem aos mamíferos, que por sua vez pertencem aos vertebrados. A hierarquia aninhada reflete sequências de ADN que são mais diferentes em organismos que estão mais distantemente relacionados. Isto é o que se poderia esperar

---

[51] Os efeitos das mutações aleatórias são tão pequenos individualmente, e a seleção natural é tão ineficaz na reparação dos danos, que é inevitável que os genomas se deteriorem com o tempo.

[52] As mutações não aleatórias são não aleatórias em termos de nucleótidos e de posição e não devem ser confundidas com mutações adaptativas que ocorrem em bactérias, plantas, caracóis cónicos e leveduras em resposta ao ambiente. As mutações adaptativas em *E. coli* devem-se à indução de uma DNA polimerase alternativa, menos propensa a erros, ou à ativação de elementos IS. O resultado é um nível mais elevado de mutações na fase estacionária, quando as bactérias ficam sem alimento, permitindo a ativação de operões catabólicos alternativos.

de uma ancestralidade comum com mudanças: Quanto maior for o tempo decorrido desde que dois organismos se separaram de um antepassado comum, mais diferenças deverão ser observadas. A hierarquia aninhada parece ser uma evidência convincente de um processo evolutivo com ancestralidade comum. Não parece estar resolvida no atual modelo de criação, uma vez que se pode argumentar que Deus criou intencionalmente as sequências tal como elas são. Francis S. Collins, o chefe do Projeto Genoma Humano, escreve:

> "Se estes genomas foram criados por actos individuais de criação, por que razão ocorreria esta caraterística particular [hierarquia aninhada]?" [13]

Collins vê a *hierarquia aninhada* como um problema para a criação especial e é a principal razão pela qual ele favorece a descendência comum de Darwin. O problema de Collins é resolvido quando ele reconhece que as mutações são frequentemente acontecimentos não aleatórios que dão origem à ilusão de descendência comum. Mas essa pode não ser a história toda. Na gíria evolutiva, os organismos *distantemente relacionados* são normalmente sinónimos de organismos *simples* e *complexos*. Na gíria evolutiva, os microrganismos estão distantemente relacionados com os mamíferos. Se considerarmos que os micróbios também têm mecanismos simples de reparação do ADN e os mamíferos têm mecanismos mais complexos de reparação do ADN, o problema é fácil de resolver. Os organismos distantemente relacionados têm uma taxa de mutação mais elevada e uma menor capacidade de reparação das mutações introduzidas no seu ADN. Além disso, os microrganismos reproduzem-se até dez mil vezes mais depressa do que os eucariotas e passam por muitos mais ciclos de replicação do ADN, pelo que a taxa de reprodução está diretamente relacionada com as mutações. Finalmente, pode haver uma razão imunológica para os genes dos microrganismos diferirem significativamente dos genes dos eucariotas e estarem apenas distantemente relacionados com estes. Quanto maior for a diferença, melhor é reconhecido pelo sistema imunitário como um invasor estranho. Isto explica porque é que temos *de* observar uma relação distante.

A *hierarquia aninhada* entre espécies que não se reproduzem juntas também pode ser o resultado de restrições funcionais associadas a mutações não aleatórias. Os domínios funcionais das proteínas incluem locais para *fosforilação, glicosilação, ubiquitinação, sumoilação* e locais que interagem com outras proteínas. A função destes domínios é determinada por sequências de aminoácidos específicas que têm de ser codificadas no ADN. Todos os domínios e sítios funcionais contribuem para a identidade da sequência de genes homólogos em espécies diferentes. Nas análises filogenéticas, a restrição aos domínios funcionais em combinação com mutações não aleatórias cria uma miragem genética. As mutações não aleatórias podem ser uma função da sequência de ADN em que ocorrem, que é largamente determinada pelas propriedades físico-químicas dos elementos genéticos presentes nessa sequência. [53]Podemos assumir que uma árvore filogenética consistente da vida é rara. Organismos semelhantes têm uma genética semelhante e podemos esperar que produzam mutações não aleatórias semelhantes. [54]Se as mutações não aleatórias "hotspot" forem consideradas uma função do organismo como um todo, isso explica as mutações comuns independentemente da ancestralidade comum.

---

[53] Os factos biológicos tão raramente correspondem às expectativas darwinianas que os cientistas começaram a questionar seriamente a árvore da vida [14].

[54] É importante saber que a maioria das mutações observadas pertence à classe das mutações aleatórias. Estas mutações são predominantemente neutras ou ligeiramente deletérias (ver: John Sanford, Genetic Entropy). A ilusão de ancestralidade comum resulta principalmente de hotspots e super-hotspots que sofreram mutações em épocas anteriores.

Estão a acumular-se provas a favor da noção de um mecanismo não aleatório que actua nos genomas para criar a ilusão de uma ancestralidade comum. Uma das provas mais impressionantes são as *homoplasias*, ou seja, sequências de ADN que são idênticas em organismos diferentes mas que não podem ser atribuídas a uma ancestralidade comum. A análise do macaco humano-chimpanzé revelou muitas mutações comuns aos macacos rhesus e aos humanos, mas não aos chimpanzés [15]. Um dos principais objectivos deste feito foi a identificação e a origem de mutações associadas a doenças em seres humanos. Os investigadores conseguiram identificar 229 mutações deste tipo em macacos rhesus, noventa e sete das quais foram também encontradas em chimpanzés. Outras quarenta e oito mutações foram encontradas apenas em chimpanzés e humanos, enquanto oitenta e quatro mutações foram encontradas apenas em macacos e humanos, mas não em chimpanzés. Estes dados indicam claramente que as mutações comuns aos primatas e aos humanos podem também ser o resultado da natureza não aleatória com que as mutações são introduzidas numa sequência de ADN, criando a ilusão de uma ascendência comum em vez de serem o resultado de uma ascendência comum.

A prova direta de mutações induzidas pelo ambiente e não aleatórias é fornecida por estudos realizados em áreas com um elevado nível de radioatividade natural. Quando os átomos instáveis recuam ou transitam para um estado mais estável, emitem ondas de energia - radiação beta e gama - e/ou emitem uma partícula de hidrogénio - conhecida como radiação alfa. A radiação emitida é mais conhecida como radioatividade. A radioatividade é altamente mutagénica: destrói a informação contida na molécula de ADN. Sempre se assumiu que a radioatividade é um mutagénio aleatório. Por outras palavras, assume-se que a radiação radioactiva actua aleatoriamente quando se trata de onde e quais as mutações que são introduzidas. O mesmo se espera da radiação ultravioleta e do stress oxidativo. Surpreendentemente, porém, a radioatividade não é um agente mutagénico aleatório. Kerala, no extremo sul da Índia, é uma península densamente povoada. Gerações de pescadores ganharam a vida aqui, apanhando peixe e secando as suas redes nas praias negras do Oceano Índico. Kerala tem a mais elevada radioatividade natural do mundo: as praias contêm elementos radioactivos como o tório e a monazite, razão pela qual são negras. Lucy Forster e os seus colegas da Universidade de Münster (Alemanha) recolheram amostras de 988 pessoas de 248 famílias na península altamente contaminada e nas ilhas vizinhas, menos contaminadas, como população de controlo. A equipa efectuou então análises genéticas do ADN mitocondrial em laboratório. Encontraram vinte e duas mutações na sequência de ADN das famílias que viviam na zona de Kerala, enquanto a população de controlo tinha apenas uma mutação na mesma sequência. Este aumento da taxa de mutação pode não ser uma surpresa, mas o que foi interessante no estudo foi o facto de as mutações encontradas na região de Kerala estarem em posições que os geneticistas chamam de "hotspots evolutivos". Os investigadores referiram que:

> "É surpreendente que as condições radioactivas acelerem as mutações em posições nucleotídicas que têm sido hotspots evolutivos durante pelo menos 60.000 anos."
> [16]

Ao contrário do que se pensa, as ondas de alta energia não desencadeiam mutações de forma completamente aleatória. Em vez disso, uma grande proporção de mutações cai exatamente nos mesmos *pontos quentes*. Por conseguinte, as posições em que as mutações ocorrem numa sequência de ADN podem ser em grande parte fixas. Num ambiente de elevada radiação, a probabilidade de mutação é maior em determinados locais do que noutros, uma vez que os mecanismos de reparação reparam a cadeia de

ADN quebrada. Do mesmo modo, estudos em microrganismos mostraram que a maioria das mutações ocorre em sítios previsíveis. Análises em grande escala de espectros de substituição de bases em células de *E. coli* de tipo selvagem utilizaram duas sequências alvo contendo sessenta e quatro e noventa e três locais detectáveis para substituições de bases, respetivamente. Verificou-se que as substituições de bases estavam distribuídas de forma não aleatória em cada sequência-alvo. Das 293 mutações independentes identificadas na primeira sequência-alvo, sessenta e três por cento estavam localizadas em dezanove locais de hotspot de nível médio. Das 120 substituições de bases identificadas na segunda sequência alvo, a maioria localizava-se em nove pontos críticos. Recentemente, o teste de mutação rpsL foi adaptado para analisar mutações na mesma sequência-alvo que tinha sido integrada no cromossoma de *E. coli*. Neste caso, setenta por cento das mutações pontuais estavam limitadas a apenas dois pontos de acesso fortes. As restantes 475 mutações estão distribuídas quase uniformemente por noventa e um sítios da sequência alvo [17]. A distribuição não aleatória das mutações não era do nosso conhecimento até há pouco tempo, uma vez que só pode ser detectada em estudos em que é analisado um número suficientemente grande de indivíduos.

Os darwinistas assumem que a taxa de mutação é muito baixa. Contrariamente a este pressuposto, estão a acumular-se provas de que a taxa de mutação é muito elevada. Esta discrepância deve-se ao pressuposto erróneo de que todos os seres vivos tiveram um antepassado comum há muito, muito tempo. Os seres humanos e os chimpanzés, por exemplo, partilharam um genoma comum há cerca de seis milhões de anos. Isto significa que as mutações observadas numa secção homóloga do ADN de ambas as espécies foram introduzidas durante este período. Quando estudamos a variação genética de espécies individuais, encontramos sempre um número muito elevado de polimorfismos genéticos, e estes podem ser uma medida mais exacta das taxas de mutação do que as taxas derivadas de duas espécies não relacionadas que não se reproduzem juntas. Uma abordagem científica para estimar a mudança genética deve ter em conta todos os polimorfismos num trecho representativo de ADN, de modo a sabermos a rapidez com que essa sequência de ADN específica está a mudar. Se a taxa de mutação dentro de uma espécie for mais elevada do que a taxa entre espécies, a idade do antepassado comum mais recente será sobrestimada. Esta situação já foi registada no caso dos primatas e dos seres humanos [18]. Com a riqueza de dados genéticos atualmente disponíveis, podemos calcular com precisão a taxa de mutação dentro da espécie, contando simplesmente o número de polimorfismos numa determinada parte do ADN mitocondrial em vários indivíduos. A partir desta taxa de mutação calculada, podemos extrapolar o tempo até ao putativo antepassado comum dos humanos e dos chimpanzés. Fiz isto para o ADN mitocondrial humano antigo, como se pode ver num artigo publicado por Adcock e colaboradores [19]. Utilizando os dados de Adcock, o tempo até ao alegado antepassado comum dos humanos e dos chimpanzés pode ser calculado de duas formas diferentes. Os resultados obtidos são muito semelhantes e lançam uma luz notável sobre as escalas temporais da evolução humana. Como mostra a Figura 16.3, dez mutações separam os humanos modernos dos humanos pré-históricos, que viveram 62 mil anos antes do presente. No ADN homólogo correspondente do chimpanzé, contamos 24 mutações. As dez mutações nos humanos ocorreram em 62 mil anos, o que significa que uma mutação é fixada a cada seis mil anos. Se assumirmos que a hipótese do relógio molecular está correta, vinte e quatro mutações acumulam-se em cerca de 150 mil anos. Os dados de Adcock mostram que o antepassado comum dos humanos e dos chimpanzés viveu apenas 150.000 anos antes da nossa era. Os darwinistas consideram este resultado incompreensível porque "sabem" que os humanos e os chimpanzés tiveram um antepassado comum há cerca de 6 milhões de anos. No entanto, a segunda abordagem aos dados de Adcock confirma este antepassado comum demasiado recente. Concentremo-nos nas sequências LM3 e LM15 apresentadas na Figura 16.3. Estas sequências representam os restos humanos escavados mais antigos e mais jovens, respetivamente. A LM3 foi datada com sessenta e dois mil anos, enquanto a LM15 tem cerca de duzentos anos. Ambas as amostras foram isoladas de restos mortais recuperados do Lago Mungo, na Austrália. As sequências encontradas nas amostras mais antiga e mais jovem são geneticamente muito próximas - quatro das mutações pontuais são idênticas. Para além disso, LM3 e LM15 diferem em mais seis mutações pontuais. Uma vez que se estima que LM15 e LM3 viveram com sessenta e dois mil anos de diferença, pode assumir-se que a frequência de mutação nesta região é de um nucleótido por cada dez mil anos. Entre os humanos e os chimpanzés encontramos uma diferença de apenas vinte e quatro nucleótidos, o que confirma uma idade muito jovem do alegado antepassado comum - 240 mil anos antes de hoje. Os dados não só mostram que os humanos modernos e os chimpanzés *(Pan troglodytes)* diferem em apenas vinte e quatro posições, mas também que os neandertais e os chimpanzés diferem em vinte e quatro posições, enquanto a diferença entre os humanos modernos e os bonobos *(Pan paniscus)* é de vinte e nove posições. Notavelmente, a diferença genética entre o chimpanzé e o seu primo muito próximo é de vinte e três nucleótidos, enquanto os humanos e os neandertais diferem em vinte e sete posições. É evidente que as diferenças se situam todas no mesmo intervalo, o que sugere que o antepassado comum dos humanos modernos e dos neandertais, bem como os antepassados comuns dos chimpanzés e dos bonobos, viveram mais ou menos na mesma altura - há 150 a 240 mil anos. Que pouco ortodoxo! Os darwinistas não vão aprovar as minhas análises. Eles "sabem" que os chimpanzés e os humanos divergiram há cerca de seis milhões de anos, que os chimpanzés e os bonobos divergiram há cerca de um milhão de anos e que o antepassado comum dos humanos modernos e dos neandertais divergiu cerca de 500 mil anos antes do presente.

Poderão perguntar-se por que razão os meus resultados são credíveis e por que razão devem acreditar neles. Em primeiro lugar, as sequências mitocondriais analisadas são sequências neutras ou quase neutras que não estão sujeitas a uma conservação rigorosa e nas quais as mutações podem acumular-se livremente. Em segundo lugar, os dados de Adcock são superiores a outros estudos de genética comparativa do ADN mitocondrial porque as sequências múltiplas da mesma espécie contêm mais informações sobre as *posições* em que as mutações foram introduzidas. Finalmente, as sequências antigas fornecem informações mais precisas sobre a *taxa de mutação* do ADN mitocondrial. Permitem-nos estimar taxas de mutação que são muito mais realistas do que as extrapoladas a partir de dados de comparações inter-espécies, uma vez que não temos de assumir que os humanos e os chimpanzés tiveram um antepassado comum há milhões de anos. É significativo que *as análises intra-espécies* não sejam compatíveis com o consenso darwiniano de que os humanos e os chimpanzés tiveram um antepassado comum há cerca de cinco milhões de anos. O pressuposto darwiniano de ancestralidade comum está errado, e o resultado é que as taxas de mutação foram dramaticamente subestimadas. As sequências mitocondriais de humanos antigos sugerem que algo está muito errado com os pressupostos darwinianos. Mas o que poderia ser? As sequências mostradas na Figura 16.3 fornecem a resposta. As mutações ocorrem repetidamente nos mesmos sítios! As mudanças genéticas nas mitocôndrias ocorrem independentemente da idade da amostra, e o número absoluto de mutações corresponde apenas aproximadamente à idade das amostras. Isto indica que as mutações no ADN mitocondrial não são simplesmente introduzidas ao acaso. Pelo contrário, um mecanismo desconhecido pode ser responsável pela introdução intencional de mutações no ADN mitocondrial - e não mutações aleatórias resultantes de uma causa externa ou interna. De facto, descobriu-se recentemente que as proteínas codificadas pelo ADN mitocondrial "actuam como máquinas adaptativas que têm a capacidade de controlar a sua própria evolução" [20]. As proteínas que controlam a sua própria mudança genética explicam os padrões não aleatórios de mutações observados.

Que as taxas de mutação observadas são também demasiado elevadas. Mas será que é mesmo esse o caso? Não, não é. Pelo contrário, as taxas de mutação calculadas pelos darwinistas com base nos pressupostos darwinianos são demasiado baixas. Este facto também foi reconhecido pela comunidade evolutiva. David Penny, do Allan Wilson Centre for Molecular Ecology and Evolution, na Nova Zelândia, foi, tanto quanto sei, o primeiro a reconhecer as elevadas frequências de mutação em espécies individuais e as lentas taxas de mutação que resultam do pressuposto darwiniano da descendência comum. Num artigo publicado na Nature em 2004, Penny mostra que a taxa de evolução molecular acelera quando medida em curtos períodos de tempo, resultando numa curva em forma de J [21]. A forma dessa curva, também conhecida como curva em forma de taco de hóquei, é o resultado de uma estabilidade completa no passado e um aumento súbito no presente. A curva em forma de taco de hóquei de Penny é o resultado de baixas taxas de mutação na antiguidade, enquanto as taxas aumentam dramaticamente no presente. Porque é que Penny encontra a curva típica para as taxas de mutação? Acho que é por causa das suposições darwinistas que ele faz. Vejamos primeiro como surge exatamente a curva em J. Penny refere-se ao trabalho de Ho e colegas que mostraram que existe uma aceleração crescente em períodos inferiores a 1-2 milhões de anos, com as taxas mais elevadas a ocorrerem nos períodos mais curtos. A questão que se coloca agora é: como é que Ho e os seus colegas analisaram este facto? Não temos acesso ao ADN de organismos que viveram há 1-2 milhões de anos. A resposta reside no facto de os dados terem sido obtidos através da extrapolação do pressuposto de Darwin da descendência comum. São o resultado da comparação de sequências de espécies diferentes que não se reproduzem juntas. Penny prossegue dizendo que

> "A taxa [de mutação] é mais elevada entre as gerações (ou seja, em estudos de linhagem) e diminui de forma constante em populações locais e depois em populações generalizadas. [21]

Neste caso, Penny refere-se a estudos de genética comparativa e a análises filogenéticas efectuadas com indivíduos de (sub)populações isoladas da mesma espécie, *ou seja, comparações intra-específicas*.

> "Eventualmente, [isto é, as taxas de mutação] atingem o patamar baixo que conhecemos para a evolução a longo prazo." [21]

Agora Penny está a comparar espécies diferentes novamente, comparando espécies diferentes. Não admira que ele encontre uma curva em J. Ele salta da *comparação* inter-espécies para a *comparação intra-espécies* e depois volta à comparação inter-espécies. Os dados biológicos reais medidos mostram que as taxas de mutação são muito mais elevadas do que as calculadas utilizando o pressuposto darwiniano da descendência comum. Os dados científicos reais foram obtidos através da medição das diferenças nas sequências de ADN e podem ser considerados fiáveis. Infelizmente, os dados reais contradizem as idéias darwinistas preconcebidas sobre as taxas de mutação, e assim os dados observados devem ser reconciliados com os dogmas. Penny concluiu os seus escritos:

"O desafio é formular uma teoria única que funcione sem problemas em diferentes escalas temporais, desde a heterozigotia atual até à taxa de evolução a longo prazo. Além disso, uma única taxa de mutação [...] não existe de facto. Mesmo para os nucleótidos, há muitas "taxas de mutação", pelo menos uma entre cada par de nucleótidos, e estas podem ser estimadas separadamente usando matrizes tridimensionais. A curva em forma de J não pode descansar até que uma única teoria se aplique a ela: vivemos em tempos interessantes." [21]

Estamos, de facto, a viver tempos interessantes. Vivemos na era da nova biologia, a era que subverteu completamente todos os dogmas naturalistas há muito estabelecidos. Cada vez mais cientistas se apercebem de que existe uma discrepância entre as taxas de mutação observadas e as estimadas. A curva em forma de J só pode ser mantida se estivermos dispostos a abandonar a descendência comum de Darwin, porque é o resultado de uma comparação entre maçãs e pêras. Os novos dados biológicos mostram taxas de mutação muito elevadas nas análises de espécies individuais [22]. Por outras palavras, a taxa de mutação é muito elevada se olharmos apenas para as maçãs *ou* para as pêras. Não podemos deixar de concluir que as taxas de mutação observadas são elevadas. Em contrapartida, as taxas de mutação observadas entre espécies são bastante baixas. Se somarmos as diferenças entre maçãs *e* laranjas e dividirmos pelo tempo estimado que os darwinistas estimam ter passado desde a divergência, obtemos a baixa taxa de evolução a longo prazo. No entanto, é importante perceber que estes últimos dados não são verdadeiros dados científicos, uma vez que se baseiam no pressuposto não comprovado de que as espécies têm efetivamente um antepassado comum. A curva J não significa que não compreendemos as taxas de mutação; pelo contrário, a curva significa que Darwin estava errado: As maçãs e as pêras podem não ter um antepassado comum.

Se analisarmos melhor, a nova biologia mostra que as mutações não são apenas um fenómeno aleatório determinado pelo acaso. Os organismos dispõem de mecanismos que lhes permitem induzir e controlar deliberadamente as mutações, de modo a responder a mudanças súbitas no seu ambiente. Os mecanismos preventivos para gerar alterações genéticas potencialmente úteis fazem sentido num mundo planeado com organismos que se esperava que preenchessem todas as fendas e arestas. Embora ainda não saibamos como esses mecanismos funcionam a nível molecular, podemos ter a certeza de que reforçam a ilusão da ancestralidade comum. Isto deve-se ao facto de a montagem destas máquinas poder vir a revelar-se específica da sequência, exigindo condições ambientais semelhantes ou idênticas. Para excluir os efeitos dos mecanismos de antecipação, só é possível estimar taxas de mutação fiáveis a partir de segmentos genéticos equivalentes em espécies individuais. A taxa de mutação de um determinado gene só pode ser estimada de forma fiável através da análise de várias dezenas de indivíduos que vivem em diferentes partes do mundo. Nestas análises, uma proporção não aleatória de mutações ocorrerá em posições idênticas.

Capítulo 17
Uma nova biologia

O título completo do livro de Darwin de 1859 é *A Origem das Espécies por meio da Seleção Natural ou A Preservação das Etnias Favorecidas na Luta pela Vida*. A beleza deste título é que resume as suas ideias numa única frase. Isso é bom. A navalha de Occam dita que uma explicação deve conter o menor número possível de pressupostos. Quanto mais simples for uma teoria, melhor ela é. A simplicidade determina as teorias científicas. É até possível resumir a teoria de Darwin em poucas frases, ainda mais simples: *Descendência comum com modificações*. O GUToB também pode ser resumido em palavras muito simples: *Conceção comum com novidades*. Claro que não é assim tão simples. As explicações alternativas oferecidas no GUToB não são uma compilação de hipóteses propostas que se encaixam na teoria darwiniana padrão, mas formam uma teoria nova e completamente alternativa - uma teoria geral e universal da variação biológica (GUToB). A GUToB reconhece que a origem da vida não pode ser descrita em termos científicos porque a vida não tem um início naturalista. Os pilares da GUToB são os genomas pluripotentes polivalentes (baranomas), os elementos genéticos indutores de variação (VIGEs) e as mutações não aleatórias. No contexto da reprodução, os três pilares explicam todos os fenómenos biológicos. As regras do GUToB podem ser resumidas da seguinte forma:

1. Baranomas

1.1. Os baranomas são genomas pluripotentes e indiferenciados.

A origem dos baranomas não pode ser descrita cientificamente. O baranoma é a base genética do GUToB. O baranoma induz variação a partir de dentro, mas não pode dar origem a outro baranoma, pois isso exigiria inovações genéticas. A descendência comum não é refutada, mas só pode funcionar dentro dos limites dos baranomas. Um baranoma não pode se transformar em outro baranoma, pois isso exigiria a adição de novas informações genéticas.

1.2. Os baranomas estão equipados com três classes de elementos genéticos:

    1.2.1.   Redundante

    1.2.2.   não essencial

    1.2.3.   Essencial

Qual a extensão da redundância? Em *Bacillus subtilis*, apenas 270 dos 4.100 genes são essenciais [1] e em *Escherichia coli* uns escassos 303 de um total de quase 4.300 genes [2]. A maioria dos genomas microbianos são não essenciais e/ou redundantes. A redundância dos sistemas sexuais nos sticklebacks é uma prova da existência de mais do que um mecanismo de reprodução:

> "Ao longo dos últimos 20 milhões de anos, cinco espécies de peixe-espada divergiram; algumas das espécies de peixe-espada atualmente existentes utilizam os sistemas genéticos de determinação do sexo XY ou ZW, o que sugere que um ou talvez ambos os sistemas evoluíram durante esta divergência de 20 milhões de anos. [3]

O baranoma original estava equipado com (pelo menos) dois sistemas de determinação do sexo, que foram independentemente inactivados em cinco das espécies resultantes. Algumas mantiveram o sistema XY, outras o sistema ZW.

1.2.4. A redundância serve o objetivo da robustez.

A redundância genética é uma propriedade intrínseca do genoma. A redundância nas redes de regulação garante que os organismos não sofram de proliferação celular descontrolada, evitando assim o cancro. Antes de as células cancerosas se tornarem proliferadoras descontroladas, passam por várias fases conhecidas como diferenciação pré-cancerosa ou defeitos de proliferação. São necessários vários eventos genéticos, as mutações, para fazer descarrilar o controlo afinado e robusto da proliferação celular. Não existe correlação entre genes redundantes e não essenciais e duplicações genéticas, e os genes redundantes não sofrem mutações mais rapidamente do que os genes essenciais. No seu conjunto, estas observações constituem um forte argumento a favor dos baranomas. Nos seres humanos, conhecemos cerca de dez mil doenças genéticas, enquanto o genoma completo não contém mais de vinte e quatro mil genes. Isto significa que mais de cinquenta por cento dos genes humanos são letais e estão sujeitos a uma seleção pré-natal negativa, ou seja, a *abortos espontâneos*. Ou mais de metade dos genes humanos não são essenciais ou redundantes e não se manifestam como fenótipos detectáveis quando são danificados e inactivados na descendência. As células da linha germinal humana acumulam rapidamente mutações neutras e quase neutras e albergam muitos genes inactivados, o que acabará por conduzir a um colapso genómico [4]. Centenas de genes inactivados foram descobertos nos grandes projectos de sequenciação do genoma. Nos seres humanos, CCR5 e ACTN3 são apenas alguns deles e representam mutações antigas que se espalharam há muito tempo, muito antes do advento das sociedades médicas com seleção natural relaxada em que vivemos hoje.

1.2.5. A redundância serve o objetivo de uma diversificação rápida.

No quadro neo-darwinista, a variação nas populações de organismos deve-se a diferentes versões de genes (alelos). No GUToB, a variação é entendida como perda genética e atividade de VIGEs. As caraterísticas *dominantes* e *recessivas* de Mendel são entendidas em termos de genes redundantes e não essenciais. Dominância significa que pelo menos um gene redundante ou não essencial é funcional; recessivo significa que ambas as cópias de genes redundantes e não essenciais são inoperantes. O fenómeno da redundância genética em combinação com uma frequência de mutação muito elevada invalida todas as teorias evolutivas baseadas em longos períodos de tempo. Os sistemas vivos que contêm genes não essenciais e redundantes simplesmente não podem ser antigos. Se a vida fosse antiga, não teríamos observado a redundância genética tal como a conhecemos. Quando comecei a aperceber-me disto nos anos 90, apercebi-me também que os criacionistas da Terra jovem têm um argumento biológico muito forte.

1.2.6. O ambiente - habitat, hábito ou dieta - determina frequentemente qual a parte do genoma que é supérflua.

O baranoma é como um canivete suíço com várias funções úteis, mas cada função requer o seu próprio ambiente específico. A conservação natural, que é essencialmente o termo correto para seleção natural, determina a informação que deve ser conservada. A informação biológica não utilizada é redundante e não será conservada. Usa-a ou perde-a!

1.2.7. Os elementos genéticos essenciais são decisivos para o sucesso reprodutivo.

Embora os elementos genéticos essenciais não sejam completamente estáticos, são estáveis devido à sua conservação natural. Os elementos essenciais do ADN codificam 1) proteínas essenciais, 2) moléculas de ARN essenciais e 3) elementos estabilizadores do genoma. São conservados porque as mutações colocariam imediatamente o portador numa situação de desvantagem reprodutiva. A conservação natural preserva os elementos genéticos essenciais dos baranomas.

2. Os baranomas são concebidos para evoluir com o tempo.

As populações de organismos que não são capazes de produzir variações extinguir-se-ão inevitavelmente mais depressa. Isto deve-se ao facto de serem incapazes de desenvolver fenótipos adaptativos em resposta a stresses ambientais.

2.1.   Os fenótipos novos (adaptativos) aparecem sempre de imediato.

As alterações genéticas são imediatas e devem, portanto, ser eventos adaptativos, e ocorrem ao nível do indivíduo. O aparecimento de fenótipos adaptativos é um acontecimento de saltação; o aparecimento de novas espécies é imediato, não são necessários longos períodos de tempo.

2.2.   A variação dos baranomas é mediada por VIGEs.

As mutações pontuais podem acrescentar alguma variação aos genomas, mas o seu efeito é completamente insignificante quando comparado com o causado pelos mecanismos genéticos a montante, especializados na indução de variação. A variação nos baranomas é devida a perdas genéticas, duplicações e translocações favorecidas por elementos genéticos indutores de variação (VIGEs) carregados a montante. Podem distinguir-se várias classes de VIGEs com base no seu mecanismo de ação:

1)   Elementos genéticos conhecidos como retrovírus endógenos (ERVs)

2)   Elementos genéticos conhecidos como retrotransposões de repetições terminais longas (LTR)[55]

3)   Retrotransposões não LTR (LINEs)

4)   Elementos dispersos curtos (SINEs) [elementos de alumínio; microssatélites]

5)   Sequências de tripletos repetidos (RTS)

6)   Transposões (nas plantas)

7)   Elementos IS (em bactérias)

O *elemento IS*, um retroposão de ADN, é o VIGE predominante observado nas bactérias. Para além da atividade VIGE, a variação nas bactérias deve-se à transferência horizontal de genes (HGT). A maioria das bactérias codifica genes que são necessários para a absorção de ADN estranho. Nas populações bacterianas, a troca e a absorção de genes é um processo contínuo. Num processo conhecido como HGT, os genes são facilmente transferidos entre espécies, géneros e até mesmo filos. [56]A HGT é também o mecanismo que explica o aparecimento de doenças. Nas últimas décadas, surgiram pelo menos 30 novas doenças [5]. Embora a maioria destas doenças sejam variantes de doenças pré-existentes, observou-se o aparecimento de novas estirpes de *VIH*, *Ébola* e *cólera*. Os vírus não surgem do nada; têm de ter uma origem algures. Alguns acreditam que os vírus, especialmente os vírus de ARN, tiveram origem num suposto mundo de ARN há milhares de milhões de anos. Outros afirmam que os vírus são o resultado de uma montagem "infeliz" de segmentos pré-existentes de moléculas de DNA (ou RNA) que receberam algumas instruções genéticas necessárias para formar uma entidade reprodutora - como um parasita molecular que usa a célula hospedeira para se replicar. Como explicado no Capítulo 13, os vírus podem ter origem em VIGEs. Outra fonte são os microorganismos desintegradores, como os mimivírus. A ciência já descreveu cerca de 30 mil espécies de bactérias, mas isso é apenas a ponta do icebergue. Estima-se que existam até 300 mil espécies, podendo ser ainda mais. A maioria das bactérias e microrganismos são inofensivos. Todas as formas de vida visíveis dependem dos microrganismos, incluindo o ser humano. Os microrganismos, as bactérias, asseguram a digestão dos nossos

---

[55] Em contraste com os retrovírus de ARN, os retrotransposões LTR não possuem proteínas de envelope que facilitem o movimento entre células.

[56] A origem das doenças requer um livro próprio. Basta dizer que a origem das doenças no quadro do GUToB é explicada como o rearranjo, a perda e a transferência horizontal de elementos genéticos existentes.

alimentos e a reciclagem dos nossos excrementos. Produzem-nos e reduzem-nos. Os microrganismos fazem o mundo girar, mas são também uma importante fonte de doenças. Sem exceção, todos os microrganismos recentemente descobertos contêm informação genética (genes) até então desconhecida dos cientistas. Numa experiência recente, foram descobertas mais de um milhão de novas sequências de ADN codificadoras de proteínas em 100 litros de água do mar [6]. Isto mostra que existe um enorme reservatório de genes nos microrganismos a partir do qual os vírus podem surgir através da recombinação de elementos transponíveis. Os agentes patogénicos microbianos agressivos podem ter a sua origem em HGT ou em perdas genéticas.

7.3.3. A variação nas plantas deve-se aos VIGEs, que são dominados por transposões.

A atividade VIGE nos genomas não pode ser utilizada como prova da evolução dos micróbios para os seres humanos, uma vez que se refere à perda ou reestruturação, à transposição de elementos de ADN pré-existentes. Os cientistas que estudam a "evolução em ação" estão, na verdade, a estudar esta atividade VIGE.

7.3.4. O isolamento da reprodução (especiação) pode ser provocado por VIGEs

A radiação adaptativa é facilmente gerada por VIGEs de troca cromossómica, que causam isolamento reprodutivo.

3. Duplicação

3.1. Os baranomas têm um desejo interior de se reproduzir.

Os organismos que não se reproduzem morrem. Se o desejo de se reproduzir não fosse tão forte, a vida não seria possível. A reprodução, e não a evolução, é o fator mais importante da biologia. Enquanto um organismo puder reproduzir-se e deixar descendentes viáveis e férteis, a cadeia da vida continuará:

> *"Nada na biologia faz sentido a não ser que se ligue à reprodução."*

Apenas os reprodutores contribuem para as gerações seguintes. Qualquer sistema de reprodução deixado à sua sorte acabará por produzir o replicador mais rápido. A seleção afectará a taxa de reprodução. Os baranomas acabarão por perder todas as redundâncias genéticas que não são diretamente necessárias para o sucesso reprodutivo. Os genomas, tal como os observamos atualmente, são genomas atrofiados e degenerados e nem sequer começam a refletir os baranomas originais. A informação para combater as doenças relacionadas com a idade desapareceu ou foi inactivada no decurso da evolução. A evolução procede do complexo para o simples, e não o contrário, como sugeriu Darwin. O replicador mais rápido num determinado ambiente dominará esse ambiente. A seleção natural (NS) é a reprodução diferencial. A NS serve para manter as unidades reprodutoras. A NS actua ao nível da reprodução de um organismo. Os organismos que não possuem elementos essenciais do ADN estão sujeitos a uma seleção negativa. A NS não é sinónimo de seleção artificial (ou: inteligente) controlada pelo homem.

3.2. A reprodução sexual preserva o baranoma.

A reprodução sexual não é mais do que uma redistribuição da informação biológica de um baranoma. Os genes decaem facilmente e o sexo é a forma de repor os genes perdidos. Serve o mesmo objetivo que a HGT: a reposição da informação biológica perdida. O sexo é o derradeiro travão da evolução.

4. Mutações

4.1. Mutações aleatórias

As mutações aleatórias são apenas o resultado do acaso; não desempenham um papel decisivo na biologia.

4.2. Mutações não aleatórias

As mutações não aleatórias são o resultado de mecanismos biofísico-químicos e a posição em que ocorrem numa cadeia de ADN já não é exclusivamente estocástica. Podem distinguir-se dois tipos:

1) Mutações "veri" (ou "verdadeiras") não aleatórias, ou seja, não aleatórias em termos de nucleótidos e de posição,

2) "Quase" (ou: "quase") não acidental, ou seja, não acidental apenas em relação à posição.

O resultado de mutações não aleatórias é a *homoplasia*, a ocorrência da mesma sequência ou rearranjo genético independentemente da ancestralidade comum.

4.3. Mutações adaptativas

As mutações adaptativas ocorrem nas bactérias quando estas se encontram num estado que os microbiologistas designam por estacionário. As mutações introduzidas durante o estado estacionário não são aleatórias, na medida em que são intencionalmente introduzidas em resposta ao ambiente por VIGEs (elementos IS) ou DNA polimerases específicas, mais propensas a erros. Durante o estado estacionário, a cultura carece de nutrientes, o que desencadeia programas que introduzem intencionalmente variações. As mutações não ocorrem apenas de forma aleatória no cromossoma, mas existem pontos frios, pontos quentes e pontos super quentes [7].

4.4. Uma ilusão de descendência comum.

O alinhamento de mutações em sequências de ADN homólogas de carga frontal deve-se a um desenho comum e não a mutações aleatórias. As sequências de ADN dos baranomas dos chimpanzés (*Pan bn*), gorilas (*Gorilla bn*) e orangotangos (*Pongo bn*) podem ter sido mais semelhantes às dos humanos (*Homo bn*) do que são atualmente. Hoje em dia, os alelos são abundantes nestas espécies como resultado da atividade VIGE e da acumulação de mutações aleatórias e não aleatórias. A maioria das árvores genéticas não corresponde às árvores de descendência darwinianas, *a homoplasia* é cada vez mais observada e a transferência horizontal de genes é a regra e não a exceção. A ilusão de ancestralidade comum nas análises genéticas é uma miragem genética criada por restrições funcionais combinadas com mutações não aleatórias, daí *o princípio da imprecisão do GUToB*:

"Em organismos que não se reproduzem em conjunto, podemos não ser capazes de distinguir entre mutações introduzidas por um mecanismo comum e as que resultam de uma ancestralidade comum." A Figura 17.1 apresenta um exemplo da restrição funcional que actua sobre as proteínas. A figura mostra as interações de uma proteína reguladora codificada pelo gene essencial CEBPA. A proteína liga-se a centenas de outras proteínas e interage com elas. Estas interações funcionais da proteína não só impedem que o gene se altere, como também determinam a sequência do gene. Se as mesmas interações ocorrerem noutros organismos, os genes também serão os mesmos.

2.4 Os fenótipos adaptativos do organismo nunca têm elementos de ADN que não estejam relacionados com os do tipo selvagem

Há cada vez mais provas biológicas de que existe informação biológica única sem uma história evolutiva. Nos seres humanos, observamos elementos genéticos que não ocorrem noutros primatas. O GUToB é falsificado pela observação do aparecimento naturalista de elementos genéticos completamente novos que nada têm a ver com sequências de ADN pré-carregadas. Poder-se-ia argumentar que foi observada muita informação biológica nova. De facto, encontramos genes específicos de espécies únicas em comparações genéticas, mas ninguém sabe de onde vêm. Ninguém observou o aparecimento desta nova informação. Elas simplesmente existem, e o surgimento observado não é um evento real. É uma explicação posterior ao facto. Todos os elementos que consideramos novidades ou são elementos genéticos sem história evolutiva ou as "novidades" já têm um equivalente noutro lugar da natureza. Os genes órfãos são apresentados como novidades dos vírus, mas também ocorrem nos VIGEs. A "novidade" genética nos microrganismos que degradam os plásticos ou os genes que degradam os compostos artificiais halogenados podem ser rastreados até sequências de ADN (frame-shifted) carregadas na frente noutros locais do genoma. Alguns genes podem ter surgido através da recombinação de dois ou mais genes que ocorrem noutros locais da natureza.

[57]Ao longo de milhares de anos de atividade VIGE, de baralhamento do ADN e de acumulação de mutações neutras ou quase neutras, nenhum genoma é único. A variação é constantemente gerada por elementos de ADN pré-existentes no genoma, e os mecanismos que levam à variação já não são claros. Os mecanismos moleculares que causam variação nas sequências de ADN pré-existentes estão descritos na literatura científica. É esta variação que vemos atualmente acumulada nos genomas de todas as espécies. É esta variação que Darwin observou na população. Os elementos genéticos transponíveis e amplificadores podem regular a expressão de genes envolvidos na pigmentação e coloração das penas, asas, pele e morfologia. No decurso do isolamento reprodutivo de estirpes separadas, diferentes genes são regulados de forma diferente por esses elementos (devido a efeitos de distância e posição). Alguns genes tornam-se mais activos e têm mais resultados, enquanto outros genes são silenciados e têm menos resultados. Alguns genes podem ser completamente desactivados. Os genes que controlam e regulam a pigmentação, a coloração e o ajuste fino da morfologia são considerados genes redundantes e não essenciais. Através da integração, duplicação ou perda de VIGEs, podem esperar-se muitos padrões de expressão diferentes. Os VIGEs são a base para a compreensão da radiação adaptativa rápida. [58]É maravilhoso que o Grande Criador Todo-Poderoso tenha insuflado vida num número limitado de genomas pluripotentes e que, à medida que este planeta girava de acordo com a lei fixa da gravidade, eles tenham coberto todas as margens da Terra com uma variedade quase infinita das mais belas e maravilhosas criaturas. Ou, como está escrito: "Produza a terra erva, a erva que dê semente, e a árvore frutífera que dê fruto segundo a sua espécie, cuja semente esteja em si mesma, sobre a terra; e assim foi" [8].

---

[57] Milhares de anos de atividade VIGE fizeram com que os genomas parecessem "uma confusão".
[58] Em referência à última frase de Charles Darwin em "Origem".

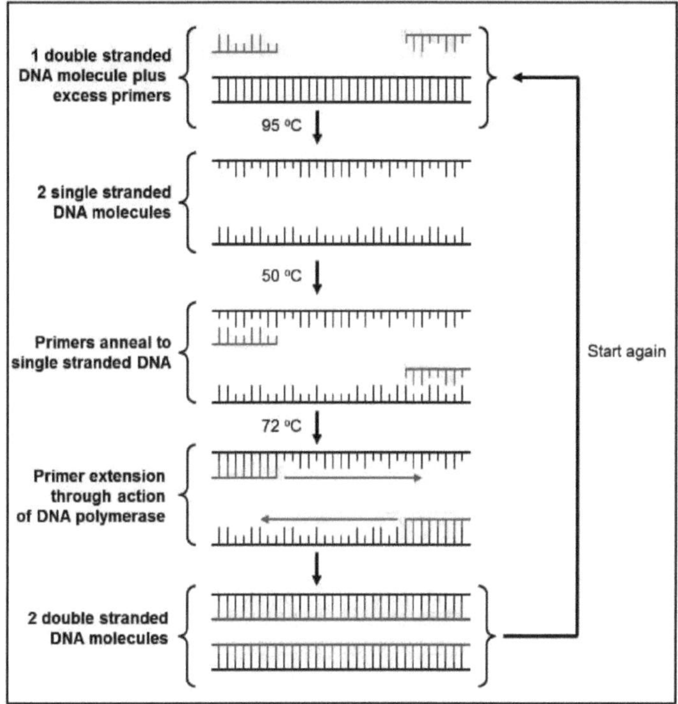

Figura 4.1.
A reação em cadeia da polimerase é um novo processo biológico para a amplificação de sequências de ADN de cadeia dupla. O ciclo de reação é realizado num pequeno frasco que contém os blocos de construção do ADN e uma enzima que sintetiza o ADN a alta temperatura. Para iniciar a amplificação, são adicionados dois iniciadores únicos que flanqueiam ambos os lados do gene de interesse. Os cientistas utilizam a complementaridade da hélice de ADN de cadeia dupla para a amplificação. Primeiro, criam duas cadeias simples aumentando a temperatura para cerca de 95 graus Celsius. A temperatura é depois baixada para cerca de 50 graus Celsius para que os iniciadores se possam ligar ao ADN de cadeia simples. Para transformar uma molécula em duas moléculas idênticas - a amplificação do ADN propriamente dita - a temperatura é aumentada para 72 graus Celsius, uma temperatura óptima para a enzima termoestável sintetizar a cadeia de ADN complementar. No final do ciclo, temos duas moléculas idênticas de ADN de cadeia dupla. Efectuando duas ou três dúzias destes ciclos em três etapas, são produzidos milhares de milhões de moléculas de ADN idênticas.

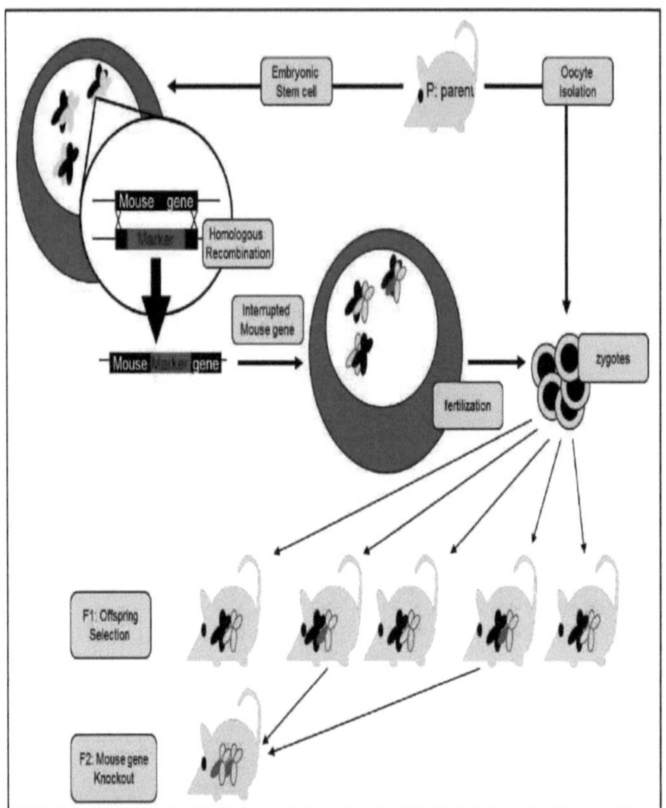

Figura 7.1.

Representação esquemática da estratégia de knock-out. Para gerar um ratinho knockout para um gene específico, um marcador selecionável é integrado no gene em questão numa célula estaminal embrionária. O marcador interrompe (desliga) o gene em questão. A célula estaminal embrionária manipulada é então injectada num óvulo de ratinho e transplantada de novo para o útero de uma ratinha pseudográvida. A descendência portadora do gene interrompido pode ser analisada para detetar a presença do marcador de seleção. Atualmente, é relativamente fácil obter animais em que ambas as cópias são interrompidas por reprodução selectiva. A lei de Mendel da segregação independente garante que o cruzamento de ninhadas produz indivíduos que não possuem ambos os genes.

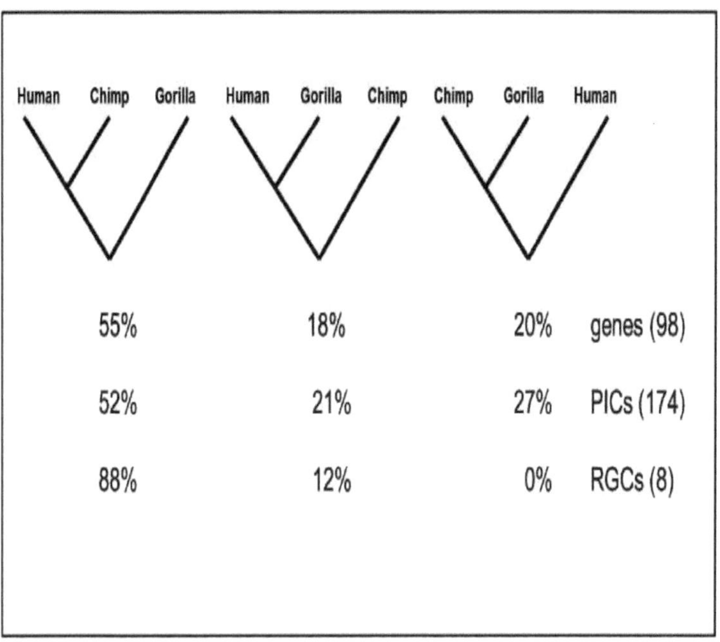

Figura 9.1.

Pequenas árvores de linhagens triplamente ramificadas que mostram a relação entre os humanos, os chimpanzés e os gorilas. As árvores encontradas dependem fortemente da orientação dos traços. A noção darwiniana de que o chimpanzé é o parente mais próximo dos humanos foi confirmada em apenas 55% dos genes testados e em apenas 52% dos traços informativos parcimoniosos (PICs). Estes dados inesperados são "explicados" como homoplasia, ou seja, rearranjos genéticos comuns inesperados que derrubam as árvores de descendência darwinianas "conhecidas". De facto, 18% dos genes, 21% dos PICs e 12% das alterações genómicas raras (RGC) encontradas nos seres humanos são mais semelhantes às encontradas nos gorilas. Uma fração dos genes analisados (6/98) não é significativa. Homoplasia é apenas uma palavra. Uma explicação conclusiva para a homoplasia seria a existência de alterações genéticas não aleatórias. (Adaptado da referência 9, capítulo 9

).

```
Human       TGCCAATAGAGATAGAAAGAATGGATGGAACAGACATGCATTTAAGAAGGTTCA<Alu>AAGAAGGTTCAGCAGAGTGTGGTGAAGACTGGGC
Chimpanzee  TGCCAATAGAGATAGAAAGAATGGATGGAACAGACATGCATTTAAGAAGGTTCA------------------GCAGAGTGTGGTGAAGACTGGGC
Gorilla     TGCCAATAGAGATAGAAAGAATGGATGGAACAGACATGCATTTAAGAAGGTTCA<Alu>AAGAAGGTTCAGCAGAGTGTGGTGAAGACTGGGC
Orangutan   TGCCAATAGAGATAGAAAGAATGGATGGAACAGACATGCATTTAAGAAGGTTCA<Alu>AAGAAGGTTCAGCAGAGTGTGGTGAAGACTGGGC
Owl Monkey  TGCCAATAGAGAGAGAAAGAATGGATGGAACAGACATGGATTTAAGAAGGTTCA------------------GCAGAGTGTGGTGAAGACTGGGC
```

Figura 9.2.
Os locais de inserção de alumínio HS6 em humanos, chimpanzés, gorilas, orangotangos e macacos-coruja. Note-se a ausência total no chimpanzé e no macaco-coruja e a ausência de indícios de um local de extração. Isto sugere um mecanismo altamente específico de integração e/ou extração. Caso contrário, as sequências representam uma falsificação molecular da ancestralidade comum dos primatas.

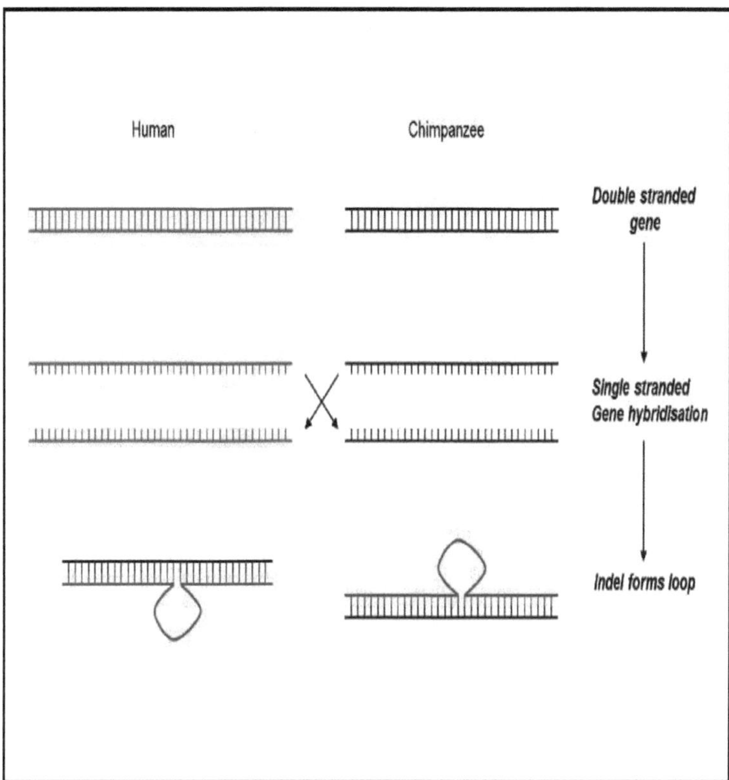

Figura 10.1.

Quando duas sequências genéticas homólogas de espécies diferentes, por exemplo, humana e de chimpanzé, são fundidas e depois hibridizadas, apenas a parte complementar das sequências forma uma cadeia dupla de ADN híbrido. Na ilustração, a sequência humana é mais longa devido a um indel que não ocorre nos chimpanzés. O indel não pode formar uma cadeia dupla, pelo que acaba por ser uma cadeia simples e não pode ser reconhecido com as técnicas de hibridação utilizadas na década de 1970.

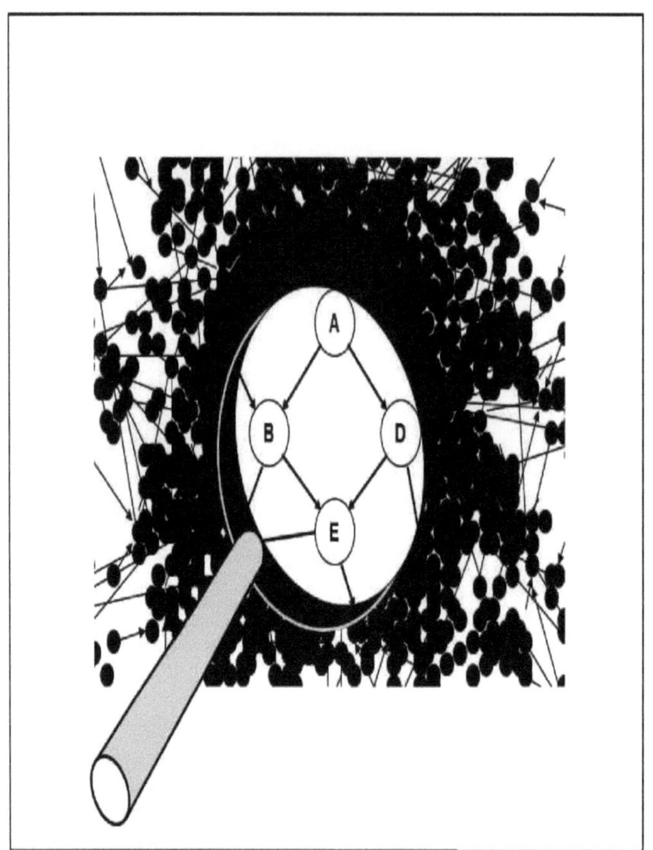

Figura 11.1.
Um diagrama muito simples de uma pequena rede robusta constituída por A-E. O nó D pode ser ativado por A ou através de B e C, o que confere ao sistema uma robustez adicional devido à redundância. Se C não conseguir ativar D, A pode fazê-lo (e vice-versa).

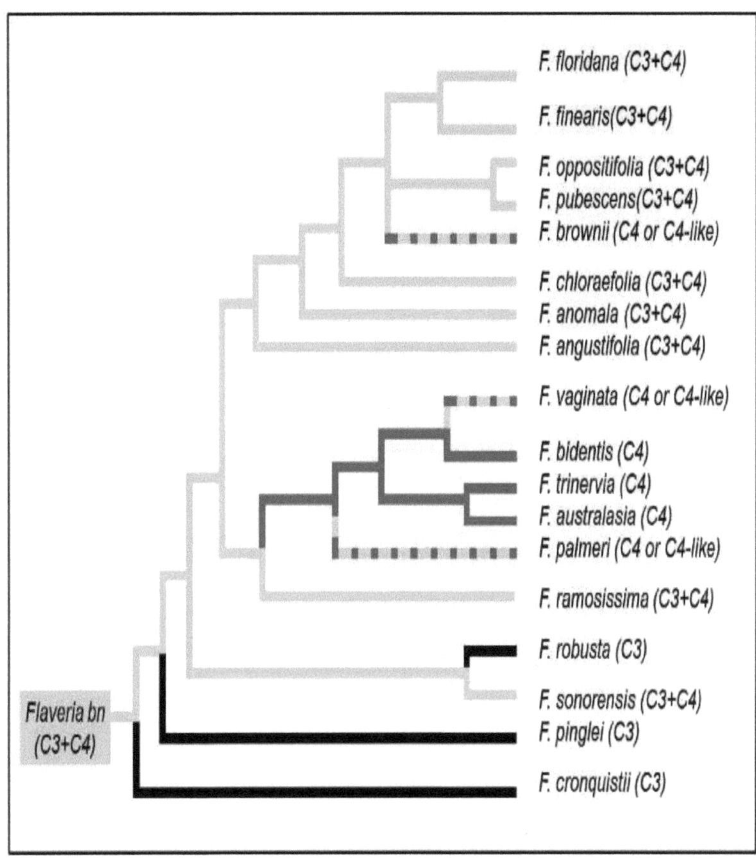

Figura 12.1.
A filogenia das espécies modernas de Flaveria mostra que os fotossistemas C3 e C4 do baranoma das espécies de copas amarelas (*Flaveria bn*) se perderam independentemente um do outro. Algumas têm o fotossistema C3 ou C4, outras têm ambos C3 e C4 (ou partes deles). Espécies isoladas estão em processo de perda de partes supérfluas do baranoma de Flaveria. (Adaptado da referência 18, capítulo 12).

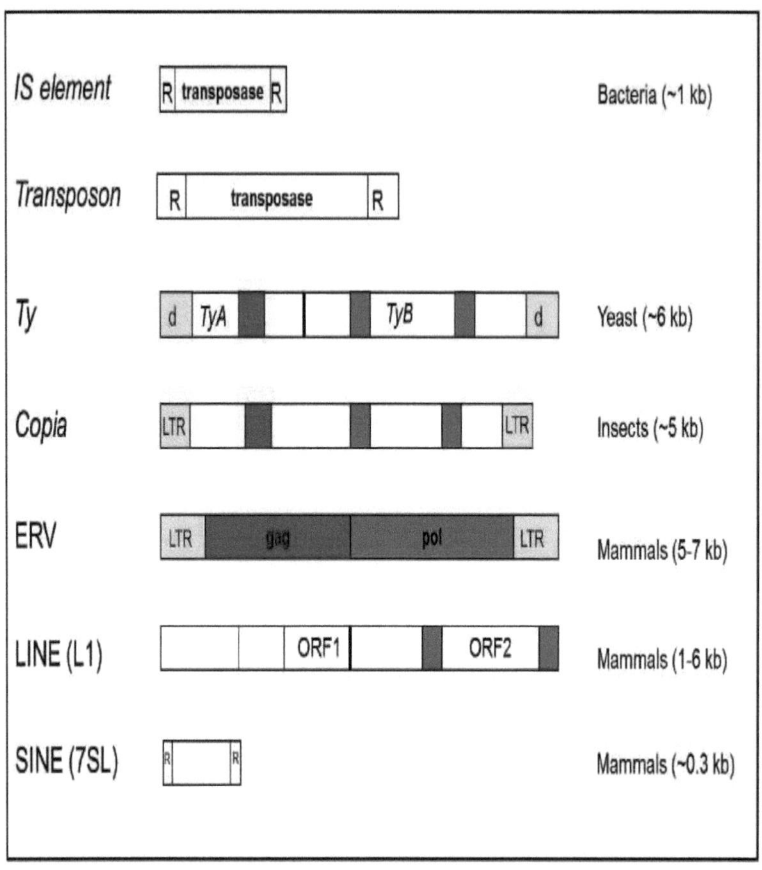

Figura 13.1.
Nomes comuns de alguns elementos genéticos indutores de variantes (VIGEs) conhecidos em procariotas (bactérias) e eucariotas (leveduras, plantas, insectos e mamíferos). Para facilitar a transposição e/ou integração, os VIGEs codificam as suas próprias enzimas (indicadas nas caixas). Em leveduras, insectos e mamíferos, observamos construções semelhantes (as sequências homólogas são indicadas pela mesma cor).

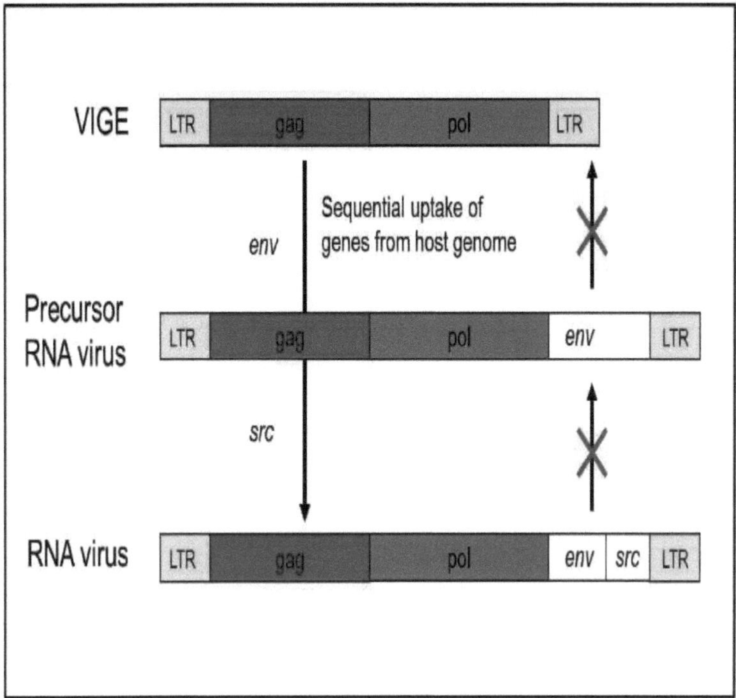

Figura 13.2.

Os vírus de ARN desenvolvem-se a partir de VIGEs através da absorção de genes do hospedeiro. No contexto controlado e regulado do ADN do hospedeiro, os genes e os VIGEs são inofensivos. Uma combinação de alguns genes integrados em VIGEs pode despoletar uma replicação descontrolada de VIGEs. O *vírus do sarcoma de Rus* (RSV) pode ter evoluído a partir de um VIGE em apenas dois passos. Primeiro, o VIGE absorveu um gene do envelope e transformou-se num elemento genético conhecido como HERV-K, um retrovírus endógeno específico do ser humano. De seguida, o HERV-K integrou parte do gene SRC. Quando os VIGE se transformam num vetor de transporte completo entre hospedeiros, actuam como replicadores virulentos, devastadores e descontrolados. Por conseguinte, os VIGE inofensivos podem transformar-se em parasitas moleculares, à semelhança do que acontece com as células normalmente inofensivas que se transformam em tumores quando perdem a capacidade de controlar a replicação celular. Os VIGEs baseiam-se em vírus de ARN e não o contrário.

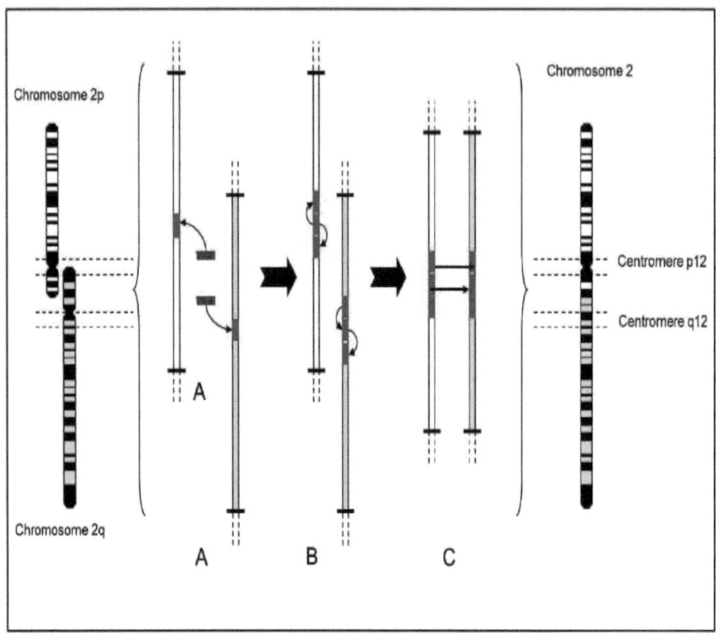

Figura 14 1.

Mecanismo presumido pelo qual o cromossoma humano 2 foi formado pela fusão dos dois cromossomas primordiais p2 e q2, também conhecidos como *cromossomas 12 e 13 dos chimpanzés*. Tal como nos grandes símios, o baranoma humano pode ter contido originalmente 48 cromossomas. **A)** Eventos de transposição independentes podem ter levado à integração de um elemento genético indutor de variação (VIGE) relativamente pequeno. **B)** Eventos de duplicação alargada do VIGE podem ter levado a uma rápida expansão da região tanto em p2 como em q2, tornando-a uma "sequência adaptadora" necessária para a fusão. **C)** As regiões homólogas expandidas alinham-se e facilitam a fusão dos cromossomas. A região de fusão (2q21) e outras partes do genoma humano moderno ainda mostram os restos deste evento catastrófico que ocorreu apenas em humanos: o gene da cobalamina sintetase foi inactivado e várias cópias inactivas, não encontradas em chimpanzés, estão espalhadas pelo genoma. Nota especulativa: Antes do Grande Dilúvio, e provavelmente pouco depois, pode ter havido uma dinâmica de equilíbrio de ambos os cromossomas 48 e 46 na família humana. Isto poderia explicar as duas morfologias extremas do crânio encontradas no registo fóssil humano. O Homo erectus/Neandertais poderia ter tido um cariótipo com 48 cromossomas (p2 e q2 não fundidos), enquanto os outros humanos tinham 46 (p2 e q2 fundidos).

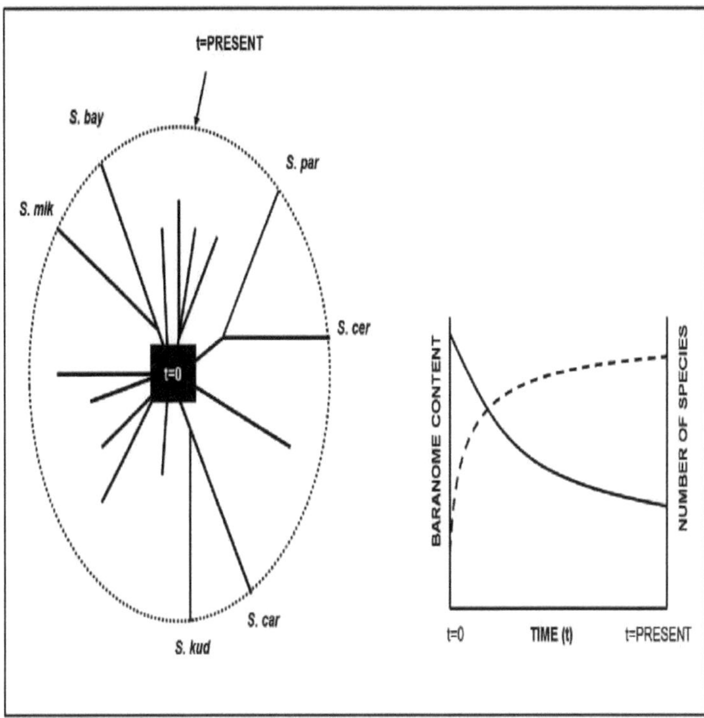

Figure 15.1

Painel esquerdo: Radiação adaptativa a partir de um único baranoma pluripotente. A figura mostra um modelo hipotético para a radiação de *Saccharomyces bn* nas seis espécies de Saccharomyces que observamos atualmente. Originalmente, o baranoma pluripotente não comprometido irradiava em todas as direcções possíveis. Devido a mecanismos intrínsecos, a variação é constantemente gerada, mas abranda (e perde-se facilmente) ao longo do tempo devido à natureza redundante dos elementos genéticos portadores de variação. A especiação pode ocorrer quando é criada uma barreira reprodutiva, por exemplo, em resultado de rearranjos cromossómicos. Os elementos genéticos que favorecem a variação são fixados no genoma e não há necessidade dos milhões de anos necessários para a evolução darwiniana. Isto é evidente nos muitos anos (20 anos) de experiências evolutivas que mostram que as mudanças adaptativas mais importantes ocorreram nos primeiros dois anos [ver: Capítulo 4, referência 2]. *Painel da direita:* Percursos temporais hipotéticos para a quantidade total de informação num baranoma (linha preta) e o número de espécies derivadas desse baranoma (linha pálida). Ao longo do tempo, há uma tendência para perder informação biológica à medida que o número de espécies aumenta.

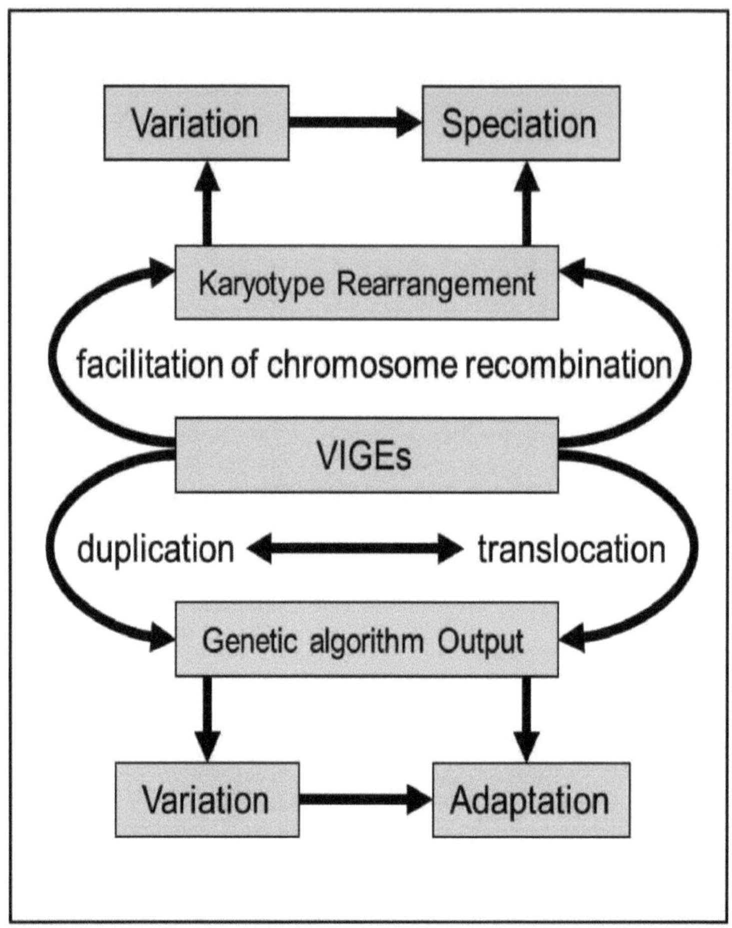

Figure 15.2
Representação esquemática do papel central que as VIGEs podem desempenhar no desenvolvimento da variação, das adaptações e da especiação. *Parte inferior:* Os VIGEs podem modular diretamente o resultado de algoritmos (morfo)genéticos devido a efeitos posicionais. *Parte superior:* Os VIGEs localizados em cromossomas diferentes podem estar na base de eventos de especiação, uma vez que as suas sequências homólogas facilitam as translocações cromossómicas e outros rearranjos cariotípicos importantes.

```
                     1111111111111222333334444444445555555555555556666666666667777777777788888888999
                     4555555566667147234481346889991223556777890113334448901223445578113668890022
                     1345678901248141543648420695686677253029505465782388782021491743495154904722
D.Mel-1 (Australia)  AGAAATTGTATTGATTAGTGGGAAGAAAGGCTCACAGGCACACAGAGGCGGGGGTAACAATTCTGCGAGAAGGTT
D.mel-2 (Australia)  ...............................C.........................................
D.mel-3 (Australia)  ...............................................A.....................T......
D.mel-4 (Canada)     .........................................................................
D.mel-9 (Peru)       ..........A..GG..A.A.........C............................A........
D.mel-10 (USA I)     ...........................................................T........
D.mel-11 (USA II)    .........................................................................
D.mel-12 (USA III)   ..........A..GG..A.A.........C............................................
D.mel-5 (Cyprus)     .........................................................................
D.mel-6 (Irak)       .........................................................................
D.mel-7 (Italy)      ..........A..GG..A.A.....................................................
D.mel-13 (USSR)      .........................................................................
D.mel-8 (Japan)      .................................................................T......A.....T..

                     {--intron---}{---------------------exon2--------------------------------}
```

Figure 16.1.

Mutações não aleatórias na mosca da fruta Drosophila melanogaster. Não havia
populações de D. melanogaster no Canadá e no resto das Américas antes de 1875 e
nenhuma na Austrália antes de 1900. As populações actuais de D. melanogaster nas
Américas e na Austrália são invasoras modernas. Descendem principalmente de
populações eurasiáticas (que são relativamente homogéneas), embora uma pequena
proporção descenda de populações africanas. Uma população australiana não poderia ter
ocupado um nicho russo porque não existia uma população australiana nessa altura (ou
uma população japonesa ou mexicana; também não havia Drosophila no Japão antes dos
anos 60 e nenhuma no México antes de cerca de 1900). A Drosophila evoluiu/modificou-
se em África e depois invadiu a Eurásia. De lá, os humanos trouxeram Drosophila para
as Américas e Australásia em seus navios e aviões. As mutações em negrito (posições
498, 835 e 861) só podem ser entendidas como mutações não aleatórias do tipo "hot spot".

	1	2	10	12	13	15	16	19	22	28	29	31	34	35	36	37	38	39	40	46	47	48	49	50	55	56	58	59	61	62	63	64	65
Orang	A	A	C	C	G	A	G	C	G	G	C	G	G	G	C	C	A	T	G	G	G	C	C	C	T	G	G	G	G	G	T	G	T
Human	A	A	C	C	G	A	G	C	G	G	C	G	G	G	C	C	G	T	G	G	G	C	C	C	T	G	G	G	G	G	T	G	T
Chimp	A	A	C	C	G	A	G	C	G	G	C	G	G	G	C	C	A	T	G	G	G	C	C	C	C	G	G	G	G	G	T	G	T
Macaque	A	A	C	C	A	G	G	C	G	G	A	G	G	G	C	C	A	T	G	G	G	C	C	C	T	G	G	G	G	G	T	G	T
Guinea Pig	A	G	C	A	G	A	G	C	G	G	C	G	G	A	G	C	A	T	G	A	G	C	T	C	C	A	G	G	G	G	C	A	G
Mouse	G	G	C	A	G	A	G	C	G	G	C	A	G	G	C	C	A	T	G	G	G	C	C	C	C	A	G	G	G	G	T	A	G
Cow	A	G	C	A	A	A	G	C	G	G	C	G	G	G	C	C	A	T	G	G	G	C	G	A	C	A	G	G	A	G	T	G	G
Chicken	T	G	A	A	G	A	A	A	G	G	C	G	G	G	C	T	G	C	C	G	A	A	C	A	C	A	G	A	G	G	T	G	G
Pig	A	G	C	A	G	A	G	C	C	G	C	G	G	G	C	C	A	T	G	G	G	C	C	C	C	A	G	G	G	G	T	G	G
Dog	A	G	C	A	G	A	G	C	G	A	C	G	A	G	C	C	A	T	G	G	G	C	C	C	C	A	G	A	G	G	T	G	G
Rat	G	G	C	A	G	A	G	C	A	G	C	A	G	G	C	C	A	T	G	G	G	C	C	C	C	A	A	G	G	G	T	A	G

	72	73	75	76	79	81	83	85	91	92	94	95	96	97	98	99	100	101	103	109	111	112	114	115	118	121	127	128	130	131	133	134	135
Orang	A	C	C	G	G	G	G	G	C	A	C	C	A	*	G	A	G	G	T	C	T	A	T	G	C	C	C	C	G	C	G	G	A
Human	A	C	T	G	G	G	G	A	C	A	C	T	G	*	G	A	G	G	T	C	T	A	T	G	C	C	C	C	G	T	G	G	A
Chimp	A	C	T	G	G	G	C	A	C	A	C	T	G	*	G	A	G	G	T	C	T	A	T	G	C	C	C	C	G	C	G	G	A
Macaque	A	A	C	G	G	G	G	G	C	A	C	C	A	*	A	G	G	G	T	C	T	A	T	G	C	C	C	C	G	C	G	G	A
Guinea Pig	A	C	C	T	G	G	G	G	C	A	C	C	G	**G**	G	G	G	G	C	C	T	G	T	G	C	C	C	C	G	A	G	G	A
Mouse	A	C	C	C	G	A	G	G	C	A	C	C	G	**A**	G	G	T	G	T	C	T	G	T	G	C	G	C	C	G	A	G	G	A
Cow	A	C	C	C	G	A	G	A	C	A	T	C	G	**C**	G	G	G	G	C	C	T	G	T	G	C	C	C	C	G	A	C	G	A
Chicken	A	C	C	T	G	A	G	G	T	G	T	C	G	**A**	G	C	G	G	T	C	G	G	T	G	C	C	C	C	G	C	G	G	A
Pig	A	C	C	C	G	A	G	G	C	A	T	C	G	**G**	G	C	G	G	C	C	T	G	T	G	C	C	C	C	G	A	G	G	A
Dog	T	C	T	G	A	G	C	C	A	C	C	G	C	**G**	G	G	G	T	C	T	G	T	G	C	C	C	C	G	A	G	G	A	
Rat	A	C	C	C	A	A	G	G	C	A	C	C	G	**A**	G	G	C	G	T	T	T	G	T	G	C	C	C	C	G	A	G	G	A

Figure 16.2.

Sequências nucleotídicas alinhadas do exão X (pronuncia-se: dez) dos genes GULO e pseudogénios de diferentes espécies. As posições com nucleótidos idênticos em todos os organismos não são mostradas. [Do conjunto de dados Truman-Borger: referência 11, capítulo 16]. A mutação de deleção na posição 97 (marcada com *) neste pseudogene é geralmente apresentada como a prova definitiva da ancestralidade comum entre humanos e macacos. À primeira vista, os darwinistas têm um argumento muito forte a favor da descendência comum, mas esqueceram-se de excluir as mutações não aleatórias. O facto de a posição 97 ser, de facto, um ponto de acesso não aleatório para a mudança genética só se torna evidente quando se incluem outros organismos.

```
                      0011111111111111112222222222222222222222222222233333333333333
                      7900112234566888900122334444455556667788889990111234555 6688
                      8378126998439349919849041347936892344846780391178071567 2817   D    Age (kY BP)

Ancient Human (LM3)   ....................T.G............CT.T....T..T......TC....G   10     62
Ancient Human (KS16)  ....................T.....................T.............C..C.    4     9-15
Ancient Human (KS13)  .C.............T.....T....C.G.................TC............    7     8-15
Ancient Human (KS8)   ....................T.G..............TG.......C............    5     8-15
Ancient Human (KS1)   .C.............T.....T......................CG..T........    6     10
Ancient Human (LM4)   ...............T..........G.................C..........     3     <10
Ancient Human (LM55)  ..........G....................T.......................     2     <10
Ancient Human (KS9)   .C..................T.............T...........C.......G     5     9
Ancient Human (KS7)   ............T.....T.................T..........C.......     4     8
Ancient Human (LM15)  ....................T....................T......C....G     4     0.2


Modern Human (HSR)    ATCCCCTGACTACACTTCTCCTACATGATACACCTCGCACCTCAACTAACCTCTTTTTA    -     0
Bonobo                ......CAT...T..CCTA.TCGA.CACCAA...C.......AG..CCCT..A.CCC..    29     0
Chimpanzee            ....T..ATT.....AA.C.TCGA.CA...A......TG....CG..CT.T.T.C.C..    24     0
Neandertaler (FH)     GCTTTT.ATTC.T-.CC.C.T.GT..A...AG.T...T......G.C..T....C...    27     30+
```

Figure 16.3.

Mutações não aleatórias no ADN mitocondrial. *Painel superior:* Um segmento de 387 nucleótidos do ADN mitocondrial encontrado em dez antigos humanos australianos. *Painel inferior:* A região homóloga em humanos modernos (Referência Padrão Humana), bonobos, chimpanzés e neandertais. As posições não aleatórias estão impressas a negrito. D = número de mutações em comparação com a HSR moderna; idade em anos (x 1000) [Adaptado da Referência 19, Capítulo 16]. O padrão não aleatório de mutações observado pode dever-se ao facto de as proteínas codificadas pelo ADN mitocondrial funcionarem como máquinas adaptativas e terem a capacidade de controlar as suas próprias alterações genéticas.

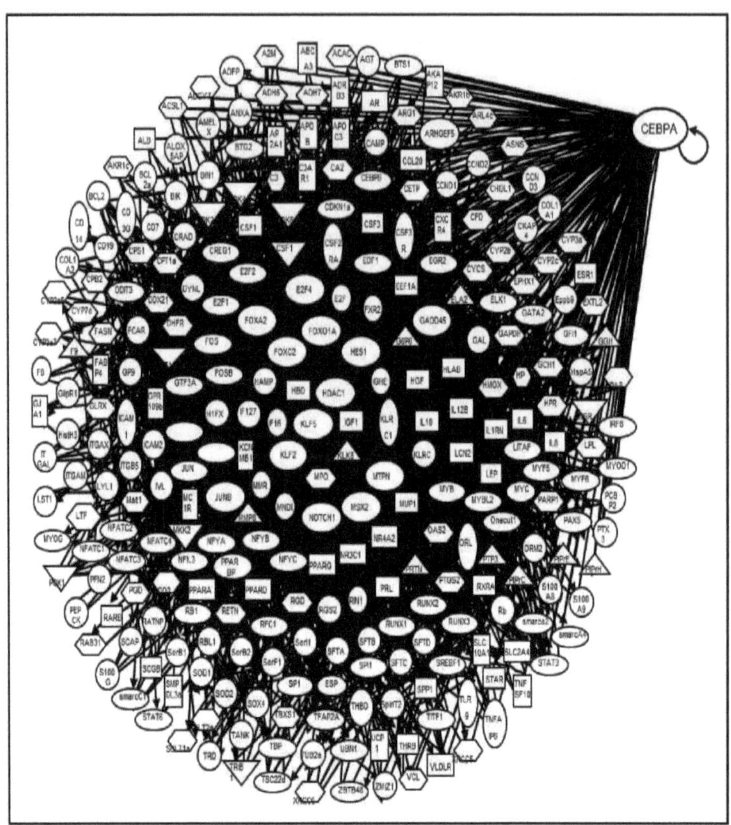

Figura 17.1.

As proteínas comunicam através de interações proteína-proteína. Quanto mais uma proteína comunica com outras proteínas, mais interações funcionais são necessárias. A figura mostra as interações funcionais de uma importante proteína reguladora codificada pelo gene CEBPA. Esta proteína interage com pelo menos 285 outras proteínas e com ela própria. As interações funcionais determinam a sequência do gene e impedem que este se altere. A ilusão de ancestralidade comum nas análises genéticas é uma miragem genética criada pelas limitações funcionais destas interações combinadas com mutações não aleatórias.

REFERÊNCIAS

[1]   Darwin C. On the Origin of Species. Publicado pela primeira vez por John Murray, 1859. As citações utilizadas neste livro foram retiradas de: Penguin Classics, Penguin Books Ltd, Londres, Inglaterra, 1985. ISBN: 0-14043205-1

[2]   Citado em: The Oxford Companion to Philosophy, p240, Oxford University Press 1995.

[3]   Citado no ensaio de Francisco Ayala "Darwin's Revolution" em: Creative Evolution, ed. J. Campbell e J. Schopf, Boston, EUA, Jones & Bartlett Publishers 1994, páginas 4-5.

[4]   Mayer E. What evolution is. Orion Books Ltd 2002, página 9, ISBN 0-75381-368-8

[5]   URL = http://www.biologie.uni-hamburg.de (Pesquisa: Wells)

[6]   Blyth E. An attempt to classify the varieties of animals, with observations on the marked seasonal and other changes which naturally occur in various British species, and which do not constitute varieties. Journal of Natural History 1835, 8(1): páginas 40-53. URL = http://www.wku.edu/~smithch/biogeog/BLYT1835.htm

Chapter 2   - A ciência e a nova biologia

[1]   Thornton S. "Karl Popper", The Stanford Encyclopaedia of Philosophy. Zalta EN (editor), edição de inverno de 2002.
URL = http://plato.stanford.edu/archive/win2002/entries/popper/

[2]   O desenvolvimento de Ernst Mayr: Uma entrevista com Ernst Mayr. Scientific American 2004,
6 de julho. URL = http://www.sciam.com/article.cfm?articleID=0004D8E1-178C-10EB-978C83414B7F012C

[3]   Watson JD, Crick FH. Molecular structure of nucleic acids; a structure for deoxyribose nucleic acid (Estrutura molecular dos ácidos nucleicos; uma estrutura para o ácido nucleico desoxirribose). Nature 1953, volume 171, páginas 737-738.

[4]   Clamp M, et al. Distinguir genes codificadores e não codificadores de proteínas no genoma humano. Actas da National Acadamy of Science USA 2007, Volume 104, Páginas 1942819433.

Chapter 3   - Flogisto, éter e seleção

[1]   URL = http://www.jimloy.com/physics/phlogstn.htm

[2]   Malthus T. Essay on Population, Londres, impresso para J. Johnson, In St Paul's Church Yard, 1798.

[3]   Citado de: O ensaio de David Stove "So you think you are a Darwinian", 1993.

[4]   Mivart GJ. On the Origin of Species. 1871, pp. 74-75.
URL = www.macrodevelopment.org/mivart/Genesis_of_Species_ch2.pdf

[5]   Gould S.J., *Not Necessarily a Wing*, in: Bully for Brontosaurus: Further reflections in Natural History, 1991, Penguin: London, 1992, páginas 140-141.

[6]   Davison JA. Um manifesto evolutivo.
URL = http//www.uvm.edu/~jdavison/davison-manifesto.html

[7]   Ernst Mayr em: Prefácio a M. Ruse, Darwinism Defended, Reading, Mass. Addison-Wesley, 1982, pp. xi-xii

[8]   Eldredge N. The Triumph of Evolution. Henry Holt & Company, Nova Iorque 2001. ISBN: 0-8050-7147-7144

[9]   Gross L. Scientific illiteracy and the biased adoption of biology (analfabetismo científico e a adoção tendenciosa da biologia). PLoS Biol. 2006 maio;4(5):e167.

Chapter 4   - Sede fecundos e multiplicai-vos

[1]   De Jong W. Comunicação pessoal. Manuscrito submetido.

[2]   Cooper TF, Rozen DE, Lenski RE. Alterações paralelas na expressão genética após 20 000 gerações de evolução em Escherichiacoli. Proc Natl Acad Sci USA 2003, volume 100, páginas 1072-1077.

[3]   Weinreich DM, Delaney NF, DePristo MA, Hartl DL. A evolução darwiniana pode seguir apenas alguns caminhos de mutação para melhores proteínas. Science 2006, volume 312,

páginas 111-114.

[4]   Papadopoulos D, Schneider D, Meisser-Eiss J, Arber W, Lenski RE, Blot M. Genomic evolution during a 10,000-generation experiment with bacteria. Proc Natl Acad Sci USA 1999, volume 96, páginas 3807-3812.

[5]   Schneider D, Lenski RE. A dinâmica dos elementos de sequência de inserção durante a evolução experimental das bactérias. Res Microbiol 2004, volume 155, páginas 319-327.

[6]   ParkerHG, Kim LV, Sutter NB, Carlson S,   Lorentzen TD, Malek TB, Johnson GS,
DeFrance HB,   Ostrander EA, Kruglyak L. Genetic structure of   the
purebred   domestic dog (Estrutura genética   do   cão
doméstico   de raça pura).
Science 2004, volume 304, páginas 1160-1164.

[7]   Citado em   :   USA Today, 21 de maio de 2004, p. 7A.

[8]   Garner JW   , Fondon HR. Origens moleculares
da   morfologia   rápida e   contínua
Desenvolvimento. Proc Natl Acad Sci USA 2004, volume 101, páginas 18058-18063.

[9]   Citado em: Pennisi E. A ruff theory of evolution: gene stutters drive dog shape. Science 2004, volume 306, página 2172.

[10]   Buckling A, Wills MA, Colegrave N. A adaptação limita a diversificação das populações bacterianas experimentais. Science 2003, volume 302, páginas 2107-9.

[11]   Elena SF, Sanjuan R. Evolução. Escalando todas as montanhas? Science 2003, volume 302, páginas 2074-2075.

[12]   La Scola B, Audic S, Robert C, Jungang L, de Lamballerie X, Drancourt M, Birtles R, Claverie JM, Raoult D. A giant virus in amoebae. Science 2003, volume 299, página 2033.

[13]   Raoult D, Audic S, Robert C, Abergel C, Renesto P, Ogata H, La Scola B, Suzan M, Claverie JM. The 1,2 megabase genome sequence of mimivirus. Science 2004, volume 306, páginas 1344-1350.

[14]   Clark S. Tough earth beetle could have come from Mars. New Scientist 2002, 25 de setembro.

[15]   Levin-Zaidman S, Englander J, Shimoni E, Sharma AK, Minton KW, Minsky A. Ringlike structure of the Deinococcus radiodurans genome: a key to radioresistance? Science 2003, volume 299, páginas 254-256.

[16]   Daly MJ *et al*. A acumulação de Mn(II) em Deinococcus radiodurans facilita a resistência à radiação gama. Science 2004, volume 306, páginas 1025-1028.

[17]   Gao G, Tian B, Liu L, Sheng D, Shen B, Hua Y. A expressão de PprI *de Deinococcus radiodurans* aumenta a radiorresistência de E. coli. DNA Repair 2003, volume 2, páginas 1419-1427.

[18]   Hoffman AA, Hallas RJ, Dean JA, Schiffer M. Low potential for adaptation to climatic stress in a rainforest Drosophila species. Science 2003, volume 301, páginas 100-102.

[19]   Crow JF. Desenvolvimento. Há algo de estranho nos efeitos da idade paterna. Science 2003, volume 301, páginas 606-607.

[20]   Stewart EJ, Madden R, Paul G, Taddei F. Ageing and death in an organism that reproduces by morphologically symmetric division (Envelhecimento e morte num organismo que se reproduz por divisão morfologicamente simétrica). PloS Biol 2005, 3: e45. Comentários em: Woldringh CL. Será que a Escherichia coli envelhece? BioEssays 2005, volume 27, páginas 770-774.

[21]   Dobzhansky T. Nada em biologia faz sentido exceto à luz da evolução. The American Biology Teacher 1973, volume 35, páginas 125-129.

Chapter 5   - Uma vida maravilhosa

[1]   Cunnane SC. A teoria do macaco aquático reconsiderada. Med Hypotheses 1980, volume 6, páginas 49-58.

[2]   Citado em: Balter M. Conferência sobre linguagem, cérebro e desenvolvimento cognitivo.

O que é que faz a mente dançar e contar? Science 2001, volume 292, páginas 1636-1637.
[3]   Alvarado AS. Regeneração de metazoários: porque é que acontece? Bioessays 2000, volume 22, páginas 578-590.
[4]   Heber-Katz E, Leferovich JM, Bedelbaeva K, Gourevitch D. Rato de Spallanzani: um modelo de restauração e regeneração. Curr Top Microbiol Immunol 2004, volume 280, páginas 165-189.
[5]   In: Mathur A, Martin JF. Stem cells and the repair of the heart (Células estaminais e reparação do coração). The Lancet 2004, volume 364, páginas 183-192.
[6]   Kumar A, Godwin JW, Gates PB, Garza-Garcia AA, e Brockes JP. Molecular basis for nerve dependence of limb regeneration in an adult vertebrate (Base molecular para a dependência nervosa da regeneração de membros num vertebrado adulto). Science 2007, volume 318, páginas 772-777.
[7]   URL=http://www.ctie.monash.edu.au/hargrave/etrich.html
[8]   Correspondência pessoal por correio eletrónico com Robert B. Payne, Department of Ecology and Evolutionary Biology, Universidade de Michigan, Ann Arbor, Michigan, EUA.
[9]   URL = http://www.dpiwe.tas.gov.au/inter.nsf/WebPages/

Chapter 6   - Mais do mesmo
[1]   In: Molecular Biology of the Gene. The Benjamin/Cummings Publishing Company, Inc, Califórnia, 1987, ISBN 0-8053-9614-4.
[2]   Keil RL, Roeder GS. Atividade estimuladora da recombinação de ação cis num fragmento de ADN ribossómico de *S. cerivisiae*. Cell 1984, volume 39, páginas 377-386.
[3]   Citado em: As notícias e os editoriais. A descoberta do ano. Science 2003, volume 302, páginas 2043-2044.
[4]   Hughes AL, Friedman R. 2R or not 2R: testing hypotheses of genome duplication in early vertebrates. J Struct Funct Genomics 2003, volume 3, páginas 85-93.
[5]   In: Martin A. A tetralogia é verdadeira? Falta de apoio para a "regra de um para quatro". Mol Biol Evol 2001, vol. 18, pp. 89-93.
[6]   In: Cerutti H. RNA interference: Travelling in the cell and with new functions? Trends Genet 2003, Volume 19, Páginas 39-46.

Chapter 7   - Sobreviver a um golpe de nocaute
[1]   Tanaba T, Konishi M, Mizuta T, Noma T, Honjo T. Molecular cloning and structure of the human interleukin-5 gene. J Biol Chem 1987, volume 262, páginas 16580-16584.
[2]   Cockerill PN, Shannon MF, Bert AG, Ryan GR, Vadas, MA. O locus do fator estimulador de colónias de granulócitos-macrófagos/interleucina-3 é regulado por um potenciador induzível sensível à ciclosporina A. Proc Natl Acad Sci USA 1993, volume 90, páginas 2466-2470.
[3]   Toutenhoofd SL, Strehler EE. A família multigene da calmodulina como um caso único de redundância genética: múltiplos níveis de regulação para o controlo espacial e temporal dos pools de calmodulina? Cell Calcium 2000, volume 28, páginas 83-96.
[4]   Os dados estão disponíveis na página inicial do NCBI: http://www.ncbi.nlm.nih.gov/entrez/query.fcgi?cmp=search&DB=snp, procurar por: CALM2 Homo sapiens
[5]   Caporale LH. Darwin in the Genome: Molecular Strategies in Biological Evolution [Darwin no Genoma: Estratégias Moleculares na Evolução Biológica]. McGraw-Hill, Nova Iorque.
[6]   Toby JG, Spring J. Genetic redundancy in vertebrates: polyploidy and persistence of genes encoding multidomain proteins. Trends Genet 1998, volume 14, páginas 46-49.
[7]   Martin A. A tetralogia é verdadeira? Falta de apoio à "regra de um para quatro". Mol Biol Evol 2001, volume 18, páginas 89-93.
[8]   Chao HT, Zoghbi HC, Rosenmund Y. O MeCP2 controla a força das sinapses excitatórias regulando o número de sinapses glutamatérgicas. Neuron 2007, volume 56, páginas 58-65.
[9]   Bouche N, Bouchez D. Arabidopsis gene knockout: phenotypes wanted. Curr Opin Plant

Biol 2001, volume 4, páginas 111-117.

[10]   Richt JA, et al. Production of cattle lacking the prion protein (Produção de gado sem a proteína do prião). Nature Biotech, 2007, volume 25, páginas 132-138.

[11]   Ausio J. As histonas de ligação (histona H1) são dispensáveis para a sobrevivência? BioAssays 2000, volume 22, páginas 873-877.

[12]   Fan Y, Sirotkin A, Russell RG, Ayalla J e Scoultchi AI. Single somatic H1 subtypes are dispensable for mouse development, even in mice lacking the H1(0) replacement subtype. Mol Cell Biol 2001, volume 21, páginas 7933-7943.

Chapter 8   - Eliminação natural

[1]   Zhang J, Zhang YP. Pseudogenização do promotor de crescimento tumoral angiogenina num macaco comedor de folhas. Genes 2003, volume 308, páginas 95-101.

[2]   North KN, Yang N, Wattanasirichaigoon D, Mills M, Easteal S, Beggs AH. Uma mutação comum sem sentido leva à deficiência de alfa-actinina-3 na população em geral: evidência de redundância genética em humanos. Nature Genet 1999, volume 21, páginas 353-354.

[3]   In: Wright T. Nascido para correr. O Boletim, 2 de setembro de 2003, páginas 20-24 .

[4]   Para uma visão geral, ver: MacArthur DG, North KN. Genes e atletas humanos de elite Desempenho. Hum Genet. 2005, volume 116, páginas 331-339.

[5]   MacArthur D, Yang N, Gulbin J, North K. Effects of a common polymorphism in a skeletal muscle gene on athletic performances. The Australian Society for Medical Research, Programme and Abstract Book 2002, página 70.

[6]   Mills M, Yang N, Weinberger R, Vanderwoude DL, Beggs AH, Easteal S, North KN. Differential expression of the actin-binding proteins alpha-actinin-2 and -3 in different species: implications for the evolution of functional redundancy. Hum Mol Genet 2001, volume 10, páginas 1335-1346.

[7]   North K. Porque é que a deficiência de alfa-actinina-3 é tão prevalecente na população em geral? A evolução do desempenho atlético. Twin Res Human Genet 2008, volume 11, páginas 384-394.

[8]   http://www.iscid.org/boards/ubb-get_topic-f-6-t-000345-p-6.html

[9]   Dixson JD, Forstner MJ, Garcia DM. A família de genes da alfa-actinina: uma classificação revista. J Mol Evol 2003, vol. 56, pp. 1-10.

[10]   de la Chapelle A, Sistonen P, Lehvaslaiho H, Ikkala E, Juvonen E. Familial erythrocytosis with genetic linkage to the erythropoietin recetor gene. Lancet 1993, volume 341, páginas 82-84.

[11]   Galvani AP, Novembre J. The evolutionary history of the CCR5-Delta32 HIV-resistance mutation (A história evolutiva da mutação de resistência ao VIH CCR5-Delta32). Microbes Infect 2005, 7, páginas 302-309.

[12]   Z. Chen *et al*, Infeção natural de um mangabey de capa vermelha homozigótico delta24 CCR5 com um vírus da imunodeficiência símia R2b-trópico. J Exp Med 1998, vol. 188, páginas 20572065.

Chapter 9   - Ascendência invulgar

[1]   Darwin C. On the Origin of Species. Publicado pela primeira vez por John Murray, 1859. As citações utilizadas neste livro foram retiradas de: Penguin Classics, Penguin Books Ltd, Londres, Inglaterra, 1985. ISBN 0-14043205-1

[2]   Lolle SJ, Victor JL, Young JM, Pruitt RE. Herança não-mendeliana de informação extra-genómica em todo o genoma em *Arabidopsis*. Nature 2005, volume 434, páginas 505-509.

[3]   Davison JA. Um manifesto evolutivo.
URL = http://www.uvm.edu/~jdavison/davison-manifesto.html

[4]   Denton M. Evolution: A Theory in Crisis, 1985, Adler & Adler, Publishers, Inc., páginas 278-80.

[5]   Hancock JM. Um rato maior? O genoma do rato descodificado. BioEssays

2004, volume 26, páginas 1039-1042

[6]   Westphal SP. O genoma do melhor amigo do homem ainda está incompleto. New Scientist 2003, 4 de outubro, página 14.

[7]   Nishihara H, Hasegawa M, Okada N. Pegasoferae, um clado inesperado de mamíferos revelado pelo rastreio de inserções antigas de retroposões. Proc Natl Acad Sci U S A. 2006, volume 103, páginas 9929-9934.

[8]   Chen FC, et al. Genomic divergence between human and Chimpanzee estimated from large scale alignments of genomic DNA. J Hered 2001, volume 92, páginas 481-489.

[9]   Rokas A, Carroll SB. Arbustos na árvore da vida. PLoS Biol, 2006 Nov;4(11):e352.

[10]   Para uma genealogia da herança da hemofilia A nas casas reais europeias: URL = http://129.128.91.75/de/genetics/70gen-hemophil.html.

[11]   Citado em: Mayer E. What evolution is, Orion Books Ltd 2002, página 17, ISBN 075381-368-8

[12]   Piontkivska H, Rooney AP, Nei M. Purifying selection and birth-and-death evolution in the histone H4 gene family. Mol Biol Evol 2002, volume 19, páginas 689-697.

[13]   In: Theobald D. 29+ Evidence for macroevolution. URL = http://www.talkorigins.org/faqs/comdesc/section4.html

[14]   Zhang XH, Chinnappa CC. Clonagem molecular de um cDNA que codifica o citocromo c de Stellaria longipes (Caryophyllaceae) - e as implicações evolutivas. Mol Biol Evol 1994, vol. 11, páginas 365-375.

[15]   Bertini I, Grassi E, Luchinat C, Quattrone A, Saccenti E. Monomorfismo do citocromo c. Genómica 2006, volume 88, páginas 669-672.

[16]   Evans MJ, Scarpulla RC. O gene do citocromo c somático humano: duas classes de pseudogénios processados delineam um período de rápida evolução molecular. Proc Natl Acad Sci 1988, vol 85, páginas 9625-9629.

[17]   Virbasius JV, Scarpulla RC. Structure and expression of rodent genes encoding the testis-specific cytochrome c. Diferenças na estrutura do gene e evolução entre variantes somáticas e testiculares. J Biol Chem 1988, volume 263, páginas 6791-6796.

[18]   Ambler RP, Daniel M. Rattlesnake cytochrome c. Uma reavaliação da sequência de aminoácidos registada. Biochem J. 1991, vol. 274 (Pt3), páginas 825-831.

[19]   Page RDM, Holmes EC. Molecular Evolution: A Phylogenetic Approach. Blackwell Science Ltd, Oxford, 1998 ISBN 0-86542-889-1

[20]   Página inicial do NCBI: Online Mendelian Inheritance in Man (OMIM search Interleukin 1).

[21]   Smith DE, Renshaw BR, Ketchem RR, Kubin M, Garka KE, Sims JE. Four new members expand the interleukin-1 superfamily. J Biological Chem 2000, volume 275, páginas 1169-1175.

[22]   Bergthorsson U, Richardson AO, Young GJ, Goertzen LR, Palmer JD. Transferência horizontal maciça de genes mitocondriais de diversas plantas terrestres para a angiosperma basal *Amborella*. Proc Natl Acad Sci USA 2004, volume 101, páginas 17747-17752.

[23]   Hedges DJ, Callinan PA, Cordaux R, Xing J, Barnes E, Batzer MA. Mobilização diferencial de Alu e polimorfismo entre linhagens humanas e de chimpanzés. Genome Research 1999, volume 14, páginas 1068-1075.

[24]   Citado em: Whitfield J. Born in a watery commune. Nature 2004, volume 427, páginas 674-676.

Chapter 10   - O meme do macaco

[1]   Gunter C., Dhand R. O genoma do chimpanzé. Nature 2005, volume 437, página 47.

[2]   Darwin C. The Descent of Man. Publicado pela primeira vez por John Murray, 1871. versão online: www.pages.britishlibrary.net/charles.darwin/texts/descent/descent_front.html

[3]   King e Wilson. Evolution on two levels in humans and chimpanzees (Evolução em dois níveis em humanos e chimpanzés). *Science* Volume 188, páginas 107-116, 1975.

[4]   Britten RJ. A divergência entre amostras de sequências de ADN de chimpanzés e

humanos é de 5%, contando os indels. Proc Natl Acad SCI USA 2002, volume 99, páginas 13633-13635.

[5]   Coghlan A. O ADN do homem e do chimpanzé foi investigado. New Scientist 2002, 23 de setembro.

[6]   Paabo S. O mosaico que é o nosso genoma. Nature 2003, volume 421, páginas 409-412.

[7]   Page SL, Goodman M. Catarrhine phylogeny: noncoding DNA evidence for a diphyletic Origem dos mangabeis e a favor de um clado humano-chimpanzé. Mol Phylogenet Evol 2001, vol. 18, páginas 14-25.

[8]   Ebersberger I, Metzler D, Schwarz C, Paabo S. Comparação de sequências de ADN a nível do genoma entre humanos e chimpanzés. Am J Hum Genet 2002, vol. 70, páginas 14901497.

[9]   Consórcio internacional para a sequenciação do genoma humano. Conclusão da sequência eucromática do genoma humano. Nature, 2004, volume 431, páginas 931-945.

[10]   Fujiyama A, *et al*. Construção e análise de um mapa comparativo de clones humano-chimpanzé. Science 2002, volume 295, páginas 131-134.

Comentários em: Harrub B, Thompson B. O ADN humano e do chimpanzé indicam uma relação evolutiva? URL = http://www.apologeticspress.org/articles/2070

[11]   Watanabe H, *et al*. DNA sequence and comparative analysis of chimpanzee chromosome 22, Nature 2004, volume 429, páginas 382-388.

[12]   O consórcio para a sequenciação e análise do genoma do chimpanzé. Primeira sequência do genoma do chimpanzé e comparação com o genoma humano. Nature 2005, volume 437, páginas 69-87.

[13]   Cohen J. Relative differences: the myth of 1% (Diferenças relativas: o mito do 1%). Science 2007, volume 316, página 1836.

[14]   Berezikov E, Fritz T, van Laake LW, Kondova, I, Bontrop R, Cuppen E, Plasterk RHA. The diversity of microRNAs in the human and chimpanzee brain. Nature Genetics 2006, volume 38, páginas 1375-1377.

[15]   URL   =   www.the-scientist.com/news/display/25713/+plasterk+evolution&hl=en &gl=ch&ct=clnk&cd=1

[16]   Chen K, Rajewsky N. Natural selection on human microRNA binding sites inferred from SNP data Nature Genetics 2006, Volume 38, Pages 1452-1456.

[17]   Ponting CP, Lunter G. Evolutionary biology: human brain gene wins genome race, Nature 2006, Volume 442: Pages 149-150.

[18]   Borger P, Truman R. O gene HAR1F: um paradoxo darwiniano. J Creation 2007, volume 21, páginas 55-57.

Chapter 11   - Paradigma perdido

[1]   Citado em: New Scientist 2003, 22 de novembro, página 19.

[2]   Barabasi A, Bonabeau LE. Scale-free Networks, Sci Am 2003, volume 288, páginas 60-9.

[3]   Kitami T, Nadeau JH. Biochemical cross-linking contributes more to genetic buffering in human and mouse metabolic pathways than gene duplication. Nature Genet 2002, volume 32, páginas 191-194.

[4]   In: Pennisi E. Conference on the biology of genomes: Disposable DNA puzzles researchers. Science 2004, volume 304, páginas 1590-1591.

[5]   Gonzalez-Suarez E, Samper E, Flores JM, Blasco MA. Os ratinhos deficientes em telomerase com telómeros curtos são resistentes ao desenvolvimento de tumores cutâneos. Nat Genet 2000, volume 26, páginas 114-117.

[6]   Fitzgerald MS, Riha K, Gao F, Ren S, McKnight TD, Shippen DE. A disrupção do gene da subunidade catalítica da telomerase em Arabidopsis inativa a telomerase e leva à perda lenta do DNA telomérico. Proc Natl Acad Sci USA 1999, volume 96, páginas 14813-14818.

[7]   Hurst LD, Smith NGC. Os genes essenciais evoluem lentamente? Curr Biol 1999, volume 9, páginas 747-750.

[8]   Hahn MW, Conant GC, Wagner A. Evolução molecular em grandes redes genéticas: Does connectivity equal constraint? J Mol Biol 2004, volume 58, páginas 203-211.

[9]   Nachman MW, Crowell SL. Estimating the mutation rate per nucleotide in humans (Estimando a taxa de mutação por nucleotídeo em humanos). Genetics 2000, volume 156, páginas 297-304.

[10]   Ohno S. Evolution by gene duplication (Evolução por duplicação de genes). Springer, Nova Iorque, 1970.

[11]   Ohno, S. 1973. A razão evolutiva para tanto DNA lixo. Em *Modern Aspects of Cytogenetics: Constitutive Heterochromatin in Man* (ed. R.A. Pfeiffer), páginas 169-173. F.K. Schattauer Verlag, Estugarda, Alemanha.

[12]   Winzeler EA *et al*. Functional characterisation of the *S.* cerevisiae genome by gene deletion and parallel analysis (Caracterização funcional do genoma *de S.* cerevisiae por eliminação de genes e análise paralela). Science 1999, volume 285, páginas 901-906.

[13]   Wagner A. Robustness to mutations in yeast genetic networks (Robustez a mutações em redes genéticas de leveduras). Nat Genet 2000, volume 24, páginas 355-361.

[14]   Kitami T, Nadeau JH. Biochemical cross-linking contributes more to genetic buffering in human and mouse metabolic pathways than gene duplication. Nat Genet 2002, volume 32, páginas 191-194.

[15]   Conant GC, Wagner A. Duplicate genes and robustness to transient gene knock-downs in Caenorhabditis elegans. Proc Biol Sci 2004, volume 271, páginas 89-96.

[16]   Instituto Sanger, comunicado de imprensa de 20 de outubro de 2004. URL = http://www.sanger.ac.uk/Info/Press/2004/041020.shtml (acedido em: maio de 2006)

[17]   Kolisnychenko V, Plunkett G, Herring CD, Feher T, Posfai J, Blattner FR, Posfai G. Engeneering a reduced Escherichia coli genome. Genome Res 2002, volume 12, páginas 640-647.

[18]   In: Molecular Biology of the Gene. The Benjamin/Cummings Publishing Company, Inc, Califórnia, 1987, página 200, ISBN 0-8053-9614-4.

[19]   Mira A, Ochman H, Moran NA. Deletional bias e a evolução dos genomas bacterianos. Trends Genet 2001, Volume 17, Páginas 589-596.

[20]   Krakauer DC, Nowak MA. Conservação evolutiva de genes redundantes e duplicados. Semin Cell Dev Biol 1999, volume 10, páginas 555-559.

[21]   Krakauer DC, Plotkin JB. Redundância, anti-redundância e a robustez dos genomas. Proc Natl Acad Sci USA 2002, volume 99, páginas 1405-1409.

[22]   Tautz D. Um problema de incerteza genética. Trends Genet 2000, volume 16, páginas 475-477.

[23]   Citado em: Pearson H. Surviving a knockout blow. Nature 2002, Volume 415: Páginas 8-9.

[24]   Kimura, M. A teoria neutra da evolução molecular. Cambridge Univ Press, Cambridge, Reino Unido, 1983.

[25]   Ledent V, Vervoort M. Comparative genomics of the class 4 histone deacetylase family indicates a complex evolutionary history. BMC Biol. 2006, 2 de agosto, 4:24.

[26]   Citado em: Doolittle WF, Bapteste E. Pattern pluralism and the Tree of Life hypothesis. Proc Natl Acad Sci USA 2007, Volume 104: Páginas 2043-2049.

Chapter 12   - O genoma polivalente

[1]   Sterelny K. Dawkins v Gould: Survival of the Fittest, Icon Books, UK 2001, página 68, ISBN: 1840462493.

[2]   Eldredge N. The Triumph of Evolution. Henry Holt and Company, Nova Iorque 2001, página 83. ISBN 0805071474

[3]   Darwin, C. The Origin of Species by means of Natural Selection or The Preservation of Favoured Races in the Struggle for Life (A Origem das Espécies por meio da Seleção Natural ou A Preservação das Raças Favorecidas na Luta pela Vida). Publicado pela primeira vez por John Murray, 1859. referências de Penguin Classics, 1985. páginas 199.

[4]   ibid., página 201.

[5]   Phillips BL and Shine R. Adapting to an invasive species: toxic cane toads induce morphological change in Australian snakes. Proc Natl Acad Sci USA 2004, volume 101, páginas

17150-17155.

[6]   Clark S. Tough earth beetle could be from Mars. New Scientist 2002, 25 de setembro.

[7]   Levin-Zaidman S, Englander J, Shimoni E, Sharma AK, Minton KW, Minsky A. Ringlike structure of the Deinococcus radiodurans genome: a key to radioresistance? Science 2003, volume 299, páginas 254-256.

[8]   Daly MJ *et al*. A acumulação de Mn(II) em Deinococcus radiodurans facilita a resistência à radiação gama. Science 2004, volume 306, páginas 1025-1028.

[9]   Gao G, Tian B, Liu L, Sheng D, Shen B, Hua Y. A expressão de PprI *de Deinococcus radiodurans* aumenta a radiorresistência de E. coli. DNA Repair 2003, volume 2, páginas 1419-1427.

[10]   Hoffman AA, Hallas RJ, Dean JA, Schiffer M. Low potential for adaptation to climatic stress in a rainforest Drosophila species. Science 2003, volume 301, páginas 100-102.

[11]   Davison JA. Um manifesto evolutivo.
URL = http://www.uvm.edu/~jdavison/davison-manifesto.html

[12]   Luria SE, Delbruck M. Mutações de bactérias de susceptíveis a vírus para resistentes a vírus. Genetics 1943, volume 28, páginas 491-511.

[13]   Shorter J, Lindquist S. Prions are adaptive mediators of memory and inheritance. Nat Rev 2005, volume 6, páginas 435-450.

[14]   Margulis L., Sagan D. Acquiring Genomes. A theory of the origin of species. Basic Books, 2002.

[15]   Clark RM, *et al*. Common Sequence Polymorphisms Shaping Genetic Diversity in *Arabidopsis thaliana*, Science 2007, volume 317, páginas 338-342.

[16]   Bouche N, Bouchez D. Arabidopsis gene knockout: phenotypes wanted. Curr Opin Plant Biol 2001, volume 4, páginas 111-117.

[17]   Hess, Fisiologia Vegetal. UTB für Wissenschaft 1999. p.136, 195-196.

[18]   Kutchera U, Niklas KJ. Pesquisa de fotossíntese em yellowtops: macroevolução em andamento. Theory Biosci 2007, volume 125, páginas 81-92.

[19]   Whiting MF, Bradler S e Maxwell T. Perda e recuperação de asas em insectos-pau. Nature 2003, volume 421, páginas 264-267.

[20]   Lubenow ML. Bones of Contention [Ossos da Contenção]. Baker Books, 2007 (terceira edição). Páginas 127-128.

Chapter 13   - Elementos genéticos que causam variações

[1]   Darwin, C. The Origin of Species by means of Natural Selection or The Preservation of Favoured Races in the Struggle for Life (A Origem das Espécies por meio da Seleção Natural ou A Preservação das Raças Favorecidas na Luta pela Vida). Publicado pela primeira vez por John Murray, 1859, referências de Penguin Classics, 1985, páginas 85-86.

[2]   ibid., página 80.

[3]   ibid., página 195   .

[4]   ibid., página 173   .

[5]   Strauss EG, Strauss JH, Levine AJ. 1996. virus evolution, pp. 141-159. *in* B. N. Fields, D.
M. Knipe, and P. M. Howley (ed.), Fundamental virology, 3rd ed. Raven Press, New York, N.Y.

[6]   Jenkins GM, Rambaut A, Pybus OG, Holmes EC. 2002. The rate of molecular evolution in RNA viruses: a quantitative phylogenetic analysis. J Mol Evol vol 54, páginas 152-61.

[7]   Sala M, Wain-Hobson S. Os vírus de ARN adaptam-se ou apenas mudam? J Mol Evol 2000, volume 51, páginas 12-20.

[8]   Holmes E.C. Molecular Clocks and the Puzzle of RNA Virus Origins (Relógios moleculares e o enigma das origens dos vírus ARN). J Virology 2003, volume 77, páginas 3893-3897.

[9]   Barabaugh PJ. Regulação pós-transcricional da transposição por retrotransposões Ty de *Saccharomyces cerevisia*. J Biol Chem 1995, volume 270, páginas 10361-10264.

[10]   Wilke CM, Maimer E, Adams. A biologia populacional e o significado evolutivo dos elementos Ty em Saccharomyces cerevisiae. J Genetics 1992, volume 86, páginas 155-173.

[11]   Papadopoulos D, Schneider D, Meisser-Eiss J, Arber W, Lenski RE, Blot M. Genomic evolution during a 10,000-generation experiment with bacteria. Proc Natl Acad Sci USA 1999, volume 96, páginas 3807-3812.

[12]   Schneider D, Lenski RE. A dinâmica dos elementos de sequência de inserção durante a evolução experimental das bactérias. Res Microbiol 2004, volume 155, páginas 319-327.

[13]   Hall BG. Elementos transponíveis como activadores de genes crípticos em E. coli. Genetica 1999, volume 107, páginas 181-187.

[14]   Belshaw R, Pereira V, Katzourakis A, Talbot G, Paces J, Burt A, Tristem M. Long-term reinfection of the human genome by endogenous retroviruses. Proc Natl Acad Sci U S A. 2004 Apr 6;101(14):4894-9.

[15]   Pierce, B. A. (2005). Genetics: A concetual approach. Freeman. Página 311.

[16]   Lonnig WE, Saedler H. Chromosome rearrangements and transposable elements (Rearranjos cromossómicos e elementos transponíveis). Annu Rev Genet. 2002, volume 36, páginas 389-410.

[17]   Centro Nacional de Informação Biotecnológica: Online Mendelian Inheritance in Men (Herança Mendeliana no Homem). www.ncbi.nlm.nih.gov/entrez/dispomim.cgi?id=256550

[18]   Nolan KM, Jordan AP, Hoxie JA. Effects of partial deletions within the HIV-1 V3 loop on coreceptor tropism and sensitivity to entry inhibitors. J Virol 2008, vol. 82): Páginas 66473

[19]   In: Hamilton G. Virology: the genes weavers. Nature 2006, volume 441, páginas 683-685.

Chapter 14   - VIGEs e funções

[1]   Britten R, Davidson . A disposição da sequência de ADN e as primeiras pistas para a sua evolução. Fed Proc 1976, 35:2151-7.

[2]   Bejerano G et al. Um potenciador distal e um exão ultraconservado são derivados de um novo retroposão. Nature 2006, volume 441, páginas 87-90.

[3]   URL : www.innovations-report.com/html/reports/life_sciences/report-58664.html

[4]   URL : www.sciencedaily.com/releases/2007/04/070423185538.html

[5]   Karen Schmidt, Tim Stephens. In: Ancient retroviruses drove the evolution of gene regulatory networks in primates CBSE News, November14, 2007 URL: http://www.cbse.ucsc.edu/news/2007/11/14/retroviruses/index.shtml

[6]   Hall BG. Elementos transponíveis como activadores de genes crípticos em *E. coli*. Genetica 1999, volume 107, páginas 181-187.

[7]   Kazazian Jr, HH. Elementos móveis: motores da evolução do genoma. Science 2004, volume 303, páginas 1626-32.

[8]   Ichiyanagi K, *et al*. Novel retrotransposon analysis reveals multiple mobility pathways dictated by the host. Genome Res 2007, Volume 17, Páginas 33-41.

[9]   Em: Yap MW *et al*. A conceção de factores de restrição retrovirais artificiais. Virologia 2007, volume 365, páginas 302-314.

[10]   Stremlau M, *et al*. Reconhecimento específico e desacoplamento acelerado de capsídeos retrovirais pelo fator de restrição TRIM5alpha. Proc Natl Acad Sci USA 2006, volume 103, páginas 5514-5519.

[11]   Hedges DJ, Callinan PA, Cordaux R, Xing J, Barnes E, Batzer MA. Mobilização diferencial de Alu e polimorfismo entre linhagens humanas e de chimpanzés. Genome Research 1999, volume 14, páginas 1068-1075.

[12]   In: Check E. Os biólogos sintéticos tentam acalmar os receios. Nature 2006, volume 441, páginas 3889.

[13]   An W, Han JS, Wheelan SJ, Davis ES, Coombes CE, Ye P, Triplett C, Boeke JD. Retrotransposição ativa por um elemento L1 sintético em ratinhos. Proc Natl Acad Sci USA 2006, vol. 103, páginas 18662-18667.

[14]   Inai Y, Y Ohta, Nishikimi M. A estrutura completa do gene humano não funcional da L-gulono-gama-lactona oxidase - o gene responsável pelo escorbuto - e a evolução das sequências

repetitivas nele contidas. J Nutr Sci Vitaminol 2003, volume 49, páginas 315-319.

[15]   Paraskasis E, et al. Instabilidade do ADN microssatélite e perda de heterozigotia na asma brônquica. Eur Resp J 2003, volume 22, páginas 951-955.

[16]   Bessis D, Moles JP, Basset-Seguin N, Tesniere A, Arpin C, Guilhou JJ. Differential expression of a transmembrane envelope glycoprotein of human endogenous retrovirus E in normal, psoriatic and atopic dermatitis skin. Br J Dermatol 2004, volume 151, páginas 737-745.

[17]   Crouch JA, Glasheen BM, Giunta MA, Clarke BB, Hillman BI. The evolution of transposon repeat-induced point mutation in the genome of Colletotrichum cereale: Reconciling sex, recombination and homoplasy in an "asexual" pathogen. Fungal Genet Biol. 2007, Volume 45: Páginas 190-206.

[18]   Raskina O, Belyayev A, Nevo E. Atividade dos transposões do tipo En/Spm na meiose como base para a repadronização cromossómica numa pequena população periférica e isolada de Aegilops speltoides Tausch. Chromosome Res 2004, Volume 12, Páginas 153-161.

[19]   Hirai H, Matsubayashi K, Kumazaki K, Kato A, Maeda N, Kim HS. Chimpanzee chromosomes: retrotransposable compound repeat DNA organisation (RCRO) and its influence on meitic prophase and crossing-over. Cytogenet genome Res 2005, volume 108, páginas 248254.

[20]   Lonnig WE, Saedler H. Chromosome rearrangements and transposable elements (Rearranjos cromossómicos e elementos transponíveis). Annu Rev Genet 2002, volume 36, páginas 389-410.

[21]   Rubin CM, VandeVoort CA, Teplitz RL, Schmid CW. Alu-repeated DNAs are differentially methylated in primate germ cells. Nucleic Acids Res 1994, vol. 22, páginas 51215127.

[22]   Garner JW, Fondon HR. Origens moleculares da evolução morfológica rápida e contínua. Proc Natl Acad Sci USA 2004, volume 101, páginas 18058-180563.

[23]   In: Pennisi E. A ruff theory of evolution: gene stutters drive dog shape. Science 2004, volume 306, página 2172.

[24]   Lucito R, et al. Representational oligonucleotide microarray analysis: a high-resolution method to detect genome copy number variation. Genome Res 2003, vol. 13, páginas 22912305.

[25]   Sebat J, et al. Polimorfismo do número de cópias em grande escala no genoma humano. Science 2004, volume 305, páginas 525-528.

[26]   O Grupo de Trabalho sobre Variação Estrutural no Genoma Humano. Completing the map of human genetic variation (Completar o mapa da variação genética humana). Nature 2007, volume 447, páginas 161-165.

[27]   In: Check E. Large genomic differences explain our small quirks. Nature 2005, volume 435, páginas 252-253.

[28]   In: Asians and Caucasians: Gene expression varies by ethnicity (Asiáticos e caucasianos: a expressão dos genes varia consoante a etnia). Science 2007, volume 315, páginas 173-174.

[29]   Yunis JJ e Prakash O. The origin of man: a chromosomal pictorial legacy (A origem do homem: um legado cromossómico pictórico). Science1982, volume 215, páginas 1525-1530.

[30]   IJdo JW, et al. Origin of human chromosome 2: an ancestral telomere-telomere fusion. Proc Natl Acad Sci USA 1991, volume 88, páginas 9051-9055.

[31]   Hillier LW, et al. Generation and annotation of the DNA sequences of human chromosomes 2 and 4, Nature 2005, volume 434, páginas 724-731.

[32]   Fan Y, et al. Genomic Structure and Evolution of the Ancestral Chromosome Fusion Site in 2q13-2q14.1 and paralogous regions on other human chromosomes. Genome Research 2002, volume 12, páginas 1651-1662.

[33]   No modelo dos criacionistas, a Arca de Noé representa um sério estrangulamento.

[34]   Wang T, Zeng J, Lowe CB, Sellers RG, Salama SR, Yang M, Burgess SM, Brachmann RK, Haussler D. Os retrovírus endógenos específicos da espécie moldam a rede transcricional da proteína supressora de tumores humanos p53. Proc Natl Acad Sci USA 2007, volume 104, páginas 18613-8.

[35]   Bieche I, et al. A expressão de INSL4 específica da placenta é mediada por um elemento de retrovírus endógeno humano. Biol Reprod 2003, volume 68, páginas 1422-1429.

[36]   Marquez LM, *et al*. A virus in a fungus in a plant: three-way symbiosis required for thermal tolerance. Science 2007, volume 315, páginas 513-515.
[37]   Gompel N, Prud'homme B, Wittkopp PJ, Kassner VA, Carroll SB. Chance on the wing: cis-regulatory evolution and the origin of pigment patterns in Drosophila. Nature 2005, volume 433, páginas 481-487.
[38]   Fagerstrom T, Briscoe DA, Sunnucks P. Evolution of mitotic cell-lineages in multicellular organisms.Trends Ecol Evol 1998, Volume 13, Páginas 117-120.
[39]   Gladyshev EA, Meselson M, Arkhipova IR. Um clado profundamente ramificado de retrotransposões do tipo retrovírus em *rotíferos bdelóides*. Genes 2007, volume 390, páginas 136-145.
[40]   Raoult D, *et al*. The 1,2-megabase genome sequence of mimivirus. Science 2004, volume 306, páginas 1344-1350.

Chapter 15   - A origem das espécies

[1]   Freeland SJ, Knight RD, Landweber LF, Hurst LD. A fixação precoce de um código genético ótimo. Mol Biol Evol 2000, vol. 17, páginas 511-518.
[2]   Sanford J. Genetic Entropy & The Mystery of the Genome (Entropia genética e o mistério do genoma). 2005. Ivan Press. ISBN 159919-002-8.
[3]   Hunt G. Variation and early evolution (Variação e evolução inicial). Science 2007, vol. 317, pp. 459-460.
[4]   Krause J, et al. A variante FOXP2 inferida dos humanos modernos foi analisada em conjunto com
Neandertais. Curr Biol. 2007, volume 17, páginas 1908-12.
[5]   Ohta Y, Nishikimi M. Random nucleotide substitutions in primate nonfunctional gene for L-gulono-gamma-lactone oxidase, the missing enzyme in L-ascorbic acid biosynthesis. Biochim Biophys Ata 1999, volume 1472, páginas 408-411.
[6]   Inai Y, Ohta Y, Nishikimi M. A estrutura completa do gene humano não funcional da L-gulono-gama-lactona oxidase - o gene responsável pelo escorbuto - e a evolução das sequências repetitivas nele contidas. J. Nutr. Sci. Vitaminol. 2003 (Tóquio), volume 49, páginas 315-319.
[7]   Birney, E. C., R. Jenness e A. M. Kayaz. The inability of bats to synthesise L-ascorbic acid. Nature 1976, volume 260, páginas 626-628.
[8]   Queiros, de K. Ernst Mayr e o conceito moderno de espécie. Proc Natl Acad Sci USA 2005, vol. 102, suppl. 2, páginas 6600-6607.
[9]   Delneri D, Colson I, Grammenoudi S, Roberts IN, Louis EJ, Oliver SG. Engineering evolution to study speciation in yeasts Nature 2003, volume 422, páginas 68-72.
[10]   Todd NB. Karyotypic cleavage and phylogeny of canids. J Theor Biol 1970, vol. 26, páginas 445-480.
[11]   Godfrey LR e Masters JC. A teoria da reprodução dos cinetocoros pode explicar a rápida evolução dos cromossomas. Proc Natl Acad Sci USA 2000, vol. 97, páginas 9821-9823.
[12]   White MJD. *Animal Cytology and Evolution*, página 401, 1973.
[13]   Kolnicki RL. Kinetochore reproduction in animal evolution: cell biological explanation of the theory of karyotypic fission. Proc Natl Acad Sci USA 2000, vol. 97, páginas 9493-9497.
[14]   Davison JA. Semi-meiosis as an evolutionary mechanism. J Theor Biol. 1984, vol. 111, páginas 725-735.
[15]   Davison JA. A prescriptive evolutionary hypothesis. Rev Biol 2005, volume 98, páginas 155-165.
[16]   Darwin C. The Origin of Species by means of Natural Selection *or* The Preservation of Favoured Races in the Struggle for Life (A Origem das Espécies por meio da Seleção Natural *ou* A Preservação das Raças Favorecidas na Luta pela Vida). Publicado pela primeira vez por John Murray, Londres, 1859, citado em: Penguin Classics, 1985.
[17]   http://sciencecareers.sciencemag.org/career_development/previous_issues/articles/2007_08_24/caredit_a0700121
[18]   Cifelli RL, Davis BM. The origins of marsupials. Science 2003, volume 302, páginas

1899-1900.

[19]   Citado em: Dawkins R. A Devil's Chaplain. Boston: Houghton Mifflin 2003.

[20]   Zhang XF, Yao TD, Tian LD, Xu SJ, An LZ. Phylogenetic and physiological diversity of bacteria isolated from the Puruogangri ice core (Diversidade filogenética e fisiológica de bactérias isoladas do núcleo de gelo de Puruogangri). Microb Ecol 2008, vol. 55, páginas 476-488.

[21]   Berg L. Nomogenesis, página 150, edição inglesa de 1926.

[22]   Citado em: Davison JA. An evolutionary manifesto.
URL = http//www.uvm.edu/~jdavison/davison-manifesto.html Citação original:
Punnett RC. Citado em: *Mimicry in Butterflies* de Berg em: *Nomogenesis*, edição inglesa de 1926, página 314. in:

Chapter 16   - A ilusão da descendência comum

[1]   Darwin C. The Origin of Species by means of Natural Selection *or* The Preservation of Favoured Races in the Struggle for Life (A Origem das Espécies por meio da Seleção Natural *ou* A Preservação das Raças Favorecidas na Luta pela Vida). Publicado pela primeira vez por John Murray, Londres, 1859, citado em: Penguin Classics, 1985.

[2]   Darwin C. The Descent of Man. Publicado pela primeira vez por John Murray, Londres, 1871. Citado em: http://www.literature.org/authors/darwin-charles/the-descent-of-man/chapter-21.html

[3]   Luria SE, Delbruck M. Mutações de bactérias de susceptíveis a vírus para resistentes a vírus. Genetics 1943, volume 28, páginas 491-511.

[4]   Caporal LH. O acaso favorece o genoma preparado. Ann. N. Y. Acad. Sci. 1999, vol. 870, pp. 1-21,

[5]   Caporal LH. A mutação é modulada: Implicações para a evolução. Bioessays 2000; Volume 22: Páginas 388-395

[6]   Wright BA. A biochemical mechanism for non-random mutations and evolution (Um mecanismo bioquímico para mutações não aleatórias e evolução). Journal of Bacteriology 2002, volume 182, páginas 2993-3001

[7]   Caporal LH. A seleção natural e a emergência de um fenótipo mutacional: uma atualização da síntese evolutiva considerando os mecanismos que influenciam a variação do genoma. Annu. Rev. Microbiol. 2003; vol. 57: páginas 467-485.

[8]   Schmid JK, Tautz D. A screen for fast evolving genes from Drosophila. Proc Natl Acad Sci USA 1997, Volume 94: Páginas 9746-9750.

[9]   Ohta Y, Nishikimi M. Random nucleotide substitutions in primate nonfunctional gene for L-gulono-gamma-lactone oxidase, the missing enzyme in L-ascorbic acid biosynthesis. Biochim Biophys Ata 1999, volume 1472, páginas 408-411.

[10]   Birney, E. C., R. Jenness e A. M. Kayaz. The inability of bats to synthesise L-ascorbic acid. Nature 1976, volume 260, páginas 626-628.

[11]   Truman R, Borger P. Porque é que as mutações partilhadas no pseudogene GULO do exão X dos hominídeos não são prova de ancestralidade comum. J Creation 2007, volume 21 (3), páginas 118127.

[12]   Espiritu DJ, *et al.* Venomous cone snails: molecular phylogeny and the generation of toxin diversity. Toxicon 2001, volume 39, páginas 1899-1916.

[13]   Citado em: Collins FC. *A Linguagem de Deus.* Free Press 2006. página 130. ISBN 0743286391

[14]   URL = http://centres.exeter.ac.uk/egenis/research/QuestioningtheTreeofLife.htm

[15]   Consórcio para a sequenciação e análise do genoma dos macacos rhesus. Evolutionary and biomedical insights from the rhesus monkey genome. Science 2007, volume 316, páginas 222234.

[16]   Foster L, Forster P, Lutz-Bonengel L, Brinkmann B. Radioatividade natural e mutações do ADN mitocondrial humano. Proc Natl Acad Sci USA 2002, volume 99, páginas 13950-13954.

[17]   Maki H. A origem das mutações espontâneas: Specificity and directionality of base

substitutions, frameshift and sequence substitution mutagenesis. Annu Rev Genet 2002, volume 39, páginas 297-303.

[18]   Hasegawa M, *et al.* Predominant slightly deleterious polymorphism in mitochondrial DNA: the ratio of non-synonymous to synonymous rate is much higher within species than between species. Mol Biol Evol 1998, vol. 15, páginas 1499-1505.

[19]   Adcock GJ, *et al.* Sequências de ADN mitocondrial em australianos antigos: implicações para a origem dos humanos modernos. Proc Natl Acad Sci USA 2001, volume 98, páginas 537-542.

[20]   Chakrabarti R, Rabitz H, Springs SL, McLendon GL. Evidência mutagénica para o controlo ótimo da dinâmica evolutiva. Phys Rev Letters 2008, 100:258103.

[21]   Penny D. Relatividade para relógios moleculares. Nature 2004, volume 436, páginas 183-184.

[22]   Sanford JC. *Genetic Entropy and the Mystery of the Genome* [*Entropia genética e o mistério do genoma*]. Ivan Press, 2005. ISBN 1599190028.

Chapter 17   - Uma nova biologia

[1]   Kobayashi K, *et al.* Genes essenciais *de Bacillus* subtilis. Proc. Acad. Am. Sci. USA 2003, vol. 100, páginas 4678-4683.

[2]   Baba T, *et al.* Construção de mutantes in-frame de um único gene de *Escherichia coli* K12: a coleção Keio. Mol. Syst. Biol. 2:2006.0008. Epub 2006 Feb 21.

[3]   Citado em: : URL = http://www.fhcrc.org/science/labs/peichel/people/ross.html (acedido em março de 2008).

[4]   Sanford JC. *Genetic Entropy and the Mystery of the Genome [Entropia genética e o mistério do genoma]*. Ivan Press, 2005. ISBN 1599190028.

[5]   Woolhouse M, Gaunt E. Ecological origins of novel human pathogens (Origens ecológicas de novos agentes patogénicos humanos). 2007, Volume 33, Páginas 231-242.

[6]   Venter JG, *et al.* Environmental genome shotgun sequencing of the Sargasso Sea. Science 2004, volume 304, páginas 66-74.

[7]   Galhardo RS, Hastings PJ, Rosenberg SM. Mutation as a stress response and the regulation of evolvability. Crit Rev Biochem Mol Biol. 2007 Set-Out;42(5):399-435

[8]   Bíblia, Génesis 1.11, King James Version.

GLOSSÁRIO

algoritmo: Uma sequência de instruções finitas.

Alelo: A ocorrência de uma sequência (funcional) de ADN (ou ARN)

num organismo. O termo *alelo* refere-se a qualquer número de códigos de ADN que ocupam um locus específico num cromossoma, normalmente um gene codificador de proteínas ou de ARN, mas o termo também pode ser utilizado para sequências não genéticas.

Especiação alopátrica: O surgimento de novas espécies a partir de uma espécie-mãe por

para o isolamento físico das subpopulações e o desenvolvimento de um isolamento reprodutivo intrínseco.

Macaco aquático: Hipotético antepassado humano para a explicação de algumas

caraterísticas humanas, incluindo bradicardia, depósitos de gordura subcutânea e reflexos de natação.

Arqueabactérias: filo de procariotas que difere das eubactérias

Bactérias: Os procariontes, que pertencem ao filo Eubacteria e

Arqueobactérias. Até à data, apenas alguns milhares foram descritos cientificamente. Um estudo recente mostrou que existem 10 a 100 vezes mais espécies de bactérias do que se supunha: um litro de água do mar continha mais de 20 000 espécies diferentes (Sogin M, et al. Microbial diversity in the deep sea and the unexplored "rare biosphere". PNAS 2006, 101; 1211512120).

Bacteriófago: vírus que armazena temporária ou permanentemente o seu ADN em

o genoma de uma bactéria. O ADN integrado é conhecido como *profago*.

Baranome: Um genoma pluripotente original polivalente. Genomas

uma vez que foram originalmente dotados pelo Criador de redundância genética e de elementos genéticos indutores de variação.

Pares de bases: nucleótidos complementares que constituem a escada de ADN .

Crença: A convicção de que algo é verdadeiro, sem necessidade de

Provas ou documentos comprovativos.

Bipedalismo: andar e mover-se sobre dois pés.

Bioma: A soma de todos os genes em todos os genomas de todos os

organismos na Terra. De acordo com estudos recentes, o *panbioma* é *provavelmente* constituído por vários milhões de genes.

Blastema: Acumulação de células estaminais que se formam no local da para a regeneração de ferida e que são necessárias

Gargalo: Pequena população de organismos. Os estrangulamentos podem ser
através da emigração ou da quase extinção. Os estrangulamentos conduzem a uma redistribuição aleatória da variação genética. Exemplos: Populações fundadoras (Amish); populações remanescentes (Puma da Flórida).

Bradicardia: Uma frequência cardíaca em repouso inferior a 60 batimentos por minuto.

Centrómero: O local onde as duas cromátides filhas se encontram. que estão ligados para formar um cromossoma.

Cromossoma: Uma grande macromolécula de ADN que contém os genes
Informação. Nos mamíferos, os cromossomas têm geralmente a forma de um bastão em forma de X, que se assemelham durante a mitose.

Cromatídeo: Um dos dois filamentos que estão ligados na ponta do cromatídeo.
centrómero para formar o cromossoma.

Coccus (pl: cocci): Forma redonda ou esférica. Muitos
As infecções são causadas por agentes patogénicos (bactérias) com uma forma esférica: estreptococos e estafilococos.

Ascendência comum: um A tese de Darwin de que todos os seres vivos provêm de ou mais antepassados.

Criação: O ato do Criador pelo qual a matéria foi disposta desta forma gerar sistemas vivos.

Criacionista: Alguém que acredita na criação, na origem do universo
criados para um objetivo específico.

Criador: A causa do universo e de tudo o que nele existe.

Desalogenase: enzima que remove os halogéneos (como o bromo, o cloro
e flúor) de compostos orgânicos.

Desidrogenase:
por separação do hidrogénio.

Enzima: Ferramenta biológica (normalmente uma proteína codificada no ADN)
com uma função específica para a degradação ou síntese de compostos orgânicos.

Exão: A parte codificante de um gene eucariótico codificador de proteínas.
Os genes codificadores de proteínas são unidades funcionais de ADN que consistem em longos segmentos de ADN nos quais a parte codificadora alterna frequentemente, mas nem sempre, com sequências não codificadoras, os chamados intrões.

ADN: Abreviatura de: *Ácido desoxi-nucleico*. O ADN é a molécula que contém informações biológicas e instruções sobre a estrutura dos organismos vivos.

População efectiva: O número de indivíduos reprodutores numa população de Organismos que apresentam a mesma dispersão de frequências alélicas ou o mesmo grau de consanguinidade que a população à deriva genética aleatória. O termo é relevante para a genética populacional e foi introduzido por Sewall Wright na década de 1930.

Enhancer: Elemento genético que aumenta a expressão de um gene específico.

Eucariota: Organismo cujo ADN está envolvido por uma membrana.

núcleo celular ligado a uma membrana. Também possuem vesículas adicionais ligadas à membrana, como as mitocôndrias, o aparelho de Golgi e os cloroplastos (plantas). Incluem todos os membros dos reinos protista, fúngico, vegetal e animal.

DNA eucromático: DNA nuclear frouxamente enrolado que compõe a maior parte do genes de um eucariota. Em contraste, o DNA heterocromático é mais denso e contém menos genes.

Evolutibilidade: A capacidade de gerar variação através da atividade intrínseca de VIGEs para permitir a ocorrência de fenótipos adaptativos.

Aptidão: Em termos darwinianos, a capacidade de sobreviver e prosperar. reproduzir.

População fundadora: Uma população ou colónia geneticamente empobrecida que se desenvolveu são fundadas por um número muito pequeno de pessoas de uma população maior.

Células germinativas: Células reprodutoras: Espermatozóides e oócitos (óvulos).

Gene: segmento de ADN regulado e expresso; a unidade de informação biológica hereditária. A informação pode ser utilizada para construir uma proteína ou um ARN (ARN de transferência, ARN ribossómico, ARN heteronuclear, ARN inibitório curto). Sem os *reguladores*, as sequências não codificantes que sinalizam o início e o fim da transcrição dos genes, os genes não têm significado. A maioria dos genes codificadores de proteínas (cistrões) é regulada por elementos cis-reguladores a montante e a jusante. Esta é, de facto, a maior parte (até 90 %) do gene.

Conjunto de genes: A soma completa da informação genética (hereditária), incluindo todos os *alelos* únicos presentes em cada membro vivo de uma espécie (ou população).

Generalista: Organismo que está particularmente bem adaptado a um amplo espetro de habitats ou nichos.

Genoma: A totalidade da informação hereditária contida num ***genoma*** . organismo. O *genoma* inclui todo o ADN hereditário, tanto codificante como não codificante.

Redundância genética: A situação em que um gene é seletivamente neutro.

Glicosilação: Modificação pós-traducional de proteínas ou lípidos responsável por objectivos funcionais. Quando uma proteína é glicosilada, liga-se covalentemente a compostos de açúcar (sacarídeos) para formar glicanos. A glicosilação ocorre em locais específicos definidos com precisão por enzimas conhecidas como *glicosiltransferases*.

Grande cadeia do ser: Também conhecida como *scala nature*. Um clássico medieval ocidental
Conceito de ordem do universo, cuja caraterística principal é um sistema estritamente hierárquico.

Habitat: A área ecológica habitada por um determinado organismo.

Haloalcano: Grupo de compostos químicos orgânicos (alcanos) que podem ser combinados com
um ou mais halogéneos, geralmente cloro, bromo ou flúor. A família mais conhecida deste grupo é a dos CFC (clorofluorocarbonetos) devido às suas propriedades de destruição da camada de ozono.

Haploide: metade do genoma de um eucariota que se reproduz sexualmente
organismo. Os organismos que se reproduzem sexualmente recebem metade do seu genoma do pai e a outra metade da mãe. Durante o *processo de meiose*, o genoma diploide é dividido em dois genomas haplóides, os *gâmetas*.

Histona(s): Proteína(s) em eucariotas com a função de envolver as histonas
o ADN e regulam a expressão genética.

Homologia: No sentido darwiniano, estruturas semelhantes devido a uma
Ancestrais.

Genes homólogos: genes de organismos diferentes com a mesma função.

Recombinação homóloga: Um programa de troca ativa mediado por proteínas que ocorre frequentemente nas células estaminais dos órgãos reprodutores. Durante a HR, os cromossomas filhos trocam o ADN de forma ordenada para produzir gâmetas. Todos os gâmetas produzidos por este mecanismo têm informação genética remisturada e são, por isso, ligeiramente diferentes.

Genes homeobox Genes que se caracterizam por uma sequência específica conhecida como
homeobox ou *homeodomínio* (quando traduzido para a proteína). As proteínas produzidas por estes genes são factores de transcrição que regulam os padrões de desenvolvimento (morfogénese). Os *genes homeobox* mais bem estudados são os *genes HOX*, que controlam o padrão segmentar.

Homoplasia: Uma caraterística ou traço (genético) que existe entre espécies diferentes, independentemente da ancestralidade comum. *A homoplasia* é por vezes também referida como "evolução convergente".

Hotspot: *Locus* instável na sequência de ADN onde ocorrem mutações mais frequentemente do que o esperado por acaso. Os hotspots são considerados mutações não aleatórias. Os super hotspots são extremamente instáveis.

Análises inter-espécies: Análises efectuadas entre indivíduos de espécies diferentes.

Análises intra-espécies: Análises efectuadas entre vários indivíduos de uma Espécies.

Intrão: Ver exão.

Cariótipo: O número total e a morfologia de todo o conjunto de

Cromossomas do organismo. Os cariótipos podem ser determinados em células do corpo que estão em processo de divisão celular (mitose), quando os cromossomas estão condensados e visíveis ao microscópio de luz. Corantes especialmente desenvolvidos permitem analisar cuidadosamente as caraterísticas e os pormenores típicos de cada cromossoma individual. Os pares de cromossomas são assim alinhados de acordo com o seu tamanho e numerados. O cariótipo humano é normalmente constituído por 22 pares de cromossomas *centroméricos* e *acroméricos*, bem como pelos cromossomas sexuais X e Y.

Quinase: Enzima que liga um grupo fosfato a uma biomolécula;

Normalmente, as cinases acoplam fosfatos a proteínas envolvidas em redes de sinalização. Ver: Fosforilação.

Cinetocoro: O centro organizador que mantém as cromátides irmãs unidas juntos

Knockout: Modelo de organismo no qual um gene específico foi desativado.

intencionalmente inactivado, a fim de investigar as funções biológicas deste gene.

Locus: Posição fixa num cromossoma. Por exemplo, o *locus* para

O gene da interleucina-4 é 5q31.1. Este código significa que o gene está localizado no braço longo do cromossoma 5, numa região definida como 31.1.

LUCA: Último ancestral comum universal.

Definição de espécie de Mayr: Todos os organismos individuais de uma população natural que, em regra, se cruzam na natureza quando atingem a maturidade sexual e cujo cruzamento produz descendência fértil.

Meiose: O tipo de divisão celular associado à sexualidade

Reprodução para produzir células germinativas (óvulos e espermatozóides). Durante a meiose, o número de cromossomas é reduzido a metade do número presente nas células do corpo do organismo. A meiose consiste, portanto, em duas divisões nucleares sucessivas com apenas uma ronda de replicação do ADN.

Microsatélites: Segmentos de ADN nos genomas que consistem nos seguintes elementos

unidades de repetição de 1-4 pares de bases.

Mitose: Divisão celular. O processo de divisão celular envolve o núcleo

A mitose é uma divisão mais a citocinese e produz duas células filhas (quase) idênticas durante a prófase, a prometáfase, a metáfase, a anáfase e a telófase. Antes da mitose, o ADN é replicado e distribuído uniformemente pelas células filhas.

Hipótese do relógio molecular: O pressuposto de que as alterações evolutivas, normalmente o número de mutações pontuais numa determinada sequência de ADN, são aproximadamente constantes ao longo do tempo.

Genes multicópias: genes que ocorrem em mais de uma cópia por haploide Genoma.

Hierarquia aninhada: A observação de que genes homólogos de diferentes

Os organismos formam normalmente grupos dentro de grupos. Por exemplo, os genes humanos formam um grupo com os primatas, que por sua vez formam um grupo com os mamíferos.

Mutação não aleatória: Todas as mutações que não podem   ser classificadas   como "*mutações aleatórias*".
São introduzidos por um mecanismo e é possível prever *quando* e *onde* ocorrem numa sequência de ADN. Criam a ilusão de uma ancestralidade comum a nível molecular.

Nucleótidos: blocos de construção do ADN, letras do ADN. As unidades químicas que formam a cadeia de ADN.

Operão: Programa genético linear (ou: uma série de genes colineares) no Genoma de um microrganismo que está envolvido numa reação metabólica ou catabólica. Por exemplo, o cromossoma da *E. coli* contém três operões para a utilização de açúcares beta-glucósidos: o operão da celobiose, da arbutina e da salicina.

PCR (máquina):   Máquina *para a reação em cadeia da polimerase.* Dispositivo para amplificação Fragmentos de ADN com a ajuda de enzimas de ADN polimerase de microrganismos e um algoritmo de temperatura. Também conhecido como *termociclador*.

Fosforilação: Modificação pós-traducional de proteínas responsável pela objectivos funcionais. Durante a fosforilação de uma proteína, um grupo fosfato é acoplado à é acoplado à proteína num local precisamente definido pelas enzimas cinase. A fosforilação pode ativar ou desativar as proteínas. Outras modificações são a *glicosilação, a ubiquitinação* e *a sumoilação*.

Fagos: Bactéria vírus.

Um táxon para a classificação científica dos organismos vivos

Filo (pl: phyla): Organismo

O geneticista que analisa a relação entre as espécies com base em

Filogeneticista: as suas sequências de

Plasmídeo: Molécula de ADN circular extracromossómica que está presente em algumas bactérias. Os plasmídeos podem ser transferidos entre diferentes espécies de bactérias, contribuindo assim para a rápida adaptação dos fenótipos. Uma única bactéria pode ter vários tipos de plasmídeos e várias cópias de cada um deles.

Genética das populações: A abordagem matemática da biologia que permite uma base formal para descrever a existência e a alteração da variação numa população ao longo do tempo.

Procariota: Microrganismo unicelular (*eubactérias* e *arqueobactérias*), cujo ADN está encerrado num núcleo celular. Também não possuem organelos subcelulares ligados a membranas e a sua maquinaria de síntese proteica difere significativamente da dos eucariotas.

Promotor: Sequência genética que precede um gene. O promotor contém vários elementos de ADN chamados cis-reguladores que podem ser ocupados por proteínas que actuam como reguladores da transcrição. Os promotores fornecem um local de ligação para a RNA polimerase, a enzima que transcreve a informação no ADN para um intermediário de ARN, e para proteínas chamadas *factores de transcrição* que recrutam a RNA polimerase.

Profago: O genoma do fago inserido no genoma da bactéria.

Mutação aleatória: No sentido clássico darwiniano: não relacionada com a mutação ou não desencadeada por ela
pelo ambiente. No sentido do GUToB: mutações estocásticas. São mutações aleatórias; quando e onde são introduzidas numa sequência de ADN não podem ser previstas.

Desvio acidental:
Em genética de populações, *o* termo *deriva aleatória* refere-se à disseminação aleatória de um elemento genético. Também conhecido como: *Deriva genética* ou *deriva estocástica.*

Translocação cromossómica recíproca:
Evento de mutação que leva à troca de informação genética entre dois cromossomas não-homólogos. A troca, também conhecida como translocação não-Robertsoniana, é um dos mecanismos que explicam como se formam novos cariótipos de cromossomas sem a adição de nova informação genética.

Regulon: O conjunto das sequências de regulação necessárias para a expressão
e regulação de um *gene.*

ARN: Abreviatura de: *Ácido ribonucleico.* O ARN é uma biomolécula que é constituído por uma longa cadeia de unidades nucleotídicas. As moléculas de ARN desempenham muitas funções importantes na tradução (ARN mensageiro), descodificação (ARN de transferência e ARN ribossómico) e regulação da expressão da informação genética (microARN, ARN de pequena interferência, piwiRNA).

Universo Scala: Ver: *Grande cadeia do ser.*
Elementos genéticos que servem para influenciar a expressão de
Silenciador: um gene específico. Os elementos silenciadores estão normalmente localizados a montante do gene, na região promotora.

Simplesmente genes copiados: Genes que só estão presentes uma vez por genoma haploide.

Especialista: Organismo que está particularmente bem adaptado a
Habitat ou nicho. uma área muito estreita

A especiação é a capacidade de formar espécies; o evento genético que cria uma barreira reprodutiva. Os eventos
Especiação:
de especiação são comuns nas plantas, uma vez que estas desenvolvem facilmente conjuntos múltiplos de cromossomas que formam facilmente uma barreira reprodutiva.

Espécie: Ver: A definição de espécie de Mayr.

Sumoylation: Modificação pós-traducional de proteínas, necessária para
fins funcionais. A modificação deve-se à ligação covalente e enzimática da pequena molécula proteica *Sumo,* um marcador para a estabilização e controlo das proteínas em vários processos celulares.

Especiação simpátrica: especiação a partir de uma única espécie parental que vive na mesma área
região geográfica.

Táxon (pl: taxa): Um agrupamento de organismos (vida) numa hierarquia científica.
Todos os organismos são categorizados num domínio, num reino, num filo, numa classe, numa ordem, numa família, num género e, finalmente, numa espécie. Assim, a espécie *Homo sapiens* pertence ao *Eukaryota* (domínio), ao *Animalia* (reino), *aos Chordates*

(filo), aos *Mammals* (classe), aos *Primates* (ordem), aos *Hominidae* (família) e *ao Homo* (género).

Taxonomia: O estudo do agrupamento de organismos.

Translocação: Rearranjo cromossómico em que blocos de informação genética são

Informações.

Hotspot inter-espécies: *Uma* mutação não aleatória ("hotspot") no ADN de Espécies derivadas de diferentes baranomas.

Ubiquitinilação Modificação pós-traducional de proteínas, responsável por

para fins funcionais. A alteração deve-se à ligação covalente e enzimática da pequena molécula proteica *ubiquitina, o* marcador da degradação proteica.

Crossover desigual: Um evento de recombinação que por vezes ocorre durante o desenvolvimento celular.

Divisões que levam a rearranjos ou à perda de informação genética.

VIGE: Abreviatura de: Elemento genético indutor de variação. Estes elementos genéticos

Os elementos geram variação porque se duplicam e/ou transpõem facilmente nos genomas. Existem várias classes de VIGEs. Nas bactérias, encontramos principalmente VIGEs baseados no ADN, como as sequências de inserção. Nos eucariotas, observam-se VIGEs baseados no ADN e no ARN. São conhecidos como ERVs, LINEs, SINEs, ALUs, microssatélites, etc.

Vírus: Parasita molecular submicroscópico que é incapaz de crescem ou multiplicam-se fora do hospedeiro. Os vírus são normalmente agentes infecciosos que causam doenças.

Tipo selvagem: Normalmente, o termo tipo selvagem refere-se à forma típica de uma

Organismo, estirpe, gene ou caraterística tal como ocorre na natureza. Nas experiências de nocaute, o tipo selvagem refere-se à estirpe com o gene intacto.

Zigoto: A célula que resulta da fecundação. Quando o espermatozoide

penetra no ovócito, a célula diploide resultante é chamada zigoto.

Índice

yes

I want morebooks!

Buy your books fast and straightforward online - at one of world's fastest growing online book stores! Environmentally sound due to Print-on-Demand technologies.

Buy your books online at
www.morebooks.shop

Compre os seus livros mais rápido e diretamente na internet, em uma das livrarias on-line com o maior crescimento no mundo! Produção que protege o meio ambiente através das tecnologias de impressão sob demanda.

Compre os seus livros on-line em
www.morebooks.shop

Printed by Books on Demand GmbH, Norderstedt / Germany